中国水泥协会标准宣贯指定教材

依据《水泥工业大气污染物排放标准》（GB 4915—2013）编写

# 水泥工业大气污染物排放标准达标实用技术及实例

# Technologies and Case Studies for Emission Standard of Air Pollutants for Cement Industry

中国水泥协会　组织编写

陈章水　主编

中国建材工业出版社

**图书在版编目（CIP）数据**

水泥工业大气污染物排放标准达标实用技术及实例：中国水泥协会标准宣贯指定教材 / 陈章水主编．—北京：中国建材工业出版社，2014.4

ISBN 978-7-5160-0796-9

Ⅰ．①水…　Ⅱ．①陈…　Ⅲ．①水泥工业－大气污染物－污染物排放标准－中国　Ⅳ．①X-652

中国版本图书馆 CIP 数据核字（2014）第 068051 号

**内　容　简　介**

新修订的《水泥工业大气污染物排放标准》（GB 4915—2013）已于 2013 年 12 月 27 日发布，于 2014 年 3 月 1 日正式实施。该标准严格了现有企业、新建企业大气污染物排放限值，增加了适用于重点地区的大气污染物特别排放限值。

为切实做好新标准的宣传贯彻和污染治理达标工作，中国水泥协会从行业环境保护出发，站在行业全局高度，策划编辑出版新排放标准宣贯教材。应中国水泥协会的安排，由合肥水泥研究设计院的标准编制组成员负责本书的编写工作。

本书主要内容包括：标准修订概况、新排放标准的主要内容、标准实施的技术分析、颗粒物治理技术方案和工程实例、氮氧化物治理技术方案和工程实例。本书旨在为水泥工业污染达标治理工作提供可靠的技术方案和工程应用指导。

本书读者对象为水泥生产企业、设备企业技术和管理人员，高等院校相关专业师生，科研院所设计人员等。

**水泥工业大气污染物排放标准达标实用技术及实例**

中国水泥协会　组织编写

陈章水　主编

出版发行：中国建材工业出版社

地　　址：北京市西城区车公庄大街 6 号

邮　　编：100044

经　　销：全国各地新华书店

印　　刷：北京雁林吉兆印刷有限公司

开　　本：787mm × 1092mm　1/16

印　　张：17.25

字　　数：308 千字

版　　次：2014 年 4 月第 1 版

印　　次：2014 年 4 月第 1 次

**定　　价：86.80 元**

**本社网址：www.jccbs.com.cn　　微信公众号：zgjcgycbs**

**本书如出现印装质量问题，由我社发行部负责调换。联系电话：（010）88386906**

## 特别鸣谢

**江苏科行环保科技有限公司**
**西安西矿环保科技有限公司**
**中材科技膜材料公司**

# 序——把标准约束力变成企业发展动力

今天，几乎所有的城市人都活动于城市的水泥森林中。

处于经济高速发展中的中国，城市在规划中拆迁、改造，基础和路面被水泥硬化，一座座大厦拔地而起；重点工程和交通建设一路高速；“新农村建设”让农民家家户户房子不断变新变美。这一切都离不开水泥。作为水泥业界人士，我为水泥在国家建设和人民生活改善过程中所作出的贡献而自豪。

和发展所有的工业项目一样，水泥产品在给社会带来财富和提升人们生活水平的同时，也给自然环境带来不同程度的破坏。水泥生产需要消耗大量的矿石、煤和电资源，生产过程中二氧化碳、氮氧化物和颗粒物排放也是避免不了的。水泥行业的科技人员长期致力于水泥生产中的环境保护研发工作，《水泥工业大气污染物排放标准》每一次的修订，都不断地强化了对企业的环境约束力。

3 月 13 日下午，我刚从国家环保部参加完《京津冀地区水泥行业大气污染综合整治方案》研讨会回到办公室，协会秘书处的张建新主任就给我拿来了《水泥工业大气污染物排放标准达标实用技术及实例》书稿的目录，请我为即将出版的新书写几句话。去年年底，环保部刚刚颁布了新修订的《水泥工业大气污染物排放标准》（GB 4915—2013），标准中的多项排放指标限额可谓世界领先水平。中国水泥协会也将贯彻新标准作为协会今后几年的工作重点之一，这本书的及时出版正好配合了新标准的贯彻执行，我理所当然地答应为这本书写上几句话。

《水泥工业大气污染物排放标准》（GB 4915—2013）颁发后，中国水泥协会高度重视宣贯新标准工作，协会环资委多次开会研究策划和组织编写一本书，在行业内迅速宣贯执行新标准。合肥水泥研究设计院的标准编制组成员承担了本书的具体编写工作，为了赶时间与读者见面，春节期间合肥院的同仁加班加点，现在本书将由中国建材工业出版社正式出版，很快要和大家见面了。这本书不仅详细解读了新标准修订的内容，而且还做了颗粒物和氮氧化物的治理技术方案和工程应用实例介绍，是水泥企业领导、环保工作者开展污染达标治理工作一本实用、适用的工具书。

当然，这并不是我愿意为之作序的全部理由。这本书的主编陈章水和主要章节的编写者袁文献、何宏涛、曹伟都是曾经和我一起工作过的合肥水泥研究设计院的老同事，陈章水先生早已是副院长了，他们几人都是GB 4915标准两次修订的参与者。朋友的盛情总是难却。

这些年，我见过安徽海螺水泥池州厂的湿地风光、南方水泥湖州的绿色矿山、金隅水泥北京厂的危废处置系统、华新水泥秭归厂的三峡大坝漂浮物煅烧、中联水泥枣庄厂的果树成林、华润粤堡广州厂的污泥处置、拉法基瑞安水泥都江堰厂中的文物博物馆、江苏溧阳天山水泥厂的垃圾焚烧、云南蒙自瀛洲水泥公司的废渣利用、大连小野田水泥公司的有毒砂土处理、西藏拉萨高争和山南水泥厂为高海拔地区植被的保护、山西高平维高水泥厂的噪声治理……还有很多很多与自然和谐共生的"花园式"水泥厂。中国的水泥企业在自身发展的同时，也为社会环境改善、循环经济作出了许多贡献，这是每一个水泥人引以为豪的。但全国有一千多条水泥线，我们所做的总是有限。

没有对生活的信仰，人就会表现浮躁；没有对自然的敬畏，人类的生产活动就会失去约束。标准只是一个技术法规，需要人去执行，需要制度去监管、需要实用技术去支撑、需要资金投入去实现。树立和谐的企业发展理念，热爱自然、敬畏自然、回馈自然，才能把标准的约束力变成企业的发展动力。

离开城市的水泥森林，当我们行走在乡间小路上时，我想，我们总应该为大自然再做点什么！

中国水泥协会秘书长 孔祥忠

二〇一四年三月十三日星期四夜于北京

# 前　言

水泥工业是我国国民经济的重要基础工业，进入新世纪以来，我国水泥工业实现了跨越式发展，满足了国家基础建设和城乡建设的需要。我国是水泥生产大国与消费大国，2013 年全年水泥产量达 24.14 亿吨。在水泥工业生产过程中排放的大气污染物主要有烟（粉）尘、$SO_2$、$NO_x$、CO、氟化物等，这些污染物的危害性极大，一直受到国家环境保护部门的极大关注。

为适应“十二五”和今后一段时间环境管理的需求，加强对颗粒物、$SO_2$、$NO_x$ 等污染物的排放控制，环境保护部将《水泥工业大气污染物排放标准》（GB 4915—2004）的制修订项目列为 2012 年标准制修订计划重点项目，由环境保护部科技标准司负责组织，中国环境科学研究院联合合肥水泥研究设计院等单位共同成立了标准编制组，开展相关标准编制工作。新修订的《水泥工业大气污染物排放标准》（GB 4915—2013）已于 2013 年 12 月 27 日发布，于 2014 年 3 月 1 日正式实施，该标准严格了现有企业、新建企业大气污染物排放限值，增加了适用于重点地区的大气污染物特别排放限值。

为切实做好新标准的宣传贯彻和污染治理达标工作，中国水泥协会从行业环境保护出发，站在行业全局高度，策划编辑出版新排放标准宣贯用书。应中国水泥协会的安排，由合肥水泥研究设计院的标准编制组成员负责本书的编写工作。本书从标准修订概况入手，围绕新排放标准主要内容这个中心，紧扣标准实施的主题，详细分析了新标准实施的实用技术，重点介绍了颗粒物和氮氧化物的治理技术方案和工程应用实例，给水泥工业污染达标治理工作提供可靠的技术方案和工程应用指导。

本书分为五章，由陈章水担任主编，参加编写的有合肥水泥研究设计院陈章水、何宏涛、袁文献，合肥丰德科技股份有限公司曹伟、吴振山，江苏科行环保科技有限公司陈学功。第 1 章标准修订概况，介绍了标准修订的背景、必要性、基本原则、工作过程、标准限值与规定的制订依据及标准修订的主要内容等，由陈章水、何宏涛编写；第 2 章新排放标准的主要内容，对标准的适用范围、大气污染物排放控制限值及要求、监测要求及实施与监督进行重点介绍，由何宏涛、袁文献编写；第 3 章标准实施的技术分析，介绍了水泥工业生产排污情况，综述烟气调质技术、颗粒物治理技术、二氧化硫污染治理技术和氮氧化物污染治理技术，由何宏涛编写；第4章颗粒物治理技术方案和工程实例，分别介绍了新建水泥生产线和现有水泥企业颗粒物达标治理方案，分类列举了除尘工程实例、除尘改造工程实例和滤料工程实例，由何宏涛编写；第5章氮氧化物治理技术方案和工程实例，分别介绍了现有水泥企业、新建水泥企业和重点地区企业氮氧化物达标治理方案，列举了典型规模的水泥窑烟气脱硝工程实例，由曹伟、吴振山、何宏涛、陈学功编写。全书由何宏涛整理，由袁文献审核，最终由陈章水审阅定稿。

为编写本书提供工程实例资料的单位有：西安西矿环保科技有限公司、合肥中亚环保科技有限公司、合肥水泥研究设计院资源与环境公司、合肥水泥研究设计院热工装备公司、江苏科行环保科技有限公司、合肥丰德科技股份有限公司、中材科技膜材料公司、安徽锦鸿环保科技有限公司，在此对提供资料的单位和有关人员表示衷心的感谢！本书参考了书后所列的文献，在此对本书引用文献的作者表示衷心的感谢！

中国水泥协会、中国建材工业出版社领导及有关编辑为本书策划、编辑、出版付出的努力，在此表示感谢！

由于时间仓促，水平有限，本书中难免有疏漏不足之处，敬请读者批评指正。

陈章水

2014年3月6日

# 目　录

中国建材工业出版社
China Building Materials Press

# 第1章　标准修订概况

《水泥工业大气污染物排放标准》（GB 4915—2004）是我国水泥工业环境管理的重要依据，在“十一五”污染减排工作中发挥了重要作用。为适应“十二五”环境管理需求，加强对颗粒物、$SO_2$、$NO_x$ 等的排放控制，亟需修订。为此，环境保护部将其列为2012年标准制修订计划的重点项目，由中国环境科学研究院牵头组织制订。

根据工作需要，中国环境科学研究院联合合肥水泥研究设计院等单位共同成立了标准编制组，拟定工作计划并开展相关标准编制工作。

## 1.1　标准修订的背景

### 1.1.1　我国水泥工业概况

我国是水泥生产与消费大国，2011年我国水泥产量达到20.9亿t，占世界水泥产量的一半以上，其中新型干法水泥比例接近90%，前10强企业（集团）水泥熟料产量占全国42%，结构调整取得突破性进展。截至2011年底，规模以上水泥生产企业约4000家，新型干法水泥生产线1500多条。

表1-1是对我国水泥产量及新型干法水泥发展情况的统计。表1-2为截至2011年底的新型干法水泥生产线的规模分布情况。

表1-1　我国新型干法水泥发展情况

| 年份 | 水泥产量（亿t） | 新型干法水泥产量（亿t） | 新型干法水泥比例（%） | 新型干法生产线条数 |
|---|---|---|---|---|
| 2000 | 5.97 | 0.60 | 10.1 | 133 |
| 2001 | 6.64 | 0.94 | 14.2 | 170 |
| 2002 | 7.25 | 1.23 | 17.0 | 222 |
| 2003 | 8.62 | 1.90 | 22.0 | 320 |
| 2004 | 9.70 | 3.16 | 32.6 | 504 |
| 2005 | 10.6 | 4.73 | 44.6 | 624 |
| 2006 | 12.4 | 6.02 | 48.5 | 715 |

续表

| 年份 | 水泥产量（亿吨） | 新型干法水泥产量（亿吨） | 新型干法水泥比例（%） | 新型干法生产线条数 |
|---|---|---|---|---|
| 2007 | 13.6 | 7.15 | 52.6 | 802 |
| 2008 | 14.0 | 8.58 | 61.3 | 934 |
| 2009 | 16.5 | 12.7 | 77.0 | 1113 |
| 2010 | 18.8 | 14.9 | 79.3 | 1273 |
| 2011 | 20.9 | 18.6 | 89.0 | 1513 |
| 2012 | 21.8 | | | 1637 |

**表 1-2　2011 年新型干法水泥生产线统计**

| 规模（t/d） | 700 | 1000～1800 | 2000～2500 | 3000～3500 | 4000～4500 | 5000及以上 | 合计 |
|---|---|---|---|---|---|---|---|
| 生产线数 | 30 | 309 | 568 | 81 | 66 | 459 | 1513 |
| 生产线比例（%） | 2 | 20.4 | 37.5 | 5.4 | 4.4 | 30.3 | 100 |
| 熟料产能（t/a） | 674.25 | 11234.4 | 42333.6 | 7765.5 | 8246.0 | 73488.6 | 143742.35 |
| 产能比例 | 0.47% | 7.82% | 29.45% | 5.4% | 5.74% | 51.12% | 100% |

另据环保部开展的水泥行业 $NO_x$ 减排全口径统计，2011 年水泥熟料生产企业 2468 家（1203 企业有新型干法生产线），熟料产量 12.9 亿 t。其中新型干法生产线 1601 条，熟料产量 11.5 亿 t；立窑熟料产量 1.4 亿 t。

### 1.1.2　水泥生产工艺现状

如图 1-1 所示，水泥生产分为三个阶段：石灰质原料、黏土质原料与少量校正原料经破碎后，按一定比例配合、磨细并调配为成分合适、质量均匀的生料，这一过程称为生料制备；生料经预热器或预分解系统预热/分解后，在水泥窑内煅烧至部分熔融所得到的以硅酸钙为主要成分的水泥熟料，称为熟料煅烧；第三阶段为水泥粉磨，即熟料加入适量石膏，有时还有一些混合材料或外加剂共同磨细成为水泥成品。水泥在贮存时应进行检验，合格的水泥可以包装或散装出厂。

水泥熟料煅烧主要有两种方式（图 1-2）：一种是以回转窑为主要生产设备，包括新型干法窑、预热器窑、余热发电窑、干法中空窑、立波尔窑、湿法回转窑；另一种则是以立式窑为主要生产设备，包括普通立窑和机械化立窑。不同的水泥生产工艺与设备在规模效益、能源消耗、资源利用、污染排放等方

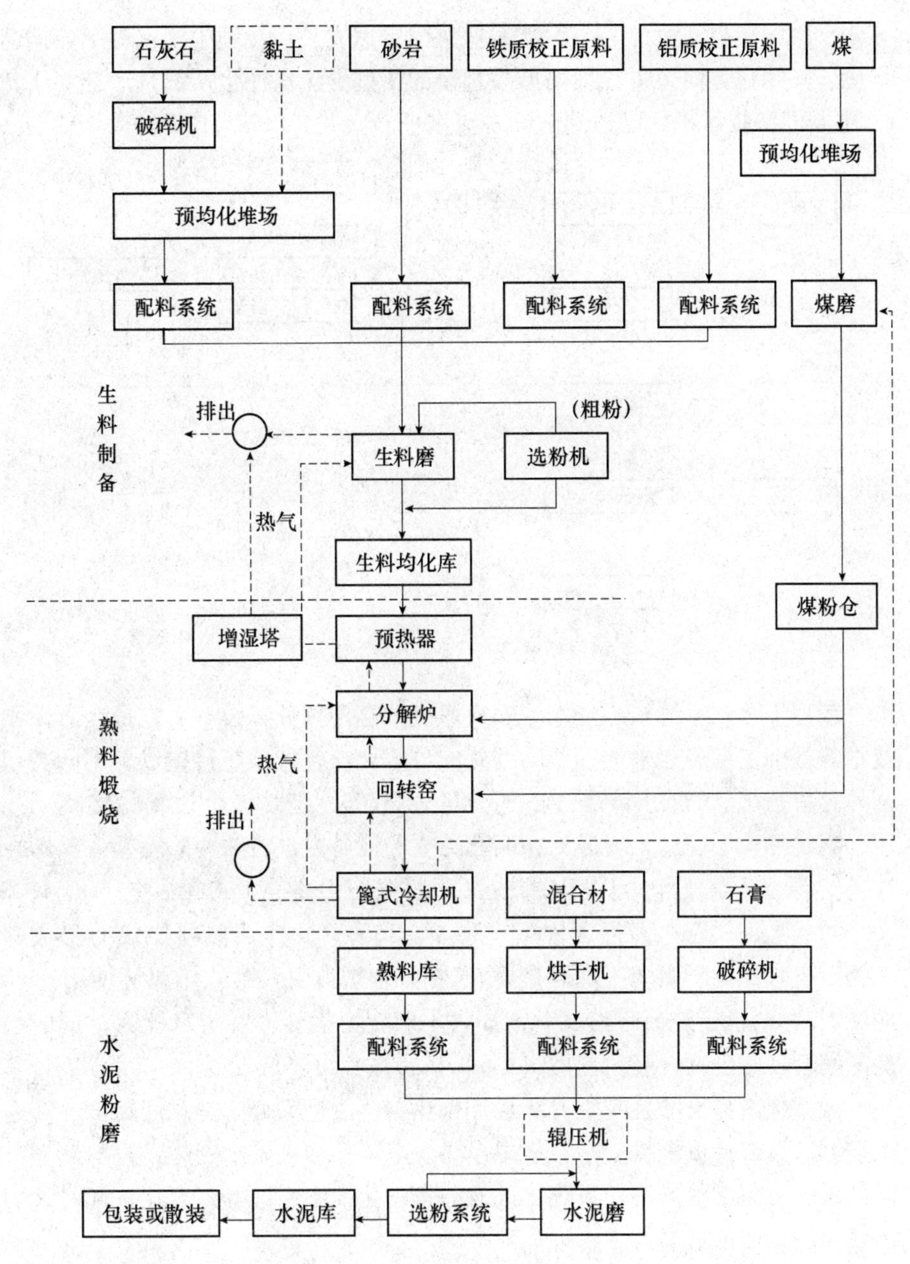


图1-1　水泥生产工艺流程图

面存在较大差别。根据国家产业政策要求，窑径2.5m以下干法中空窑（生产高铝水泥的除外）、立波尔窑、湿法回转窑（主要用于处理污泥、电石渣等的除外）、窑径3.0m以下机械化立窑、普通立窑等近年来已逐步淘汰，水泥生产格局发生了显著变化。新型干法窑外预分解技术已成为我国水泥生产的主导工艺，中国建材、海螺等一大批企业集团迅速成长，带领中国水泥工业向着大型化、集约化方向迈进，我国最大规模的新型干法水泥生产线日产熟料 1.2 万 t，主要经济技术指标已达到国际一流水平。

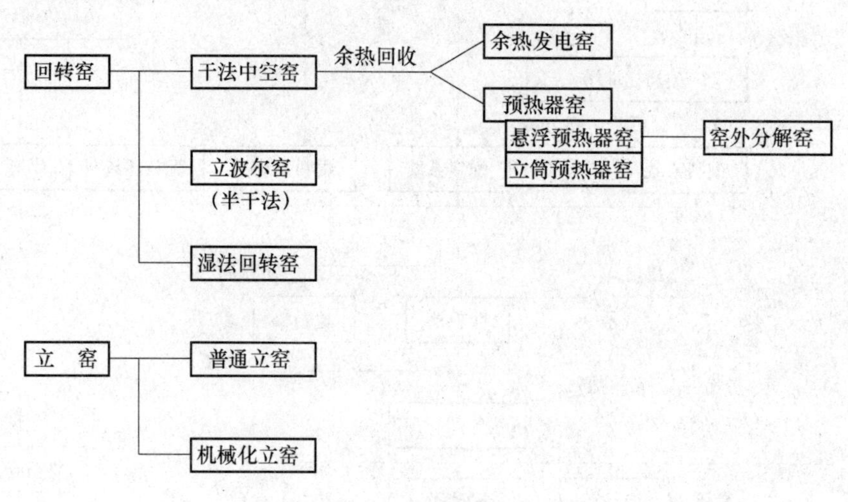


图 1-2　水泥窑类型

新型干法技术的核心是水泥熟料煅烧的窑外预分解技术，它是在悬浮预热技术的基础上发展起来的，不同型式的分解炉与各种预热器组成了不同类型的窑外分解系统。与在回转窑内完成预热、分解、烧结多个过程的传统工艺相比，它将熟料煅烧过程变成为在两套独立的设备内进行的两阶段操作：即在悬浮预热器和分解炉内完成生料预热和石灰石分解（$CaCO_3 \longrightarrow CaO + CO_2$，900℃）；在回转窑内高温条件下（1400～1500℃）完成熟料烧成（形成硅酸三钙、硅酸二钙、铝酸三钙等）。由于在分解炉内引入第二热源（使用约 60% 的燃料），降低了烧成带热负荷，提高了回转窑运转率和生产能力，同时也使能源消耗、污染物（特别是 $NO_x$、$SO_2$）排放大大降低。

现代化新型干法系统集五级悬浮预热器、改进型分解炉和回转窑、多通道燃烧器、第四代篦冷机、窑头窑尾余热发电等多项技术于一体，再与新型节能粉磨系统、原燃料预均化系统、计量与自动化控制系统等组合在一起，代表着当代水泥生产的最高技术水平。

### 1.1.3　水泥行业产排污情况及污染控制技术

#### 1.1.3.1　水泥工业大气排放源

水泥工业大气排放源主要包括矿山开采、水泥制造（含粉磨站）、散装水泥中转站和水泥制品生产。

在矿山开采过程中，主要存在粉尘无组织排放，有组织排放源主要是破碎机，还有装卸、输送设备等其他设备，需要通风除尘。

在水泥制造过程中，从原料破碎、原料烘干、生料粉磨、煤粉制备、熟料煅烧、熟料冷却、水泥粉磨到成品包装，都存在有组织或无组织的颗粒物排放，其中水泥窑系统集中了70%的颗粒物有组织排放和几乎全部气态污染物的排放。独立粉磨站的污染排放与水泥制造的后续过程基本相同。

散装水泥中转站的排放源主要是卸船机、空气输送斜槽、提升机、水泥仓、散装机等。

水泥制品生产主要包括预拌混凝土、预拌砂浆、混凝土预制件，其主要污染排放源是水泥仓的进出料过程。

1.1.3.2 废气排放性质

水泥生产是通过生产线各设施（设备）的运行，把原料加工成水泥，不仅有对物料破碎和粉磨的物理过程，还有燃料燃烧和物料分解、相互反应生成水泥熟料的化学过程。在这个过程中，排放的大气污染物主要有烟（粉）尘、$SO_2$、$NO_x$、$CO_2$、CO、氟化物等。由于各设备处理物料不同、工作原理和工作过程不同，排出废气的性质也各不相同，如污染物种类、浓度、烟气温度、含湿量、比电阻等。表1-3列出了一些主要生产设备的废气排放性质。

**表1-3 主要生产设备的废气排放性质**

| 设备 | 新型干法窑 | | | 篦冷机 | 生料立磨 | 水泥管磨 | 煤磨 |
|---|---|---|---|---|---|---|---|
| 污染物 | PM | $SO_2$ | $NO_x$ | PM | PM | PM | PM |
| 原始浓度（$g/m^3$） | 30~80 | 0.05~0.2 | 0.8~1.2 | 2~20 | 400~800 | 20~120 | 250~500 |
| 气体温度（℃） | 300~350 | | | 150~300 | 70~110 | 90~120 | 60~90 |
| 含湿量，体积（%） | 6~8 | | | — | 10 | — | 8~15 |
| 露点（℃） | 35~40 | | | — | 45 | — | 40~50 |
| 比电阻（Ω·cm） | $\geqslant 10^{12}$ | | | $10^{11}$~$10^{13}$ | — | — | — |

1.1.3.3 主要污染物的危害

（1）粉尘的危害

①粉尘对人体健康的危害

粉尘的化学组成及粉尘粒度对人体健康起着重要的作用，而粉尘的密度、溶解度、荷电性以及放射性等与其危害程度密切相关。

粉尘的化学成分直接影响着对人体的危害程度，其中粉尘中游离二氧化硅危害更大。长期大量吸入含结晶型二氧化硅的粉尘可引起矽肺病。粉尘中游离二氧化硅的含量越高，引起病变的程度越重，病变的发展速度越快。粉尘分散度的高低与其在空气中的悬浮性能、被人吸入的可能性和在肺内的滞留及其溶解度均有密切的关系。据估算，进入肺腔的粉尘粒度为0.01～0.1μm，其中大部分能呼出，约10%～50%沉积下来。

水泥厂粉尘的主要成分为$CaCO_3$、$CaO$、$SiO_2$、$Fe_2O_3$、$Al_2O_3$、$MgO$、$Na_2O$、$K_2O$等，人体吸入常引起硅肺、水泥尘肺等呼吸系统疾病。另外也会引起其他系统的疾病，接触生产性粉尘除可引起上述呼吸系统的疾病外，还可引起眼睛及皮肤的病变。粉尘落到皮肤上可堵塞皮脂腺而引起皮肤干燥，继发成毛囊炎、脓皮病等。

②粉尘爆炸危害

分散在空气中（或可燃气）中的某些粉尘，需同时具备氧气、高温源、可燃粉尘、容器四个条件，才会燃烧、爆炸。粉尘的爆炸在瞬间产生，伴随着高温、高压。粉尘爆炸与气体爆炸相似，也是一种连锁反应，即尘云在火源或其他诱发条件作用下，局部化学反应所释放能量，迅速诱发较大区域粉尘产生反应并释放能量，这种能量使空气提高温度，急剧膨胀，形成摧毁力很大的冲击波。

③粉尘对能见度的影响

当光线通过含尘介质时，由于尘粒对光的吸收、散射等作用，光强会减弱，出现能见度降低的情况。在一些污染严重的城市、工业地区以及一些粉尘作业场所能明显地察觉到能见度的降低。

④粉尘对建筑物、动植物的影响

空气中的尘粒本身是化学惰性或活性的。它们如果是惰性的，也可从大气中吸附活性物质，或者它们会化合成多种化学活性物质。据其化学成分和物理性能，尘粒物质能对建筑物起到广泛的破坏作用。尘粒落到涂过涂料的建筑物表面、玻璃幕墙上，就会把它弄脏。每年对建筑物和构筑物内外的重新涂饰和清洗费用相当可观。

大气中的粉尘和有害气体，对文物腐蚀速度加快，主要表现在金属文物锈蚀矿化，石质文物酥解剥落，纺织品、壁画褪色长霉。

氧化镁会使植物生长不良。动物吃了沾有毒尘粒的植物，健康会受到损害。

⑤粉尘对设备、产品的影响

空气中的尘粒沉降到机器的转动部件上，将加速机件的磨损，影响机器精度，甚至使小型精密仪表的部件卡住不能工作。一般认为5～10μm粒径的粉尘磨损性与颗粒大小和成分有关，微细粉尘比粗粉尘的磨损小。微细粉尘对微型计算机、光学仪器、微型电机、微型轴承等一些现代产品有沾污和磨损的危害。对于计算机、光学仪器、精密机械来说，1μmm以上粒径的尘粒就能影响精度。

粉尘污染不仅影响产品的外观，还能造成产品质量的下降。

（2）二氧化硫（$SO_2$）的危害

$SO_2$是含硫大气污染物中最重要的一种。$SO_2$为无色、有刺激性臭味的有毒气体，不可燃，易液化，溶于水，水中溶解度为11.5g/L，一部分与水化合成亚硫酸。

$SO_2$会造成烟雾事件。世界上的许多次烟雾事件，如英国伦敦、比利时马斯河谷等地烟雾事件都和$SO_2$有关，烟雾事件发生时，空气中的$SO_2$经久不散，浓度增大，致使患病及死亡人数急剧增加。

$SO_2$是大气中数量最大的有害成分，也是造成全球大范围酸雨的主要原因。

（3）氮氧化物（$NO_x$）的危害

氮氧化物中，NO和$NO_2$是两种最重要的大气污染物。NO为无色气体、淡蓝色液体或蓝白色固体，在空气中容易被$O_3$和光化学作用氧化成$NO_2$。$NO_2$为黄色液体或棕红色气体，能溶于水生成硝酸和亚硝酸，具有腐蚀性。

NO和血红蛋白的亲和力比CO大几百倍，动物接触高浓度的NO可出现中枢神经病变。$NO_2$对眼和呼吸器官有刺激作用，高浓度的$NO_2$急性中毒能引起气管炎和肺气肿，严重的可导致死亡。$NO_x$还可形成光化学烟雾和酸雨。

（4）氟化物的危害

氟化氢（HF）为无色气体，在19.54℃以下为无色液体，极易挥发，在空气中发烟，有毒，刺激眼睛，腐蚀皮肤。无水氟化氢为最强的酸性物质之一。

四氟化硅，无色非燃烧气体，剧毒，有类似氯化氢的窒息气味，在潮湿空气中水解生成硅酸和氢氟酸，同时生成浓烟。

当含氟化合物在大气中的残留浓度超过允许的浓度时，对植物和动物生命及气候都会产生显著影响。

1.1.3.4 污染控制技术分析

水泥工业应根据不同设备的废气排放性质，选择技术可行、经济合理的污染控制技术。水泥工业过去主要控制颗粒物的排放，根据环保形势的发展，需要开展水泥窑烟气脱硝。

（1）颗粒物控制技术

水泥工业目前使用的除尘技术主要是袋式除尘、静电除尘以及电袋复合除尘。水泥窑的窑头、窑尾，一般需要对烟气降温调质，采用增湿等措施将高温气体降到150℃以下和适宜的比电阻（$<10^{11}\Omega \cdot cm$），再利用袋式除尘器或静电除尘器净化处理。其他通风生产设备、扬尘点大多采用袋除尘器。

①袋式除尘技术

袋式除尘技术是利用纤维织物的过滤作用（纤维过滤、膜过滤和颗粒过滤）对含尘气体进行净化。它处理风量范围大、使用灵活，适用于水泥工业各工序废气的除尘治理。

选择适当的过滤材料是布袋除尘器的关键，目前可供选择的滤料材质主要有涤纶（聚酯）、丙纶（聚丙烯）、亚克力（聚丙烯腈）、PPS（聚苯硫醚）、诺梅克斯（芳香族聚酰胺）、玻璃纤维、P84（聚亚酰胺）和PTFE（聚四氟乙烯）等。

在国内水泥工业生产中，破碎、粉磨、包装、均化和输送系统以及其他扬尘点用袋式除尘器主要选用涤纶滤料。煤粉制备系统用布袋除尘器主要选用抗静电涤纶滤料。水泥窑尾布袋除尘器主要用玻纤滤料和P84滤料。由于诺梅克斯（Nomex）综合性能好，用途较为广泛，典型用途是水泥窑头篦冷机余风的除尘，其过滤风速比用玻纤滤料高，可减小除尘器体积。PTFE性能好，摩擦系数小、耐高温，制成薄膜的微孔多而小，形成表面过滤，目前利用它的优越性，制成表面覆膜，大大改善了普通滤料的过滤性能。

过滤风速、清灰方式对除尘效率有重大影响，如排放浓度限值低，应相应降低过滤风速。最早的布袋除尘器是人工振打清灰，以后采用机械振打，目前已被淘汰，现在主要使用反吹风清灰和压缩空气清灰（气箱式、脉喷式），后者是目前的主流，可实现在线清灰。

袋式除尘器的箱体大多按模块结构设计，即按一定的布袋数构成一个单元滤室，若干个滤室组成一个除尘器。

袋式除尘技术的除尘效率可达99.80%～99.99%，颗粒物排放浓度可控制在$20mg/m^3$以下，运行费用主要来自于更换滤袋和引风机电耗。

②静电除尘技术

静电除尘技术是通过电晕放电使粉尘荷电，然后在电场力作用下，向集尘极移动并沉积在表面上，通过振打将沉积的粉尘去除，烟气得以净化。它适合大风量、高温烟气的处理，主要用于水泥窑头、窑尾烟气除尘。

静电除尘器由供电装置和除尘器本体两部分构成。除尘器本体包括放电电极、集尘电极、振打清灰装置、气流分布装置、高压绝缘装置、壳体等。

供电装置为粉尘荷电和收尘提供所需的电场强度和电晕电流，要求能与不同工况使用的静电除尘器有良好的匹配，从而提高除尘效率和工作稳定性。提高高压电源性能一直是静电除尘技术发展的一个方向，如开发专家控制系统减少人工干预，根据烟气条件变化及时调整控制参数和控制方式；使用高频电源、脉冲电源、三相电源等。

静电除尘器的除尘效率既与粉尘比电阻等废气性质有关，也取决于集尘板面积、气流速度等结构设计参数。可以通过增加集尘板面积、增加通道数、增加电场级数等方法提高静电除尘器性能。通常，一台三电场的静电除尘器，其第一电场通常有80% ~90%的除尘效率，而第二、三级电场仅收集含尘量小于10g/$m^3$（对回转窑而言）的烟粉尘。有时为了达到30mg/$m^3$以下的低排放浓度，收集很少的粉尘，需要增设第四、五级电场。可见，为了提高除尘效率满足严格的排放标准要求，增加电场级数逐渐趋向经济不合理。

第一电场捕集粒径比较粗的颗粒，后续电场捕集的粉尘愈来愈细，最后一个电场捕集的都是微细粉尘，当振打清灰时产生二次扬尘，使部分微细粉尘直接排入大气，因此减少二次扬尘是控制颗粒物排放非常关键的环节，可采用移动电极技术。移动电极技术是静电除尘器未来的发展方向。

此外，振打清灰装置的振打方式、振打频率和强度，气流分布装置的气流分布均匀性也都对除尘效率有影响。

静电除尘技术的除尘效率为99.50% ~99.97%，颗粒物排放浓度可控制在30mg/$m^3$以下，消耗主要为电能。

③电袋复合除尘技术

电袋复合除尘器，就是在除尘器的前部设置一个除尘电场，发挥电除尘器在第一电场能收集80% ~90%粉尘的优点，收集烟气中的大部分粉尘，而在除尘器的后部装设滤袋，使含尘浓度低的烟气通过滤袋，这样可显著降低滤袋的运行阻力，延长清灰周期，缩短脉冲宽度，降低喷吹压力，延长滤袋的使用寿命，相应减少了运行维护成本。

电袋复合除尘技术特别适合于原有静电除尘器的改造，它充分结合了电、袋除尘的优点，除尘效率可达99.80% ~99.99%，颗粒物排放浓度小于30mg/$m^3$。

（2）$NO_x$控制技术

水泥窑型对$NO_x$排放有重大影响，新型干法工艺能显著降低$NO_x$排放。$NO_x$的产生与燃烧状况密切相关，因此可采取工艺控制措施，如低$NO_x$燃烧器、分解炉分级燃烧。采用末端治理的方法，如SNCR（选择性非催化还原技术）、SCR（选择性催化还原技术），是有效去除$NO_x$的环保措施。

①清洁生产工艺

新型干法水泥生产用燃料分别从窑头和分解炉喷入，窑头煤粉燃烧最高温度可达1600℃以上，且烧成废气在高温区停留时间较长；煤粉在分解炉处于无焰燃烧状态，燃烧温度为900℃左右。由于60%的燃料在分解炉内燃烧，燃烧温度低，在此几乎没有热力型$NO_x$生成，只产生燃料型$NO_x$，因此与普通回转窑（2.4kg$NO_x$/t熟料）相比，削减了约1/3的$NO_x$排放，可使新型干法工艺$NO_x$排放量控制在1.6kg$NO_x$/t熟料。

②工艺控制措施

工艺控制措施主要是应用低$NO_x$燃烧器、分解炉分级燃烧，以及保证水泥窑的均衡稳定运行。

低$NO_x$燃烧器具有多通道设计，一般为三、四通道，分为内风、煤风、外风，各有不同的风速和方向（轴向、径向），在出口处汇合形成同轴旋转的复杂射流。操作时通过调整内、外风速和风量比例，可以灵活调节火焰形状和燃烧强度，使煤粉分级燃烧，减少在高温区的停留时间，相应减少了$NO_x$产生量。

分解炉分级燃烧包括空气分级和燃料分级两种，都是通过对燃烧过程的控制，在分解炉内产生局部还原性气氛，使生成的$NO_x$被部分还原，从而实现水泥窑系统$NO_x$减排。

工艺波动会造成水泥窑$NO_x$浓度的剧烈变化（$NO_x$浓度可作为水泥窑工艺控制参数），需要保持水泥窑系统的均衡稳定运行。通过保持适宜的火焰形状和温度，减少过剩空气量，确保喂料量和喂煤量准确均匀稳定，可有效降低$NO_x$排放。

上述工艺控制措施综合使用，大约可降低30%的$NO_x$排放量，相应$NO_x$排放浓度可控制在500～800mg/$m^3$。

③末端治理措施

目前应用较多、相对成熟的末端治理措施是选择性非催化还原技术（SNCR），选择性催化还原技术（SCR）还在进一步示范完善中。

SNCR是以分解炉膛为反应器，通过向高温烟气（850～1100℃）中喷入还原剂（常用液氨、氨水和尿素），将烟气中的$NO_x$还原成氮气和水。该技术系统简单，$NO_x$去除效率约40%～60%，排放浓度可控制在400～500mg/$m^3$。

SCR是在水泥窑预热器出口处安装催化反应器，在反应器前喷入还原剂（如氨水或尿素），在适当的温度（300～400℃）和催化剂作用下，将烟气中的$NO_x$还原成氮气和水。该技术$NO_x$去除效率可达70%～90%，排放浓度可控制在100～200mg/$m^3$。SCR技术一次投资较大，运行成本主要取决于催化剂的寿命。由于水泥窑尾废气粉尘浓度高，且含有碱金属，易使催化剂磨损、堵塞和中毒，需要采用可靠的清灰技术和合适的催化剂。

（3）其他大气污染物控制

水泥窑的高温、长停留时间、氧化气氛、碱性条件，有利于酸性气体

（HCl、$SO_2$ 等）、有机物的去除，重金属（Hg 除外）固结在水泥熟料中，因此其他大气污染物排放量很少。

通过选择和控制进入水泥窑的物料品质，如合理的硫碱比、较低的 N、Cl、F、金属、挥发性有机物含量等，可减少 $SO_2$、卤化物、重金属、二噁英等大气污染物的产生和排放。如污染物排放浓度较高，则应进一步采取干、湿法洗涤、活性炭吸附等强化处理措施。

（4）无组织排放控制

水泥工业的粉尘无组织排放是一个突出的环境问题，采取密闭作业可有效予以解决。例如有些先进水泥企业采用全封闭物料输送、帐篷式预均化库，有效控制了扬尘。当然也可根据实际情况采取其他措施，如覆盖（结壳剂）、洒水、设置防风墙等。其他措施还包括合理的工艺布置、适当维护、加强清扫管理等。通过对这些措施的综合使用，可有效降低粉尘无组织排放。

### 1.1.4　相关国外和国内地方排放标准

1.1.4.1　国外标准

（1）美国 NSPS & NESHAP 标准

美国关于水泥行业大气污染物排放控制的标准有两种，一是针对常规污染物的新源特性标准（NSPS），列入联邦法规典 40 CFR 60 Subpart F（表 1-4）；另一是针对 189 种空气毒物（Air Toxics，近几年有修订）的危险空气污染物国家排放标准（NESHAP），列入联邦法规典 40 CFR 63 Subpart LLL（表 1-5）。无论是 NSPS 标准，还是 NESHAP 标准，它们均是基于污染控制技术而制订的，只是对应污染物不同。选择的控制技术也不同，例如 NSPS 是基于最佳示范技术（BDT），而 NESHAP 则是基于最大可达控制技术（MACT）。

**表 1-4　40 CFR 60 Subpart F**

| 受控设施/工艺 | 污染物 | 1971.8.17～2008.6.16 建设、重建、改建 | 2008.6.16 后建设、重建、改建 | 说明 |
|---|---|---|---|---|
| 水泥窑（包括窑尾余热利用） | PM | 0.3 磅/吨生料（干态） | 0.01 磅/吨熟料（～2mg/$m^3$） | 1 磅 ≈ 0.454kg，按每 1t 熟料 2000～3000$m^3$ 烟气量计算 |
| | 不透光率 | 20% | 20% | |
| | $NO_x$ | — | 1.5 磅/吨熟料（～300mg/$m^3$） | |
| | $SO_2$ | — | 0.4 磅/吨熟料（～80mg/$m^3$） | |

续表

| 受控设施/工艺 | 污染物 | 1971. 8. 17 ~ 2008. 6. 16 建设、重建、改建 | 2008. 6. 16 后建设、重建、改建 | 说明 |
|---|---|---|---|---|
| 熟料冷却机 | PM | 0. 1 磅/吨生料（干态） | 0. 01 磅/吨熟料 | |
| | 不透光率 | 10% | 10% | |
| 其他：<br>原料磨，水泥磨，原料干燥机，原料、熟料及水泥产品贮库，输送系统转运点，包装，散装水泥装卸系统等 | 不透光率 | 10% | 10% | |

**表 1-5　40 CFR 63 Subpart LLL**

| 受控设施/工艺 | 污染物 | 现有源 | 新源（指 2009. 5. 6 后建设） | 说明 |
|---|---|---|---|---|
| 水泥窑（包括窑尾余热利用） | PM | 0. 04 磅/吨熟料<br>（~8mg/$m^3$） | 0. 01 磅/吨熟料<br>（~2mg/$m^3$） | 1 磅≈0. 454kg，按每 1t 熟料 2000 ~ 3000$m^3$ 烟气量计算 |
| | 二噁英/呋喃（D/F） | 0. 20ng/dscm | 0. 20ng/dscm | 以等当量毒性计，7% 含氧 |
| | | 或者<br>0. 40ng/dscm | 或者<br>0. 40ng/dscm | 如果在 PM 控制装置入口处，温度不超过 204℃（400 ℉） |
| | 汞 | 55 磅/百万 t 熟料<br>（~10μg/$m^3$） | 21 磅/百万 t 熟料<br>（~4μg/$m^3$） | |
| | 总碳氢（THC） | 24ppmvd<br>（47mg/$m^3$） | 24ppmvd<br>（47mg/$m^3$） | 以丙烷计，7% 含氧 |
| | HCl | 3ppmvd<br>（5mg/$m^3$） | 3ppmvd<br>（5mg/$m^3$） | 7% 含氧 |
| 熟料冷却机 | PM | 0. 04 磅/吨熟料 | 0. 01 磅/吨熟料 | |
| 原料干燥机 | 不透光率 | 10% | 10% | |
| | 总碳氢（THC） | 24ppmvd | 24ppmvd | 以丙烷计，19% 含氧 |
| 原料磨、水泥磨 | 不透光率 | 10% | 10% | |
| 原料、熟料及水泥产品贮库，输送系统转运点，包装，散装水泥装卸系统等 | 不透光率 | 10% | 10% | |

利用水泥窑焚烧危险废物执行 40 CFR 63 Subpart EEE 危险废物焚烧的 NESHAP标准。

（2）欧盟 IPPC 指令及 BAT 指南

除大型燃烧装置（2001/80/EC）、废物焚烧（2000/76/EC）以及 VOCs 排放控制（1999/13/EC、94/63/EC）外，欧盟将工业点源的污染物排放纳入综合污染预防与控制（IPPC）指令进行多环境介质（水体、大气、土壤、噪声等）的统一管理。如果说前三项是针对通用操作或设备的要求，IPPC 指令则是对典型行业的要求。它将工业生产活动划分为能源工业、金属工业、无机材料工业、化学工业、废物管理以及其他活动 6 大类共 33 个行业，水泥行业是其中之一。

为配合 IPPC 指令以及许可证制度的实施，根据各成员国和工业部门信息交流的成果，欧盟委员会出版了 33 份行业 BAT 参考文件（BREF）。水泥行业 BAT 文件最初发布于 2001 年 12 月，最新的文件是 2010 年 5 月，相应 BAT 排放要求见表 1-6。

**表 1-6　欧盟水泥行业 BAT 排放水平**

| 污染物 | 排放源 | BAT 相关排放水平 | 说明 |
|---|---|---|---|
| 颗粒物 | 水泥窑 | $<10 \sim 20\text{mg/m}^3$ | |
| | 冷却、粉磨 | $<10 \sim 20\text{mg/m}^3$ | |
| | 其他产尘点 | $<10\text{mg/m}^3$ | |
| $NO_x$ | 预热器窑 | $<200 \sim 450\text{mg/m}^3$ | 1. 窑况良好时，可实现 $<350\text{mg/m}^3$；$200\text{mg/m}^3$ 仅三家工厂有过报道；<br>2. 如果采用初级措施/技术后，$NO_x>1000\text{mg/m}^3$，则 BAT 排放水平为 $500\text{mg/m}^3$ |
| | 立波尔窑、长窑 | $400 \sim 800\text{mg/m}^3$ | 基于初始排放水平和氨逸出率 |
| $SO_2$ | 水泥窑 | $<50 \sim 400\text{mg/m}^3$ | 与原料中 S 含量有关 |
| HCl | 水泥窑 | $<10\text{mg/m}^3$ | |
| HF | 水泥窑 | $<1\text{mg/m}^3$ | |
| PCDD/F | 水泥窑 | $<0.05 \sim 0.1\text{ng/m}^3$ | |
| Hg | 水泥窑 | $<0.05\text{mg/m}^3$ | |
| Cd + Tl | 水泥窑 | $<0.05\text{mg/m}^3$ | |
| As + Sb + Pb + Cr + Co + Cu + Mn + Ni + V | 水泥窑 | $<0.5\text{mg/m}^3$ | |

（3）德国

德国是世界上环保要求最为严格的国家之一。《联邦排放控制法》（Federal Immission Control Act，BImSchG）是德国大气污染控制的基本法律，下辖各种条例 BImSchV 和指南 TA Luft。在《空气质量控制技术指南》（Technical Instructions on Air Quality Control，TA Luft）中规定了大气污染物排放限值。2002 年最新版的 TA Luft 中规定的水泥行业排放要求为：颗粒物 20mg/m$^3$、$SO_2$350mg/m$^3$、$NO_x$ 500mg/m$^3$（一般行业为 350mg/m$^3$）、氟化物 3mg/m$^3$。

对于水泥窑共同处置固体废物，执行关于废物焚烧和共焚烧的 17. BImSchV 条例要求。该条例要求较 TA Luft 更加严格，如颗粒物控制在 10mg/m$^3$，$SO_2$ 为 50mg/m$^3$，$NO_x$ 为 200mg/m$^3$。按掺烧废物比例，计算应执行的标准，如掺烧 60% 的废物，$NO_x$ 执行的标准值为（$500\times0.4+200\times0.6$）= 320mg/m$^3$。

（4）日本

日本是按污染物项目制订排放标准，而不是按行业，类似我国的《大气污染物综合排放标准》。其排放标准包括两种情况，一是对于 $SO_2$，按各个地区实行 K 值控制，同时配合燃料 S 含量限制。K 值标准是基于大气扩散模式，根据 $SO_2$ 环境质量要求、排气筒有效高度确定 $SO_2$ 许可排放量。K 值与各个地区的自然环境条件、污染状况有关，需要划分区域确定 K 值。二是对于烟尘、粉尘（含石棉尘）、有害物质（Cd 及其化合物、$Cl_2$、HCl、氟化物、Pb 及其化合物、$NO_x$）、28 种指定物质，以及 234 种空气毒物（其中 22 种需要优先采取行动），由国家制订统一的排放标准。目前对空气毒物完成了苯、三氯乙烯、四氯乙烯、二噁英 4 项标准制订工作。

可见，对某一行业的大气排放要求分散在不同的污染物项目标准里。一些污染物项目在制订排放限值时考虑了行业差异，以 $NO_x$ 为例，区分了锅炉、熔炼炉、加热炉、水泥窑等，排放浓度限值从 60ppm（燃气锅炉）到 800ppm（电子玻璃熔炉）不等。

表 1-7 为日本水泥工业执行的大气排放标准。

**表 1-7　日本水泥工业执行的大气污染物排放限值**

| 颗粒物 | $SO_2$ | $NO_x$ |
| --- | --- | --- |
| 一般地区 100mg/m$^3$<br>特殊地区 50mg/m$^3$ | K 值法 | 250/350ppm<br>（500/700mg/m$^3$） |

1.1.4.2　地方标准

我国一些省级人民政府制订了更严格的地方水泥工业排放标准，如北京市从 2007 年、广东省从 2012 年分别开始执行 $NO_x$ 500 或 550mg/m$^3$ 的严格限值，走在了全国前列。福建、重庆等省、直辖市也在抓紧制订地方标准。地方标准见表 1-8。

表 1-8　部分省、直辖市地方水泥工业排放标准

| 省市 | 标准号 | 区域 | 实施日期 | $NO_x$ | PM | $SO_2$ | F |
|---|---|---|---|---|---|---|---|
| 北京市 | DB 11/237—2004 | A 区 | 2007. 1. 1 | 禁排 | 禁排 | 禁排 | 禁排 |
| | | B 区 | 2007. 1. 1 | 500 | 30 | 30 | 2 |
| 广东省 | DB 44/818—2010 | A 区 | 2012. 1. 1 | 550 | 30 | 100 | 3 |
| | | B 区 | 2014. 1. 1 | | | | |
| 重庆市 | DB 50/418—2012 | 主城区 | 2013. 1. 1 | 250 | 15 | 150 | — |
| | | 影响区 | 2013. 1. 1 | 350 | 30 | 200 | — |
| | | 其他区域 | 2013. 1. 1 | 550 | 50 | 200 | — |
| 福建省 | DB 35/1311—2013 | 所有 | 2014. 1. 1 | 400 | 30 | 100 | 5 |

杭州市下发文件《杭州市燃煤电厂（热电）和水泥熟料脱硝工程实施计划》，要求水泥窑 $NO_x$ 控制在 150mg/m$^3$ 以下。

## 1.2　标准修订的必要性

### 1.2.1　GB 4915—2004 标准实施情况

“十一五”时期我国水泥工业迅猛发展，水泥产量由“十五”末的 10.6 亿 t 增长到 2010 年的 18.8 亿 t，平均年增长率在 10% 以上，带来了巨大的环境保护压力。据测算，水泥工业颗粒物排放占全国颗粒物排放量的 15% ~ 20%，$SO_2$ 排放占全国 $SO_2$ 排放量的 3% ~4%，$NO_x$ 排放占全国 $NO_x$ 排放量的 10% ~12%，是重点污染行业。

“十一五”期间我国全面加严了《水泥工业大气污染物排放标准》，要求颗粒物排放浓度控制在 50mg/m$^3$（热力过程）或 30mg/m$^3$（冷态操作）以下，达到了国际较先进的污染控制水平，可使吨水泥颗粒物排放控制在 1kg/t 以下。为达到标准要求，水泥生产企业普遍进行了环保设施提效改造，采用静电或布袋除尘技术实现达标排放。在水泥产量接近翻番的同时，年颗粒物排放可控制在 200 ~300 万 t（后者包含了非正常排放量），与“十五”末相比减少了 50% 以上的颗粒物排放，环境效益十分突出。

新标准促进了水泥工业结构调整和产业优化升级，环保达标成为行业准入和核发生产许可证的前提条件。淘汰立窑、中空窑、湿法窑等落后产能，为新

型干法水泥发展腾出了空间，水泥生产格局明显改观。目前新型干法水泥占到我国水泥总产量的85%以上，在一些省市已完全取消了立窑水泥。以新型干法为代表的现代水泥企业生产效益好，控制污染的规模效益佳，其环保投资约占水泥生产线总投资的8%～10%，经济上可以承受。水泥工业成为我国走新型工业化道路的行业典范。

### 1.2.2 环保形势变化要求对水泥行业严格排放控制

工业和信息化部《关于水泥工业节能减排的指导意见》（工信部节〔2010〕58号）明确规定：到“十二五”末，全国生产水泥颗粒物排放在2009年基础上降低50%，推广袋式除尘器，将现有水泥窑电除尘器改为袋式除尘器。

《国务院关于印发“十二五”节能减排综合性工作方案的通知》（国发〔2011〕26号）在“（十二）实施污染物减排重点工程”中要求：推动燃煤电厂、水泥等行业脱硝，形成氮氧化物削减能力358万t。在“（十七）加强工业节能减排”中要求：新型干法水泥窑实施低氮燃烧技术改造，配套建设脱硝设施。

《国务院关于印发国家环境保护“十二五”规划的通知》（国发〔2011〕42号）要求对水泥等行业$SO_2$、$NO_x$和PM进行控制，新型干法水泥窑要进行低氮燃烧技术改造，新建水泥生产线要安装效率不低于60%的脱硝设施。在大气污染联防联控重点区域，实施区域大气污染物特别排放限值。

《国务院关于印发节能减排“十二五”规划的通知》（国发〔2012〕40号）要求2015年水泥行业$NO_x$排放量控制在150万t，淘汰水泥落后产能3.7亿t。推广大型新型干法水泥生产线，普及纯低温余热发电技术。水泥行业实施新型干法窑降氮脱硝，新建、改扩建水泥生产线综合脱硝效率不低于60%。

上述要求是明确的，需要通过修订《水泥工业大气污染物排放标准》（GB 4915—2004）予以落实。水泥工业的颗粒物控制一向严格，通过采用高效静电或布袋除尘器，颗粒物排放可限制在20～30mg/m$^3$以下，一些采用新型覆膜滤料的除尘器，可控制颗粒物在10mg/m$^3$以下。

$NO_x$是水泥工业需要重点控制的污染物，“十二五”期间，$NO_x$纳入总量控制指标，这对水泥工业污染治理提出了更高要求，要求采用低$NO_x$燃烧技术、烟气脱硝技术大幅降低水泥窑$NO_x$排放水平。水泥企业积极响应，各地纷纷筹划建设了一大批水泥脱硝示范项目，一百多条线已建成运行，为本次标准修订提供了良好技术基础和参考实例。但也应承认，由于我国水泥工业在这方面工作刚刚起步，分级燃烧、SNCR等技术应用还缺乏长期稳定运行经验，SCR技术尚不成熟，面临的环保挑战是巨大的。

## 1.3　标准修订的基本原则

（1）根据水泥工业先进生产工艺（新型干法）和可行污染控制技术，制订排放限值。不区分工艺（窑型）差异，鼓励采用先进工艺。

（2）大气污染物排放控制采用浓度指标，以反映污染防治技术水平，方便环境管理，同时为防止稀释排放规定了水泥窑烟气中 $O_2$ 含量。

（3）取消单位产品排放量指标（kg/t）。该指标用于评估企业环境绩效，如清洁生产标准，一般不用于执法目的。根据排放浓度及单位产品（物料）废气量（如新型干法窑尾废气量 2000 ~ 3000$m^3$/t 熟料）可以很容易核算出单位产品排放量。

（4）不区分新老污染源，统一现有企业和新建企业排放限值，给现有企业一个过渡期。

（5）在重点区域坚持环境优先，通过环境保护优化经济发展，制订大气污染物特别排放限值。

## 1.4　标准修订工作过程

### 1.4.1　标准开题论证

2012 年 5 月 11 日，环保部科技标准司在北京主持召开了标准开题论证会，标准编制组介绍了开题报告和标准草案的相关内容，经论证委员会各位专家及管理部门代表的讨论、质询，形成如下工作建议：

（1）适用范围应考虑与固体废物共处置相关标准的衔接、协调；

（2）编制组应在大量调查研究基础上，根据环境管理要求、控制技术支撑情况合理确定污染物项目及限值。

### 1.4.2　标准草案编制

根据开题论证会的指导意见，标准编制组明确了标准修订原则和框架构想，并按任务分工开展了相关工作。编制工作主要是通过重点污染源调查（资料研究、问卷调查、现场监测），对我国水泥工业的污染物排放和控制状况进行技术经济评估，同时考虑行业环境影响、参考国外相关法规标准和国家行业相关政策要求，最后确定排放标准限值和相关技术、管理规定，并适当分析达标成本和环境效益。编制工作内容如图 1-3 所示：

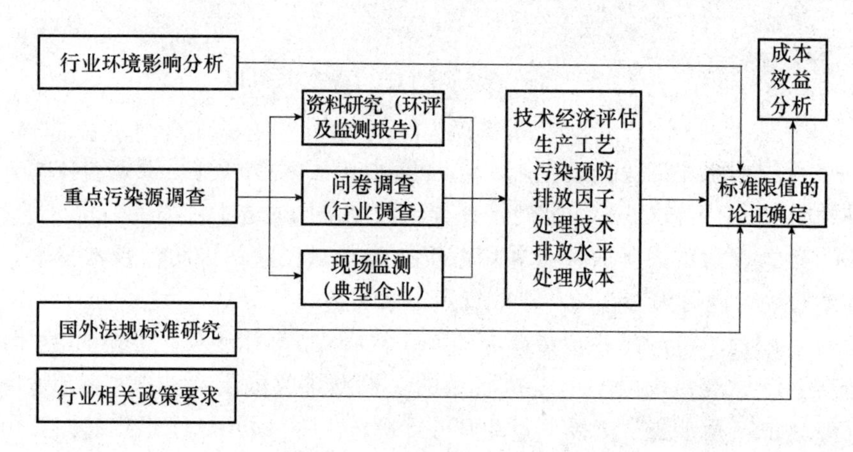


图 1-3　标准编制工作内容

2012 年 6 月 14 日，环保部科技司发函（环科便函〔2012〕27 号）对我国水泥企业污染物排放与控制情况进行抽样调查，海螺、南方、华润、中材、拉法基、蒙西、塔牌、金圆等水泥企业（集团）积极响应，收到 162 条新型干法生产线数据，占全国新型干法生产线的 10.7%，占熟料产能的 12.5%，平均规模 3500t/d，为标准修订提供了客观、翔实的数据。

2012 年 6 月 ~7 月，编制组成员陆续走访了都江堰拉法基、重庆拉法基、陕西声威、中材湘潭、铜陵海螺、武穴华新、福建龙麟等水泥生产企业，现场考察水泥脱硝设施、垃圾焚烧设施的运行情况，听取水泥企业对标准修订的意见和想法。

在前述工作基础上，标准编制组重点对水泥工业大气污染物排放设施、污染物控制项目及指标、排放限值水平、相关技术与管理规定、配套监测分析方法等标准主要技术内容进行了论证、确定，起草了《水泥工业大气污染物排放标准（征求意见稿）》和编制说明。

### 1.4.3　标准讨论会

2012 年 9 月 4 日，环保部科技司在北京主持召开了标准（征求意见稿）讨论会，来自中国水泥协会、水泥企业、科研单位以及环境管理部门（环保部总量司、环评司、污防司、环监局）的专家、代表对标准进行了热烈讨论，认为适当修改适用范围的表述（水泥窑协同处置固体废物应同时执行水泥工业污染排放标准和固废处置相关污染控制标准）、核实有关数据后可开展下一步征求意见工作。

### 1.4.4　标准征求意见

根据《国家环境保护标准制修订工作管理办法》（国家环境保护总局公告 2006 年第 41 号）规定，标准征求意见稿于 2012 年 11 月 6 日正式向全国征求意见（环办函〔2012〕1270 号），函送单位 101 家，并在环保部网站公开。

至征求意见期止，标准编制组共收到 42 家单位回函，其中 23 家单位提出了意见，经整理有效意见 71 条。

标准编制组共同讨论，对意见进行认真研究处理，对 71 条意见进行了逐条处理，完全采纳 21 条，部分采纳 18 条，未采纳 17 条，解释 15 条，有 55% 的意见得到采纳或部分采纳，在此基础上形成了标准送审稿。

### 1.4.5　标准预审会

2013 年 3 月 12 日，环保部科技司在北京主持召开了标准预审会，来自北京劳保所、清华大学、中国水泥协会、环境管理部门（环保部总量司、环评司、污防司、环监局）等单位的 16 名代表参加了会议。会议认为，标准（送审稿）较为可行，论证较为充分，意见处理较为恰当，按预审会意见修改后可提请环保部技术审查。

会议提出的具体修改意见如下：

（1）现有企业 $NO_x$ 限值 1 时段 500mg/m$^3$，2 时段 400mg/m$^3$；

（2）新建企业 $NO_x$ 限值 320mg/m$^3$；

（3）重点地区 $NO_x$ 特别排放限值 200mg/m$^3$。

### 1.4.6　标准审议会

2013 年 4 月 16 日，环保部科技司在北京主持召开了标准审议会，来自北京劳保所、中材国际、海螺水泥、江苏科行、中国水泥协会、环境管理部门（环保部总量司、环评司、监测司、污防司、环监局）等单位的 19 名代表参加了会议。会议认为，标准（送审稿）较为可行，论证较为充分，意见处理较为恰当，按审议会意见修改后报环保部技术审查。

### 1.4.7　编制报批稿和报批

根据审议会确定的修改意见和建议，标准编制组对标准送审稿进行修改，编制标准的报批稿、编制说明，并通过科技标准司的审核。

此后，完成标准的行政审查和批准、发布工作。

# 1.5 标准修订的主要内容

## 1.5.1 标准的适用范围

本标准适用于水泥工业的大气污染物排放控制与管理。在 GB 4915—2004 标准适用范围的基础上，增加了散装水泥中转站。新标准的适用范围包括：水泥制造企业（含独立粉磨站）、水泥原料矿山、散装水泥中转站、水泥制品企业及其生产设施。

本标准适用于现有水泥工业企业或生产设施的大气污染物排放管理，以及水泥工业建设项目的环境影响评价、环境保护设施设计、竣工环境保护验收及其投产后的大气污染物排放管理。

利用水泥窑协同处置固体废物，除执行本标准外，还应执行国家相应的污染控制标准的规定。

## 1.5.2 标准的内容框架

本标准内容包括：适用范围、规范性引用文件、术语和定义、大气污染物排放控制要求、监测、实施与监督共 6 章。

大气污染物排放控制要求是本标准的重点，主要技术内容包括三部分：

（1）大气污染物排放限值

根据前述生产工艺与污染物排放分析，区分“矿山开采”、“水泥制造”、“散装水泥中转站及水泥制品生产”三个生产过程，矿山开采的受控设施为“破碎机及其他通风生产设备”；水泥制造的受控设施包括“水泥窑及窑尾余热利用系统”、“烘干机、烘干磨、煤磨及冷却机”、“破碎机、磨机、包装机及其他通风生产设备”三类不同性质的生产设备；散装水泥中转站及水泥制品生产的受控设施为“水泥仓及其他通风生产设备”。它们执行不同的污染物控制项目与考核指标。

（2）无组织排放限值

规定厂界无组织排放监控要求，因无组织排放造成的厂界处污染物浓度应达到或接近环境质量标准的要求。

（3）技术与管理规定

包括无组织排放控制措施、废气收集处理要求、净化处理装置与生产工艺设备同步运转的要求，以及排气筒高度要求等。

### 1.5.3　标准限值与规定的制订依据

1.5.3.1　水泥窑

水泥窑是水泥制造企业的核心设备，也是最重要的大气排放源。其排放的污染物不仅有颗粒物，还有 $NO_x$、$SO_2$、$CO_2$、CO 等气态污染物；如水泥窑用于焚烧处置固体废物，还可能有重金属、二噁英等排放。

（1）颗粒物

新型干法窑的颗粒物初始浓度约 30～80g/m$^3$，经烟气调质/余热利用＋布袋或静电除尘，排放浓度可低于 30mg/m$^3$，除尘效率大于 99.9%。布袋除尘器一般采用涤纶、玻璃纤维、P84（聚亚酰胺）滤料，有些还使用了 PTFE（聚四氟乙烯）覆膜；静电除尘器通常为四、五级电场。

为配合本次标准修订，标准编制组对全国水泥生产企业的污染排放与控制情况进行了抽样调查。调查共获得 160 个有效样本（水泥窑数量），水泥窑颗粒物排放现状见表 1-9，同时还列出了相关研究数据。与 2003 年编制组的抽样调查对比，窑尾颗粒物浓度显著降低，从平均 100.9mg/m$^3$ 下降到目前的平均 27.4mg/m$^3$，接近了欧洲的排放水平。从布袋与静电除尘器的使用情况看，窑尾采用布袋除尘器略多一些，较上次调查（90% 使用静电）有了明显变化。布袋除尘器的总体去除效果要优于静电除尘器，平均低 5mg/m$^3$ 左右（布袋：25.2mg/m$^3$，静电：30.0mg/m$^3$），但都能满足 GB 4915—2004 标准要求。

**表 1-9　水泥窑颗粒物排放统计表**

| 数据来源 / 统计项目 | 本次标准修订抽样调查 | | | 与 2003 年抽样调查对比 | 中国建材院 2009 年数据① | 欧洲 2004 年监测数据② |
|---|---|---|---|---|---|---|
| | 布袋 | 静电 | 合计 | | | |
| 水泥窑数量 | 85 | 75 | 160 | 90 | 31 | 253 |
| 平均排放浓度（mg/m$^3$） | 25.2 | 30.0 | 27.4 | 100.9 | 42.39 | 20.3 |
| 最大值（mg/m$^3$） | 49.3 | 78.9 | 78.9 | 371.5 | 221.5 | 227.0 |
| 最小值（mg/m$^3$） | 0.23 | 4.12 | 0.23 | 12.6 | 7.8 | 0.27 |

① 中国建材院，我国水泥工业大气污染物排放与治理研究，2011 中国水泥环资论坛；
② 欧盟委员会，水泥、石灰和氧化镁制造业 BAT 参考文件，2010。

表 1-10 是窑尾颗粒物排放浓度的累积分布，其中绝大多数水泥窑（约 95%）符合 GB 4915—2004 标准 50mg/m$^3$ 要求，可见随着除尘技术的进步，排放标准具备了加严条件。有 60% 的水泥窑颗粒物排放控制在 30mg/m$^3$ 以下，甚至有 32% 的水泥窑达到了 20mg/m$^3$ 以下。据此，本次标准修订将水泥窑颗粒物排放浓度从 50mg/m$^3$ 加严到 30mg/m$^3$，达到欧洲国家平均的标准或许可

证限值水平；而对重点地区水泥企业则要求进一步控制到20mg/m$^3$以下（德国环保标准非常严格，目前限值要求为20mg/m$^3$）。

**表1-10　水泥窑颗粒物排放浓度累积分布**

| 比例 | 10% | 20% | 30% | 40% | 50% | 60% | 70% | 80% | 90% | 100% |
|---|---|---|---|---|---|---|---|---|---|---|
| 浓度（mg/m$^3$） | 10.8 | 15.7 | 19.6 | 23.0 | 25.6 | 30.0 | 33.6 | 39.7 | 45.0 | 78.9 |

标准提高后，需要对现有窑尾除尘设备进行技术改造，如布袋除尘器滤料更换为玻纤覆膜或P84覆膜滤料；静电除尘器提效改造（如增加电场级数、提高高压电源性能、采用移动电极技术）或"电改袋"、"电改为电袋复合"。

（2）$SO_2$

$SO_2$排放主要取决于原、燃料中挥发性S含量。如硫碱比合适，水泥窑排放的$SO_2$很少，有些水泥窑在不采取任何净化措施的情况下，$SO_2$排放浓度可以低于10mg/m$^3$。随着原燃料挥发性S含量（硫铁矿$FeS_2$、有机硫等）的增加，$SO_2$排放浓度也会增加。

本次标准修订开展的抽样调查，共获得153个有效的水泥窑$SO_2$排放样本，平均排放浓度59.6mg/m$^3$，较2003年调查的159.2mg/m$^3$有显著降低，其根本原因是水泥窑型发生了显著变化，以往$SO_2$排放较多的湿法窑、机立窑已被新型干法窑替代。与欧洲监测数据比，我国的水泥窑$SO_2$排放浓度更低，见表1-11。

**表1-11　水泥窑$SO_2$排放统计表**

| 统计项目＼数据来源 | 本次标准修订抽样调查 | 与2003年抽样调查对比 | 中国建材院2009年数据 | 欧洲2004年监测数据 |
|---|---|---|---|---|
| 水泥窑数量 | 153 | 40 | 31 | 253 |
| 平均排放浓度（mg/m$^3$） | 59.6 | 159.2 | 35.52 | 218.9 |
| 最大值（mg/m$^3$） | 310 | 520 | 391 | 4837 |
| 最小值（mg/m$^3$） | 0.25 | 10 | 0 | 0 |

从水泥窑$SO_2$排放浓度的累计分布看，几乎所有水泥窑（约98%）都能符合GB 4915—2004标准（200mg/m$^3$）的要求，78%的水泥窑可控制在100mg/m$^3$以下，65%的水泥窑可控制在50mg/m$^3$以下，见表1-12。这是因为水泥窑本身就是性能优良的固硫装置，水泥窑中大部分的S都以硫酸盐的型式保留在水泥熟料中，$SO_2$排放不多，特别是预分解窑，因分解炉内有高活性CaO存在，它们与$SO_2$气固接触好，可大量吸收$SO_2$，排放浓度相应可控制在

50～200mg/m³ 以下。

表 1-12　水泥窑 $SO_2$ 排放浓度累积分布

| 比例 | 10% | 20% | 30% | 40% | 50% | 60% | 70% | 80% | 90% | 100% |
|---|---|---|---|---|---|---|---|---|---|---|
| 浓度（$mg/m^3$） | 4.6 | 10.5 | 15.0 | 18.8 | 30.3 | 43 | 65 | 119 | 178 | 310 |

另外，如果将窑尾废气送入正在运行中的生料磨（窑磨联合运行），会获得额外的 $SO_2$ 吸收能力（可能高达 80%），因此可作为 $SO_2$ 的污染削减装置。表 1-13 为生料磨开启、停运时的 $SO_2$ 排放浓度对比。

表 1-13　生料磨的 $SO_2$ 控制效果

| 项目 | 生料磨未运行 | 生料磨同步运行 | $SO_2$ 去除效果 |
|---|---|---|---|
| 水泥窑 1 | 247.5$mg/m^3$ | 47.9$mg/m^3$ | 80% |
| 水泥窑 2 | 181.9$mg/m^3$ | 96.4$mg/m^3$ | 47% |

本次标准修订时保持水泥窑 $SO_2$ 排放浓度 200$mg/m^3$ 不变，对重点地区要求进一步控制到 100$mg/m^3$ 以下。只要硫碱比控制合适（这是工艺控制指标，防止预热器结皮堵塞或窑内结圈）、原料中挥发性 S（如有机 S、$FeS_2$）含量不特别高，一般不需要采取附加措施，或通过窑磨一体化运行即可解决。

如原料中挥发性 S 含量很高，它们在预热阶段会逃逸出悬浮预热器，此时没有活性 CaO 与之反应，或生料磨不足以将之完全去除，可能有较高的 $SO_2$ 排放，这时需要采取干、湿法洗涤、活性炭吸附等附加措施。

（3）$NO_x$

NO 和 $NO_2$ 是水泥窑 $NO_x$ 排放的主要成分（NO 约占 95%），主要有三种形成机理：热力型 $NO_x$、燃料型 $NO_x$ 和瞬时型 $NO_x$。

因水泥窑内的烧结温度高、过剩空气量大，$NO_x$ 排放会很多。调查统计的初始浓度范围大多在 800～1200$mg/m^3$（80% 都在 1000$mg/m^3$ 以下）。一些新型干法窑采取了低 $NO_x$ 燃烧器，控制分解炉燃烧产生还原性气氛，使 $NO_x$ 部分被还原，排放浓度可降低到 500～800$mg/m^3$。

目前开发的 $NO_x$ 控制技术有低 $NO_x$ 燃烧器、分级燃烧、添加矿化剂、工艺优化控制（系统均衡稳定运行）等一次措施，以及选择性非催化还原技术（SNCR）、选择性催化还原技术（SCR）等二次措施。欧洲认为综合使用这些技术措施后（SCR 除外），排放控制水平应达到 200～500$mg/m^3$，若使用 SCR 技术，则可进一步控制在 100～200$mg/m^3$。

水泥窑 $NO_x$ 控制措施的效果及大致的排放浓度范围见表 1-14。

**表 1-14　水泥窑 $NO_x$ 控制措施效果及大致的排放浓度范围**

| 措施分类 | | 削减效率（%） | 排放浓度（$mg/m^3$） |
|---|---|---|---|
| 一次措施 | 低 $NO_x$ 燃烧器 | 5～30 | 500～800 |
| | 分级燃烧 | 10～30 | |
| | 添加矿化剂 | 10～15 | |
| | 工艺优化控制 | 10～20 | |
| 二次措施 | SNCR | 40～60 | 400～500 |
| | SCR | 70～90 | 100～200 |

本次标准修订开展的抽样调查，共获得 148 个有效的水泥窑 $NO_x$ 排放样本，平均排放浓度 621.5$mg/m^3$，最低值 234$mg/m^3$（采取了分级燃烧 + SNCR），最高值 1233$mg/m^3$，见表 1-15。这些数据源自竣工验收、环保监督检查以及在线监测，反映了企业在较佳工艺条件下能够达到的 $NO_x$ 控制水平。水泥窑的 $NO_x$ 浓度是动态变化的，这与窑和分解炉的运行控制密切相关，平均会有 20% 左右的变化（对同一水泥窑不同时期监测统计平均的结果），企业会根据在线反馈的数据及时调整，保证窑况的均衡稳定。

**表 1-15　水泥窑 $NO_x$ 排放统计表**

| 统计项目 \ 数据来源 | 本次标准修订抽样调查 | 与 2003 年抽样调查对比 | 中国建材院 2009 年数据 | 欧洲 2004 年监测数据 |
|---|---|---|---|---|
| 水泥窑数量 | 148 | 20 | 9 | 258 |
| 平均排放浓度（$mg/m^3$） | 621.5 | 508.6 | 868.7 | 784.9 |
| 最大值（$mg/m^3$） | 1233 | 920 | 1619.5 | 2040 |
| 最小值（$mg/m^3$） | 234 | 105 | 376.38 | 145 |

从 148 个窑的 $NO_x$ 平均排放浓度累计分布看（表 1-16），目前 95% 的水泥窑平均排放浓度在 GB 4915—2004 标准 800$mg/m^3$ 以下，近 20% 的水泥窑平均排放浓度控制在 500$mg/m^3$ 以下，还有 10% 的水泥窑达到了 400$mg/m^3$ 以下。

**表 1-16　水泥窑 $NO_x$ 排放浓度累积分布**

| 比例 | 10% | 20% | 30% | 40% | 50% | 60% | 70% | 80% | 90% | 100% |
|---|---|---|---|---|---|---|---|---|---|---|
| 浓度（$mg/m^3$） | 400 | 520 | 554 | 596 | 640 | 685 | 715 | 735 | 780 | 1233 |

在这些调查的水泥窑中，有 45 条线明确报告了采用的 $NO_x$ 控制措施，见表 1-17。有些水泥窑安装了低 $NO_x$ 燃烧器，特别是近年来新建的一些窑，但

调查表中并未说明，因此实际采用低 $NO_x$ 燃烧器的水泥窑数量要远多于表 1-17 中的 17 个样本。因采取 $NO_x$ 控制措施，一些企业对 $NO_x$ 原始浓度进行了摸底，有 17 条线提供了数据，原始浓度平均值达 929.1mg/m³，按此计算各种措施的去除 $NO_x$ 效果。由表 1-17 可见，即使采用最佳工艺控制措施（低 $NO_x$ 燃烧器 + 分级燃烧），$NO_x$ 浓度降低到 500mg/m³ 以下也很困难，平均为 584.6mg/m³。而采用 SNCR 或工艺控制 + SNCR，则可做到 300 ~ 500mg/m³，甚至更低一些。

**表 1-17　$NO_x$ 控制措施的采用情况**

| $NO_x$ 控制措施 | 样本数 | 平均排放浓度（mg/m³） | 削减效率（%） | 最大值（mg/m³） | 最小值（mg/m³） |
|---|---|---|---|---|---|
| 原始浓度 | 17 | 929.1 | — | 1827 | 706 |
| 低 $NO_x$ 燃烧器 | 17 | 668.1 | 28.1% | 798 | 525 |
| 分级燃烧 | 6 | 670.8 | 27.8% | 761 | 520 |
| 低 $NO_x$ 燃烧器 + 分级燃烧 | 9 | 584.6 | 37.1% | 707 | 470 |
| SNCR | 10 | 384.3 | 58.6% | 475 | 267 |
| 低 $NO_x$ 燃烧器 + SNCR | 2 | 260.5 | 72.0% | 273 | 248 |
| 分级燃烧 + SNCR | 1 | 234.0 | 74.8% | — | — |

表 1-18 给出了我国有代表性的 4 项水泥窑脱硝示范工程的情况，它们都均采用了 SNCR 技术，一些水泥窑还同时进行了分解窑分级燃烧改造。

**表 1-18　国内部分 SNCR 脱硝工程实例**

| 企业 | L | X | D | S |
|---|---|---|---|---|
| 规模（t/d） | 4500 | 5000 | 3500 | 2500 |
| 原始浓度（mg/m³） | — | 836 | 950 | 784 |
| 低氮燃烧后浓度（mg/m³） | 794 | — | — | — |
| 分级燃烧后浓度（mg/m³） | — | 677 | — | — |
| SNCR 后浓度（mg/m³） | 273 | 234 | <500 | 309 |
| 综合脱硝效率（%） | 66 | 72 | 50 | 60.6 |
| 还原剂 | 氨水 | 氨水 | 尿素→氨水 | 氨水 |
| 氨逃逸（ppm） | 3 ~ 5 | 3 | — | <10 |
| 还原剂消耗量 | 0.5 ~ 0.8t/h | 300 ~ 600L/h | — | 3.7kg/t 熟料 |
| 投资费用，万元 | 500 | 1600 | 300 | 850 |
| 运行成本，元/t 熟料 | 2 ~ 3 | 2.1 | 2.6 | 4.4 |

SNCR脱硝效率与喷氨量密切相关，一般 $NH_3$：NO 为 1 时，效率在 50% ~60%，氨逃逸较少。虽然一些SNCR脱硝案例报道的脱硝效率较高，但考虑到氨逃逸的臭味扰民问题，以及上游合成氨生产的高能耗、增加 $NH_3$-N 排放（同样是总量控制指标）问题，不宜追求过高脱硝效率，维持50%左右的脱硝效率是合理的。基于这种认识，在编制标准送审稿时，确定排放限值如下（初始浓度按800 ~1000mg/$m^3$ 考虑）：

①现有企业1时段 $NO_x$ 限值500mg/$m^3$，与欧州国家限值（如德国）基本相同。考虑到现有企业工艺改造难度大或不具备改造条件，仅采取SNCR（选择性非催化还原）技术，要求40% ~50%左右的效率，末端治理达标。为保证"十二五"脱硝任务的完成，需要在标准发布后的1年过渡期内在全国全面开展水泥企业脱硝设施建设。

②现有企业2时段，可采取工艺改进（低氮燃烧器、分解炉分级燃烧、燃料替代等）和末端治理（SNCR技术）相结合的措施，达到 $NO_x$ 400mg/$m^3$ 的限值要求。如不具备工艺改造条件，也可以通过单纯加大喷氨量，提高脱硝效率来实现（脱硝效率50% ~60%）。

③新建企业有加严控制的基础，因此要求采取目前最好的组合降氮技术（低氮燃烧器 + 分解炉分级燃烧 + SNCR），将 $NO_x$ 排放控制在320mg/$m^3$ 以下（综合脱硝效率60% ~70%），达到国际最先进控制水平（如美国标准、德国燃料替代标准）。

④考虑到我国水泥脱硝刚刚起步，建成运行的脱硝示范项目均采用SNCR技术，SCR（选择性催化还原）技术在国内尚无成功应用案例。国外也是应用SNCR技术较多，SCR仅有2 ~3套装置在示范运行。因此"十二五"期间水泥窑 $NO_x$ 限值制订是基于SNCR技术（重点地区除外）。未来，随着SCR技术的成熟、可行及环保要求的进一步提高，可能基于SCR技术、SNCR-SCR复合技术，实现更严格的排放控制要求。

⑤上述限值（400mg/$m^3$、320mg/$m^3$）较欧洲大部分国家的标准或许可证限值严苛。欧洲一般要求现有企业800mg/$m^3$，新建企业500mg/$m^3$，个别企业执行更严格的许可证要求；德国标准500mg/$m^3$，替代燃料使用60%以上，控制在320mg/$m^3$ 以下。美国最新排放标准的 $NO_x$ 控制水平为300mg/$m^3$ 左右。

⑥对于重点地区企业，坚持环境保护优先，要求采用最高效的控制技术（SCR技术、SNCR-SCR复合技术），$NO_x$ 排放浓度控制在200mg/$m^3$ 以下。在这些地区新建水泥企业，按照《关于执行大气污染物特别排放限值的公告》（环境保护部公告 2013年第14号）要求，自标准发布之日起执行特别排放限值。

这里针对标准发布稿与送审稿的三点主要调整说明如下：

①在标准发布稿里对现有企业不分时段，从2015年7月1日起，现有企业执行与新建企业同样的限值标准，$NO_x$ 排放浓度控制在400mg/m$^3$ 以下。

②在标准发布稿里，新建企业 $NO_x$ 排放浓度限值由送审稿的320mg/m$^3$ 调整为400mg/m$^3$。

③在标准发布稿里，重点地区企业 $NO_x$ 排放浓度限值由送审稿的200mg/m$^3$ 调整为320mg/m$^3$。

（4）氟化物

水泥生产中，如不专门使用含氟矿化剂（例如萤石）用于降低烧成温度，一般窑尾排放的氟化物会很低。

本次标准修订开展的抽样调查，共获得69个有效的水泥窑氟化物排放样本，平均排放浓度1.67mg/m$^3$。与2003年编制组开展的抽样调查对比，由于立窑的淘汰，以及人们对氟化物危害的认识，排放有了显著削减，见表1-19。

**表1-19　水泥窑氟化物排放统计表**

| 数据来源<br>统计项目 | 本次标准修订抽样调查 | 与2003年抽样调查对比 | |
|---|---|---|---|
| 水泥窑数量 | 69 | 5（干法窑） | 6（立窑） |
| 平均排放浓度（mg/m$^3$） | 1.67 | 2.48 | 28.7 |
| 最大值（mg/m$^3$） | 9.31 | 5.9 | 62.56 |
| 最小值（mg/m$^3$） | 0.013 | 0.143 | 6 |

本次标准修订仍维持5mg/m$^3$ 的标准不变，现状约95%的水泥窑可达标，这也是国际上对氟化物排放的普遍要求。位于重点地区的企业则要求控制在3mg/m$^3$ 以下，达到德国标准的严格程度，现状约83%的水泥窑可达标，见表1-20。

**表1-20　水泥窑氟化物排放浓度累计分布**

| 比例 | 10% | 20% | 30% | 40% | 50% | 60% | 70% | 80% | 90% | 100% |
|---|---|---|---|---|---|---|---|---|---|---|
| 浓度（mg/m$^3$） | 0.07 | 0.18 | 0.29 | 0.7 | 1 | 1.54 | 2.05 | 2.64 | 3.9 | 9.31 |

（5）$NH_3$

采用SNCR、SCR等二次措施，需要使用尿素、氨水等还原剂，它们喷入适宜温度区间的烟气内与 $NO_x$ 反应，会有部分氨逃逸。根据国家《水泥工业污染防治最佳可行技术指南》（征求意见稿）建议氨逃逸应≤10mg/m$^3$；在

《2012年国家先进污染防治示范技术名录》中规定，SNCR脱硝系统氨逃逸浓度应低于8mg/m³，SCR脱硝系统氨逃逸浓度应低于5mg/m³。为了防止水泥企业过度使用还原剂造成不必要的浪费，减少臭味扰民，本标准规定在采用SNCR脱硝技术时，氨逃逸浓度一般不得高于10mg/m³，重点地区企业则不高于8mg/m³。

编制组收集了一些水泥脱硝工程报道的氨逃逸数据，现场查看了某脱硝装置氨逃逸浓度在线监测情况，正常情况均可控制在3～5ppm以下，几乎没有高于10ppm（7.59mg/m³）的情况，偶尔出现也能很快恢复正常，可以满足本标准的要求。

1.5.3.2　烘干机、烘干磨、煤磨、冷却机

（1）颗粒物

熟料冷却机（窑头）、烘干机（磨）、煤磨对物料进行冷却或烘干操作，属一般热力过程。表1-21是对这些设备颗粒物排放浓度的统计，冷却机使用静电除尘器的较多（占75%），煤磨、烘干机大多使用布袋除尘器，通常布袋除尘器的除尘效果要更优一些。从达标率统计看，它们中95%的设备可以达到GB 4915—2004标准50mg/m³的要求，70%的设备可以控制在30mg/m³以下，40%的设备可以控制在20mg/m³以下。

**表1-21　煤磨、冷却机、烘干机颗粒物排放统计表**

| 设备统计项目 | 煤磨 | | 冷却机 | | 烘干机 | |
|---|---|---|---|---|---|---|
| | 布袋 | 静电 | 布袋 | 静电 | 布袋 | 静电 |
| 样本数量 | 112 | 5 | 14 | 43 | 9 | 1 |
| 平均排放浓度（mg/m³） | 25.6 | 40.9 | 20.0 | 27.0 | 32.6 | 20.1 |
| 最大值（mg/m³） | 81.1 | 50 | 52 | 81.8 | 79.6 | — |
| 最小值（mg/m³） | 0.85 | 30 | 3.2 | 2.2 | 10.1 | — |

本次标准修订对一般地区标准提高到30mg/m³；对重点地区标准提高到20mg/m³。对窑头冷却机，电除尘器可进行提效改造，增加收尘极板面积，或改为布袋、电袋复合；布袋除尘器可使用诺梅克斯（Nomex）滤料或Nomex覆膜滤料。煤磨采用抗静电涤纶覆膜滤料。烘干机则采用玻纤覆膜滤料。

（2）采用独立热源时的$SO_2$、$NO_x$排放

采用独立热源用于物料烘干，这种情况在独立粉磨站较为常见，它没有水泥熟料企业的窑头、窑尾余热可以利用，一般专设热风炉（沸腾炉等）产生高温气体，对矿渣等混合材进行干燥。由于热风炉温度低（$<1000℃$）产生的$NO_x$较少，$SO_2$排放取决于使用燃料（如煤、重油、煤气等）的硫含量。

热风炉的 $SO_2$、$NO_x$ 排放与锅炉、工业窑炉类似，参照锅炉、工业炉窑大气污染物排放标准制订排放限值。我国现行锅炉标准 $SO_2$ 浓度限值为 900mg/m$^3$，$NO_x$ 为 400mg/m$^3$；现行工业炉窑标准 $SO_2$ 浓度限值为 850mg/m$^3$，$NO_x$ 未规定限值。因此对于现有企业采用独立热源的烘干设备，与 GB 4915—2004 标准衔接，$SO_2$ 限值为 850mg/m$^3$，$NO_x$ 为 400mg/m$^3$。

新建企业及现有企业 2 时段，要求采用低硫煤（S＜0.5%）或烟气脱硫（效率＞70%），$SO_2$ 排放浓度控制在 600mg/m$^3$ 以下，$NO_x$ 基于实际排放水平（未控制）为 400mg/m$^3$。

在最终标准发布稿里对现有企业不分时段，从 2015 年 7 月 1 日起，现有企业与新建企业一样执行同样限值标准，$SO_2$ 排放浓度控制在 600mg/m$^3$ 以下，$NO_x$ 基于实际排放水平（未控制）为 400mg/m$^3$。

重点地区企业，参照近年来北京、上海、天津、重庆、广东等省市制订的锅炉大气污染物地方排放标准，$SO_2$ 限值为 400mg/m$^3$（脱硫效率＞80%），$NO_x$ 为 300mg/m$^3$（低氮燃烧）。限值制订参考了国家正在修订的 GB 13271《锅炉大气污染物排放标准》，控制水平相当。

#### 1.5.3.3　其他通风生产设备

其他通风生产设备，如矿山开采的破碎机；水泥厂的破碎机、磨机、包装机；散装水泥中转站、水泥制品厂的水泥仓除尘，均属于冷态操作过程。除水泥磨外，一般风量较小、废气性质稳定、易于处理，采用布袋除尘是最佳选择。

对 128 个水泥磨样本的颗粒物排放情况进行统计，它们一般采用涤纶滤料，排放浓度从 0.23mg/m$^3$ 到 57mg/m$^3$ 不等，平均为 22.2mg/m$^3$，有 88% 的水泥磨可达到 GB 4915—2004 标准 30mg/m$^3$ 要求。标准提高到 20mg/m$^3$ 后，有 45% 的水泥磨可达标；如重点地区标准提高到 10mg/m$^3$，仅有 10% 的水泥磨可达标，需要采用涤纶覆膜滤料进行提效改造。

#### 1.5.3.4　无组织排放限值

无组织排放是水泥工业大气污染物排放的重要型式。在采矿场、水泥厂、粉磨站、散装水泥中转站、混凝土搅拌站或构件厂，需要对水泥及其他粉、粒状物料进行大量的加工、输送、装卸和贮存操作，一些不合理的设计（如露天堆存）、不完善的设备（如设备密封性差，造成跑、冒、漏、撒）、不恰当的操作（如过量装载）、不严格的管理（如漏料清扫不及时），都会造成粉尘逸散，恶化厂区及周边环境，需要加强环保监管。

目前的监管方式是对厂界外污染物浓度进行监测。对于颗粒物无组织排放控制，是监测 TSP（总悬浮颗粒物）浓度，上风方设参考点，下风方设监控点，扣除背景值后的浓度限值为1.0mg/m³（小时值）。

本次标准修订收集了厂界外TSP、$PM_{10}$浓度数据（表1-22、表1-23），TSP浓度大约是$PM_{10}$的2倍，约70%的企业界外TSP浓度小于0.5mg/m³。为加强企业无组织排放控制，改善周边环境质量，TSP标准从GB 4915—2004标准限值1mg/m³加严至0.5mg/m³。

**表1-22　厂界外TSP、$PM_{10}$监控浓度统计表**

| 项目 | TSP | $PM_{10}$ |
|---|---|---|
| 样本数量 | 90 | 25 |
| 平均排放浓度（mg/m³） | 0.398 | 0.207 |
| 最大值（mg/m³） | 1.1 | 0.53 |
| 最小值（mg/m³） | 0.042 | 0.039 |

**表1-23　厂界外TSP、$PM_{10}$浓度累计分布**

| 项目 | 10% | 20% | 30% | 40% | 50% | 60% | 70% | 80% | 90% | 100% |
|---|---|---|---|---|---|---|---|---|---|---|
| TSP | 0.127 | 0.183 | 0.23 | 0.26 | 0.297 | 0.411 | 0.52 | 0.60 | 0.78 | 1.1 |
| $PM_{10}$ | 0.052 | 0.089 | 0.097 | 0.13 | 0.144 | 0.21 | 0.264 | 0.30 | 0.41 | 0.53 |

企业采取SNCR、SCR脱硝措施后，由于液氨、氨水、尿素等还原剂的储存、使用，存在着恶臭扰民风险，为此需对企业周边$NH_3$浓度进行监控。限值要求按GB 14554—93《恶臭污染物排放标准》厂界一级标准执行，为1mg/m³。某企业脱硝设施运行后监测的厂界$NH_3$浓度为0.16～0.22mg/m³。

1.5.3.5　技术与管理规定

（1）颗粒物无组织排放控制

由于水泥工业的粉尘无组织排放问题较为突出，除规定厂（场）界外无组织排放监控点浓度限值外，还需要规定一些有效的技术措施、管理要求，主要是封闭、局部收尘和加强维护管理。

为此，标准统一规定：产生大气污染物的生产工艺和装置必须设立局部或整体气体收集系统和净化处理装置，达标排放。这条适用于所有工业行业，因此其他行业大气污染物排放标准中也有相同规定。

（2）净化处理装置与生产工艺设备同步运转的要求

2005年以前，水泥窑的非正常排放（工艺波动，如CO预警、温度过高，造成除尘器停运）较为突出，此时的年超标排放量与除尘器正常达标排放量相当，数量十分惊人。为此GB 4915—2004标准对水泥窑与除尘装置的同步运转率有要求，新建水泥窑要求工艺波动情况下除尘装置仍能正常运转，禁止非正常排放，即除尘装置应与其对应的生产工艺设备100%同步运转；现有水泥窑与除尘装置的同步运转率不得小于99%。

根据工艺自动化、智能化控制技术的进步，本次标准修订不再区分现有水泥窑、新建水泥窑，统一要求100%同步运转。由于2005 年后的新建水泥窑已经按此要求了，因此该规定只对2005 年以前的老水泥窑有影响。

水泥窑不仅有除尘装置，现在还增加了脱硝装置，其他生产设备也有除尘装置，都应同步运转，因此该项规定在 GB 4915—2004 标准的基础上扩展到对所有净化处理装置的要求，规定如下：

净化处理装置应与其对应的生产工艺设备同步运转。应保证在生产工艺设备运行波动情况下净化处理装置仍能正常运转，实现达标排放。因净化处理装置故障造成非正常排放，应停止运转对应的生产工艺设备，待检修完毕后共同投入使用。

（3）排气筒高度要求

GB 4915—2004 标准对水泥窑及其他主要通风生产设备（烘干机、烘干磨、煤磨及冷却机）按不同规模规定了排气筒最低允许高度，其目的是保证高烟囱排放的污染物落地浓度符合环境质量要求，原理与《大气污染物综合排放标准》按烟囱高度规定了排放速率（kg/h）相同。由于目前污染物排放浓度显著降低可能不需要如此高的烟囱，污染物地面浓度也不仅受一根排气筒的影响（原标准制订理论存在缺陷），各种情况很复杂，应根据环境影响评价具体分析确定，因此本次标准修订取消了排气筒高度具体规定。

一般在综合及行业大气污染物排放标准中，规定有通用的排气筒高度要求：所有排气筒高度应不低于15m。排气筒周围半径200m 范围内有建筑物时，排气筒高度还应高出最高建筑物 3m 以上。由于水泥生产中产尘点很多，大大小小要设置几十根排气筒，除水泥窑、烘干机（窑头）等有限几个主要的通风生产设备排气筒较高外，其他都是一些小的产尘点，对它们也要求高于200m 半径范围内建筑物 3m 是不现实的。因此只对水泥厂最高的窑尾烟囱（一般 80m 以上，调查的生产线中最高达 130m）要求高于周围 200m 半径范围内的最高建筑物 3m 以上，其他高出本体建筑物 3m 以上即可。

据此 GB 4915—2013 标准对排气筒高度规定如下：

排气筒高度应不低于 15m，并应高出本体建筑物 3m 以上。水泥窑及窑尾余热利用系统排气筒周围半径 200m 范围内有建筑物时，排气筒高度还应高出最高建筑物 3m 以上。

### 1.5.4　污染物项目与考核指标

#### 1.5.4.1　污染物项目

“水泥窑及窑尾余热利用系统”的污染物控制项目包括：颗粒物、$SO_2$、

$NO_x$、氟化物，如采用SNCR、SCR等喷氨控制$NO_x$措施，还包括$NH_3$项目。

“烘干机、烘干磨、煤磨及冷却机”的污染物控制项目一般为颗粒物。水泥企业通常有大量的窑头、窑尾余热可以利用，窑头冷却机热风用于物料烘干，不存在其他有害气体；窑尾余热用于物料烘干，污染控制按“水泥窑”考虑。但如果设置有单独热源（热风炉）用于物料烘干，特别是对于独立粉磨站一些混合材（如矿渣）的烘干，此时需要考虑燃烧废气中的$SO_2$、$NO_x$排放。

其他通风生产设备执行颗粒物控制项目。

1.5.4.2　考核指标

考虑到生产工艺情况、防止稀释排放的环境管理要求，以及标准的前后衔接等，本标准对受控设施的大气污染物排放，规定了最高允许排放浓度指标。

对于水泥窑及窑尾余热利用系统，实测烟气中大气污染物排放浓度应换算到基准氧含量10%（过剩空气系数约1.9）状态下的数值。换算公式为：

$$C_{基} = \frac{21 - 10}{21 - O_{实}} \cdot C_{实}$$

式中　$C_{基}$——大气污染物基准排放浓度，$mg/m^3$；

$C_{实}$——实测大气污染物排放浓度，$mg/m^3$；

$O_{实}$——烟气中含氧量百分率实测值。

对于采用独立热源的烘干设备，按工业炉窑的一般要求，需要折算到氧含量8%（过剩空气系数约1.7）状态下的基准排放浓度。

其他车间或生产设施排气按实测浓度计算，但不得人为稀释排放。

### 1.5.5　标准修订的主要条款

1.5.5.1　进一步降低颗粒物排放水平

GB 4915—2004标准颗粒物排放控制要求为：回转窑等热力设备50$mg/m^3$，水泥磨等冷态操作30$mg/m^3$，达到了国际较先进的控制水平。但也应看到，目前除尘技术发展很快，采用高效静电或布袋除尘技术可进一步降低颗粒物排放至20～30$mg/m^3$，甚至10$mg/m^3$以下，且技术已相当成熟，为提高颗粒物排放控制要求创造了条件。

1.5.5.2　严格水泥工业$NO_x$控制

目前，我国水泥工业的$NO_x$排放约占全国总排放量的10%～12%，按全国抽样调查的统计平均结果以及污染源普查的排污系数计算，每吨熟料排放约1.6kg$NO_x$，按2011年14亿t新型干法熟料产能计算，满负荷生产可排放$NO_x$ 224万t（2011年实际排放$NO_x$约190万t），是继火电厂、机动车之后的第三大排放源。随着“十二五”期间我国对 $NO_x$ 实施总量控制，水泥行业的脱硝要求成为大势所趋。为此，有必要在 GB 4915—2004 标准基础上提高 $NO_x$ 排放控制要求，促进水泥行业采取有效的 $NO_x$ 控制措施。

GB 4915—2004 标准 $NO_x$ 排放浓度为 800mg/m³，这是基于水泥窑良好运行控制的通常排放水平。按照规划要求，新建生产线要求综合脱硝 60% 以上，排放浓度应限制在 300～400mg/m³，达到美国、欧洲的先进控制水平。

1.5.5.3　水泥窑协同处置固体废物执行统一的标准

GB 4915—2004 标准对水泥窑焚烧处置危险废物有明确排放限制要求，但不完整，也不包括利用水泥生产设施（水泥窑、水泥磨等）协同处置一般工业固体废物、城市垃圾、污泥、受污染土壤等内容，而后者日益受到重视，相关污染控制标准、规范正在制订完善中。

利用水泥生产设施协同处置危险废物、生活垃圾等固体废物时，其常规污染物（PM、$SO_2$、$NO_x$、F）排放应执行 GB 4915—2013 标准的规定，它们与水泥生产工艺更相关。而重金属、二噁英等有毒污染物的排放限值，以及选址条件、固体废物入场要求、处置设施性能要求与运行控制等内容则应执行固体废物协同处置相关标准、规范的要求。这样保证了标准限值的科学性、体系的严密性，便于固废管理和处置利用。为此，GB 4915—2013 标准规定：“利用水泥生产设施协同处置固体废物，除执行本标准外，还应同时执行《水泥窑协同处置固体废物污染控制标准》（GB 30485—2013）的规定”。

《水泥窑协同处置固体废物污染控制标准》（GB 30485—2013）中规定：利用水泥窑协同处置固体废物时，水泥窑及窑尾余热利用系统排气筒大气污染物中除列入 GB4915 标准外的其他污染物执行表 1-24 规定的最高允许排放浓度。

**表 1-24　协同处置固体废物水泥窑大气污染物最高允许排放浓度**

mg/m³（二噁英类除外）

| 序号 | 污染物 | 最高允许排放浓度限值 |
| --- | --- | --- |
| 1 | 氯化氢（HCl） | 10 |
| 2 | 氟化氢（HF） | 1 |
| 3 | 汞及其化合物（以 Hg 计） | 0.05 |
| 4 | 铊、镉、铅、砷及其化合物（以 Tl + Cd + Pb + As 计） | 1.0 |
| 5 | 铍、铬、锡、锑、铜、钴、锰、镍、钒及其化合物（以 Be + Cr + Sn + Sb + Cu + Co + Mn + Ni + V 计） | 0.5 |
| 6 | 二噁英类 | 0.1ng TEQ/m³ |

# 第2章　新排放标准的主要内容

新修订的《水泥工业大气污染物排放标准》（GB 4915—2013）已于2013年12月27日发布，于2014年3月1日正式实施。下面对新排放标准的主要内容进行介绍。

## 2.1　适用范围

GB 4915—2013标准规定了水泥制造企业（含独立粉磨站）、水泥原料矿山、散装水泥中转站、水泥制品企业及其生产设施的大气污染物排放限值、监测和监督管理要求。

GB 4915—2013标准适用于现有水泥工业企业或生产设施的大气污染物排放管理，以及水泥工业建设项目的环境影响评价、环境保护设施设计、竣工环境保护验收及其投产后的大气污染物排放管理。

利用水泥窑协同处置危险废物，除执行GB 4915—2013标准外，还应执行《水泥窑协同处置固体废物污染控制标准》（GB 30485—2013）的规定。

GB 4915—2013标准适用于法律允许的污染物排放行为。新设立污染源的选址和特殊保护区域内现有污染源的管理，按照《中华人民共和国大气污染防治法》、《中华人民共和国水污染防治法》、《中华人民共和国海洋环境保护法》、《中华人民共和国固体废物污染环境防治法》、《中华人民共和国环境影响评价法》等法律、法规和规章的相关规定执行。

## 2.2　大气污染物排放控制限值及要求

### 2.2.1　排气筒大气污染物排放限值

2.2.1.1　现有企业（2015年6月30日前）执行的排放限值

2015年6月30日前，现有企业仍执行GB 4915—2004标准的大气污染物排放限值，具体见表2-1。

**表 2-1　现有企业 2015 年 6 月 30 日前执行的排放限值**

| 生产过程 | 生产设备 | 颗粒物 | | 二氧化硫 | | 氮氧化物（以 $NO_2$ 计） | | 氟化物（以总氟计） | |
|---|---|---|---|---|---|---|---|---|---|
| | | 排放浓度（$mg/m^3$） | 单位产品排放量（kg/t） | 排放浓度（$mg/m^3$） | 单位产品排放量（kg/t） | 排放浓度（$mg/m^3$） | 单位产品排放量（kg/t） | 排放浓度（$mg/m^3$） | 单位产品排放量（kg/t） |
| 矿山开采 | 破碎机及其他通风生产设备 | 30 | — | — | — | — | — | — | — |
| 水泥制造 | 水泥窑及窑磨一体机① | 50 | 0.15 | 200 | 0.60 | 800 | 2.40 | 5 | 0.015 |
| | 烘干机、烘干磨、煤磨及冷却机 | 50 | 0.15 | — | — | — | — | — | — |
| | 破碎机、磨机、包装机及其他通风生产设备 | 30 | 0.024 | — | — | — | — | — | — |
| 水泥制品生产 | 水泥仓及其他通风生产设备 | 30 | — | — | — | — | — | — | — |

①指烟气中 $O_2$ 含量 10% 状态下的排放浓度及单位产品排放量。

### 2.2.1.2　现有企业（自 2015 年 7 月 1 日起）执行的排放限值

自 2015 年 7 月 1 日起，现有企业执行 GB 4915—2013 标准规定的大气污染物排放限值，具体见表 2-2。

### 2.2.1.3　新建企业执行的排放限值

自 2014 年 3 月 1 日起，新建企业执行 GB 4915—2013 标准规定的大气污染物排放限值，具体见表 2-2。

**表 2-2　现有企业（自 2015 年 7 月 1 日起）与新建企业大气污染物排放限值**

$mg/m^3$

| 生产过程 | 生产设备 | 颗粒物 | 二氧化硫 | 氮氧化物（以 $NO_2$ 计） | 氟化物（以总 F 计） | 汞及其化合物 | 氨 |
|---|---|---|---|---|---|---|---|
| 矿山开采 | 破碎机及其他通风生产设备 | 20 | — | — | — | | — |
| 水泥制造 | 水泥窑及窑尾余热利用系统 | 30 | 200 | 400 | 5 | 0.05 | 10① |
| | 烘干机、烘干磨、煤磨及冷却机 | 30 | 600② | 400② | — | | — |
| | 破碎机、磨机、包装机及其他通风生产设备 | 20 | — | — | — | | — |

续表

| 生产过程 | 生产设备 | 颗粒物 | 二氧化硫 | 氮氧化物（以 $NO_2$ 计） | 氟化物（以总 F 计） | 汞及其化合物 | 氨 |
|---|---|---|---|---|---|---|---|
| 散装水泥中转站及水泥制品生产 | 水泥仓及其他通风生产设备 | 20 | — | — | — | | — |

①适用于使用氨水、尿素等含氨物质作为还原剂，去除烟气中氮氧化物。
②适用于采用独立热源的烘干设备。

2.2.1.4　重点地区企业执行的排放限值

重点地区企业执行 GB 4915—2013 标准规定的大气污染物特别排放限值，具体见表 2-3。执行特别排放限值的时间和地域范围由国务院环境保护行政主管部门或省级人民政府规定。

**表 2-3　大气污染物特别排放限值**　$mg/m^3$

| 生产过程 | 生产设备 | 颗粒物 | 二氧化硫 | 氮氧化物（以 $NO_2$ 计） | 氟化物（以总 F 计） | 汞及其化合物 | 氨 |
|---|---|---|---|---|---|---|---|
| 矿山开采 | 破碎机及其他通风生产设备 | 10 | — | — | — | | — |
| 水泥制造 | 水泥窑及窑尾余热利用系统 | 20 | 100 | 320 | 3 | 0.05 | 8① |
| | 烘干机、烘干磨、煤磨及冷却机 | 20 | 400② | 300② | — | | — |
| | 破碎机、磨机、包装机及其他通风生产设备 | 10 | — | — | — | | — |
| 散装水泥中转站及水泥制品生产 | 水泥仓及其他通风生产设备 | 10 | — | — | — | | — |

①适用于使用氨水、尿素等含氨物质作为还原剂，去除烟气中氮氧化物。
②适用于采用独立热源的烘干设备。

2.2.1.5　有关基准排放浓度的规定

对于水泥窑及窑尾余热利用系统排气、采用独立热源的烘干设备排气，应同时对排气中氧含量进行监测，实测大气污染物排放浓度应按式（2-1）换算为基准含氧量状态下的基准排放浓度，并以此作为判定排放是否达标的依据。其他车间或生产设施排气按实测浓度计算，但不得人为稀释排放。

$$C_{基} = \frac{21 - O_{基}}{21 - O_{实}} \cdot C_{实} \tag{2-1}$$

式中　$C_{基}$——大气污染物基准排放浓度，$mg/m^3$；

$C_{实}$——实测大气污染物排放浓度，$mg/m^3$；

$O_{基}$——基准含氧量百分率，水泥窑及窑尾余热利用系统排气为10，采用独立热源的烘干设备排气为8；

$O_{实}$——实测含氧量百分率。

### 2.2.2　无组织排放控制要求及排放限值

水泥工业企业的物料处理、输送、装卸、储存过程应当封闭，对块石、粘湿物料、浆料以及车船装卸料过程也可采取其他有效抑尘措施，控制颗粒物无组织排放。

自2014年3月1日起，水泥工业企业大气污染物无组织排放监控点浓度限值应符合GB 4915—2013标准规定，具体排放限值见表2-4。

**表2-4　大气污染物无组织排放限值**　　$mg/m^3$

| 序号 | 污染物项目 | 排放限值 | 限值含义 | 无组织排放监控位置 |
|---|---|---|---|---|
| 1 | 颗粒物 | 0.5 | 监控点与参照点总悬浮颗粒物（TSP）1小时浓度值的差值 | 厂界外20m处上风向设参照点，下风向设监控点 |
| 2 | 氨① | 1.0 | 监控点处1小时浓度平均值 | 监控点设在下风向厂界外10m范围内浓度最高点 |

①适用于使用氨水、尿素等含氨物质作为还原剂，去除烟气中氮氧化物。

### 2.2.3　有关废气收集、处理与排放的规定

（1）产生大气污染物的生产工艺和装置必须设立局部或整体气体收集系统和净化处理装置，达标排放。

（2）净化处理装置应与其对应的生产工艺设备同步运转。应保证在生产工艺设备运行波动情况下净化处理装置仍能正常运转，实现达标排放。因净化处理装置故障造成非正常排放，应停止运转对应的生产工艺设备，待检修完毕后共同投入使用。

（3）除储库底、地坑及物料转运点单机除尘设施外，其他排气筒高度应不低于15m。排气筒高度应高出本体建（构）筑物3m以上。水泥窑及窑尾余热利用系统排气筒周围半径200m范围内有建筑物时，排气筒高度还应高出最高建筑物3m以上。

### 2.2.4　有关对周围环境质量监控的要求

在现有企业生产、建设项目竣工环保验收后的生产过程中，负责监管的环

境保护主管部门应对周围居住、教学、医疗等用途的敏感区域环境质量进行监测。建设项目的具体监控范围为环境影响评价确定的周围敏感区域；未进行过环境影响评价的现有企业，监控范围由负责监管的环境保护主管部门根据企业排污的特点和规律及当地的自然、气象条件等因素，参照相关环境影响评价技术导则确定。地方政府应对本辖区环境质量负责，采取措施确保环境状况符合环境质量标准要求。

## 2.3 监测要求及实施与监督

### 2.3.1 污染物监测要求

（1）企业应按照有关法律和《环境监测管理办法》等规定，建立企业监测制度，制订监测方案，对污染物排放状况及其对周边环境质量的影响开展自行监测，保存原始监测记录，并公布监测结果。

（2）新建企业和现有企业安装污染物排放自动监控设备的要求，按有关法律和《污染源自动监控管理办法》的规定执行。

（3）企业应按照环境监测管理规定和技术规范的要求，设计、建设、维护永久性采样口、采样测试平台和排污口标志。

（4）对企业排放废气的采样，应根据监测污染物的种类，在规定的污染物排放监控位置进行，有废气处理设施的，应在该设施后监测。排气筒中大气污染物的监测采样按 GB/T 16157、HJ/T 397 或 HJ/T 75 规定执行；大气污染物无组织排放的监测按 HJ/T 55 规定执行。

（5）对大气污染物排放浓度的测定采用表 2-5 所示的方法标准。

**表 2-5 大气污染物浓度测定方法标准**

| 序号 | 污染物项目 | 方法标准名称 | 方法标准编号 |
| --- | --- | --- | --- |
| 1 | 颗粒物 | 固定污染源排气中颗粒物测定与气态污染物采样方法 | GB/T 16157 |
| | | 环境空气 总悬浮颗粒物的测定 重量法 | GB/T 15432 |
| 2 | 二氧化硫 | 固定污染源排气中二氧化硫的测定 碘量法 | HJ/T 56 |
| | | 固定污染源排气中二氧化硫的测定 定电位电解法 | HJ/T 57 |
| | | 固定污染源废气 二氧化硫的测定 非分散红外吸收法 | HJ 629 |
| 3 | 氮氧化物 | 固定污染源排气中氮氧化物的测定 紫外分光光度法 | HJ/T 42 |
| | | 固定污染源排气中氮氧化物的测定 盐酸萘乙二胺分光光度法 | HJ/T 43 |
| 4 | 氟化物 | 大气固定污染源 氟化物的测定 离子选择电极法 | HJ/T 67 |

续表

| 序号 | 污染物项目 | 方法标准名称 | 方法标准编号 |
| --- | --- | --- | --- |
| 5 | 汞及其化合物 | 固定污染源废气　汞的测定　冷原子吸收分光光度法（暂行） | HJ 543 |
| 6 | 氨 | 环境空气和废气　氨的测定　纳氏试剂分光光度法 | HJ 533 |
|  |  | 环境空气　氨的测定　次氯酸钠-水杨酸分光光度法 | HJ 534 |

### 2.3.2　实施与监督

《水泥工业大气污染物排放标准》（GB 4915—2013）由县级以上人民政府环境保护行政主管部门负责监督实施。

在任何情况下，水泥工业企业均应遵守 GB 4915—2013 标准规定的大气污染物排放控制要求，采取必要措施保证污染防治设施正常运行。各级环保部门在对企业进行监督性检查时，可以现场即时采样或监测的结果，作为判定排污行为是否符合排放标准以及实施相关环境保护管理措施的依据。

# 第3章　标准实施的技术分析

## 3.1　水泥工业生产排污情况

### 3.1.1　水泥工业大气排放源

3.1.1.1　矿山开采

矿山开采是原料的获得过程。熟料煅烧所需要的石灰石/泥灰岩/白垩（提供了 $CaCO_3$ 的来源）和黏土/页岩等，通常由露天采石场、取土场获得。需要的作业包括钻孔、爆破、挖掘、运输和破碎。一般采矿场紧邻工厂，初次破碎后的原料输送至水泥厂贮存、备料。

粉尘无组织排放在矿山开采过程中普遍存在。破碎机则是主要的有组织排放源，还有其他一些设备，如装卸、输送设备等，需要通风除尘。

3.1.1.2　水泥制造（含粉磨站）

在水泥制造过程中，原料进厂后需要经过原料破碎、原料烘干、生料粉磨、煤粉制备、生料预热/分解/烧结、熟料冷却、水泥粉磨及成品包装等多道工序，每道工序都存在着不同程度的颗粒物排放（有组织或无组织），而水泥窑系统则集中了70%的颗粒物有组织排放和几乎全部气态污染物（$SO_2$、$NO_x$、氟化物等）排放。

按生产流程，水泥厂的主要大气排放源有：

（1）原料贮存与准备：破碎机、烘干机、烘干磨、生料磨、储料场或原料库、喂料仓、生料均化库。

（2）燃料贮存与准备：破碎机、煤磨（烘干＋粉磨）、煤堆场、煤粉仓。

（3）熟料煅烧系统：窑尾废气、冷却机废气（窑头）、旁路气体（预热器旁路，控制挥发性元素 S、Cl、碱金属的含量）

（4）水泥粉磨和贮存：熟料库、混合材库、水泥磨、水泥库。

（5）包装和配送：包装机、散装机。

表3-1按污染源性质（热力过程和冷态操作两类）对水泥企业大气排放源进行归类。水泥厂露天堆场、道路的扬尘，以及管道、设备的含尘气体溢出或

泄漏，造成较多的无组织排放，影响局部环境。但对更大范围的环境空气质量而言，工艺尾气（通过高烟囱排放）的影响则要广得多。因此，对水泥企业的有组织排放控制（排气筒）和无组织排放控制同等重要。

**表3-1　水泥厂大气排放源归类**

<table>
<tr><th colspan="2">排放源性质</th><th>生产设备（设施）</th><th>排放型式</th><th>污染物</th><th>GB 4915 的划分</th></tr>
<tr><td rowspan="3">热力过程</td><td>燃烧</td><td>水泥窑</td><td>排气筒</td><td>粉尘；气态污染物</td><td>水泥窑及窑尾余热利用系统</td></tr>
<tr><td>干燥</td><td>烘干机、烘干磨、煤磨</td><td>排气筒</td><td>粉尘</td><td rowspan="2">烘干机、烘干磨、煤磨及冷却机</td></tr>
<tr><td>冷却</td><td>冷却机</td><td>排气筒</td><td>粉尘</td></tr>
<tr><td rowspan="4">冷态操作</td><td>加工</td><td>破碎机、生料磨、水泥磨</td><td>排气筒</td><td>粉尘</td><td rowspan="4">破碎机、磨机、包装机及其他通风生产设备</td></tr>
<tr><td rowspan="2">贮存</td><td>储料场、煤堆场</td><td>无组织</td><td>粉尘</td></tr>
<tr><td>原料库、喂料仓、生料均化库、煤粉仓、熟料库、混合材库、水泥库</td><td>排气筒</td><td>粉尘</td></tr>
<tr><td>其他</td><td>包装机、散装机、输送设备、装卸设备、运输设备等</td><td>有些有排气筒，但无组织逸散较多</td><td>粉尘</td></tr>
</table>

一些大型水泥集团在区域布局上采取了“大型熟料生产基地+销售地粉磨站”型式，独立粉磨站的生产包括：水泥熟料、混合材、石膏等原料运输进厂，水泥配料/粉磨，水泥库贮存，水泥包装或散装出厂。污染排放与水泥制造的后续过程（水泥粉磨）相同。

3.1.1.3　散装水泥中转站

在沿海、沿江一些地区存在着散装水泥中转站，其工艺流程与水泥企业散装水泥相似，均是对水泥成品的进出库操作。主要设备是卸船机、空气输送斜槽、提升机、水泥仓、散装机等。水泥仓顶（底）安装除尘器，一般为单机袋除尘；卸料口、转运点等分散扬尘点处设置集尘罩，抽吸含尘气体进行单独或集中处理（袋除尘）。

3.1.1.4　水泥制品生产

水泥制品生产包括：（1）预拌混凝土、预拌砂浆；（2）混凝土预制件。不包括水泥的施工现场搅拌。

主要污染排放产生在水泥仓进出料过程，需要过滤除尘（布袋等）。其他排尘点还包括称料斗、搅拌机、传送带等。预拌混凝土、砂浆的生产以及预制件的制作过程需要加入水，起到了抑尘作用。

### 3.1.2 水泥生产（设施）设备排出废气的性质

水泥生产过程中各设施（设备）由于处理物料不同、工作原理和工作过程的不同，排出废气性质也各不相同。废气性质包括：所含各种污染物浓度，气体温度、水分，所含粉尘种类和粒径等。一般地说，处理物料的水分高，废气中水分含量高；具有热力过程的设备排出的废气温度高；设备运转快，内部风速高，排出的废气粉尘浓度高；粉尘粒径一般小于0.1mm，不超过0.5mm。根据生产检测的统计数据，水泥生产过程中各设施（设备）排出废气的性质的有关数据列于表3-2。废气中有害气体的生成机理及其浓度的有关内容详见后面有关章节。

**表3-2 水泥生产设施（设备）排出废气性质**

| 设备名称 | | 含尘浓度（g/Nm³） | 气体温度（℃） | 水分（体积%） | 露点（℃） | 粉尘粒径（%） | |
|---|---|---|---|---|---|---|---|
| | | | | | | <20μm | <88μm |
| 湿法长窑 | | 10~50 | 150~250 | 35~60 | 60~75 | 80 | 100 |
| 立波尔窑 | | 10~30 | 100~200 | 15~25 | 45~60 | 60 | 90 |
| 干法长窑 | | 10~80 | 400~500 | 6~8 | 35~40 | 70 | 100 |
| 悬浮预热器窑 | | 30~80 | 350~400 | 6~8 | 35~40 | 95 | 100 |
| 带过滤预热湿法窑 | | 10~30 | 120~190 | 15~25 | 50~60 | 30 | 90 |
| 立窑 | | 5~15 | 50~190 | 8~20 | 40~55 | 60 | 95 |
| 窑外分解窑 | | 30~80 | 300~350 | 6~8 | 35~40 | 95 | 100 |
| 熟料篦式冷却机 | | 2~20 | 100~200 | | | 1 | 30 |
| 回转烘干机 | 黏土 | 40~150 | 70~90 | 20~25 | 50~65 | 25 | 45 |
| | 矿渣 | 10~70 | | | | | |
| | 煤 | 10~50 | | | | | 60 |
| 生料磨 | 重力卸烘干磨 | 50~150 | 60~95 | 10 | 45 | 50 | 95 |
| | 风扫磨 | 300~500 | | | | | |
| | 立式磨 | 400~650 | | | | | |
| O-Sepa选粉机 | 800~1100 | 70~100 | | | | | |
| 水泥磨 | 机械排风磨 | 20~120 | 90~120 | | | 50 | 100 |
| | 挤压机 | 20~50 | | | | | |
| 煤磨 | 钢球磨(风扫) | 250~500 | 60~90 | 8~15 | 40~50 | | |
| | 立式磨 | | | | | | |
| 破碎机 | 颚式 | 10~15 | | | | | |
| | 锤式 | 30~120 | | | | | |
| | 反击式 | 40~100 | | | | | |
| 包装机 | | 20~30 | | | | | |
| 散装机 | | 50~150 | 常温 | | | | |
| 提升运输设备 | | 20~40 | 常温 | | | | |

### 3.1.3　水泥生产设施（设备）废气排放量

3.1.3.1　*破碎和粉磨设备废气排放量*

（1）破碎设备

水泥生产所使用的破碎设备为颚式破碎机、锤式破碎机、反击式破碎机和立轴式破碎机等。其生产过程排出的废气量分析如下：

①颚式破碎机

颚式破碎机转动速度较慢，以动颚板的往复运动使物料挤压破碎，不需要通风，其废气是由于喂料和物料下落引起周围空气的扰动产生的，可以认为通过破碎机口面积的气体以 1m/s 速度上升，并简单取随破碎机口上升气体进入集气罩和破碎下料产生的添加废气量共 2000$m^3$/h，颚式破碎机产生废气量（$m^3$/h）可用下式计算。

$$Q = 3600S + 2000 \tag{3-1}$$

式中　$Q$——设备产生的废气量，$m^3$/h，以下相同；

　　　$S$——破碎机颚口面积，$m^2$。

②锤式破碎机、反击式破碎机

这类破碎机以高速旋转的锤头打击物料或使物料撞击而破碎，高速旋转的锤头像风机转子一样带动内部气体运行，其废气产生量与转子的尺寸和转速有关，可用如下公式计算：

$$Q = 16.8dLn \tag{3-2}$$

式中　$d$——转子直径，m；

　　　$L$——转子长度，m；

　　　$n$——转子速度，r/min。

③立轴式破碎机

其产生风量原理与锤式破碎机类似，只不过因其转子水平转动，内循环风量大，所需通风量较小，废气产生量可用下式计算。

$$Q = 5d^2n \tag{3-3}$$

式中　$d$——锤头旋转半径，m；

　　　$n$——转子转速，r/min。

在各种物料破碎方式中，锤式破碎机、反击式破碎机废气产生量最大。用式（3-2）计算可得出$\phi$600mm × 400mm 锤式破碎机产生废气量 4032$m^3$/h，$\phi$1000mm × 1000mm 产生废气量 16464$m^3$/h，$\phi$1300mm × 1200mm 锤式破碎机产生废气量 19394$m^3$/h，而它们在相近入料粒度和出料粒度的情况下，产量分别为 12t/h、60t/h、200t/h，吨产品产生的废气量分别为 336$m^3$/h、274$m^3$/h、

$97m^3/h$。可见破碎机规格愈大，单位产量所产生的废气量愈少。即使小规格锤式破碎机，在破碎过程中吨产品产生的废气量也不超过$350m^3$。

（2）粉磨设备

粉磨设备可分为普通球磨、烘干球磨、风扫球磨、立式磨、辊压机、O-Sepa选粉机和其他类型选粉机。这些设备的废气大部分是由于内部需要通风产生的，其废气产生量与通风量密切相关。

①普通球磨

普通球磨磨内通风是为了解决过粉磨形成的粉磨效率降低的问题，把粉磨的细颗粒与粗颗粒分离，并随气流带出磨外，余下的粗颗粒可在磨内继续磨细，从而提高粉磨效率。粉磨效率随磨内风速的提高而提高，若磨内风速过高，随气流带出磨外颗粒将大于产品质量要求的粒度，为使随气流带出磨外的物料能符合产品质量要求的粒度，磨内风速亦不能取得太高。一些水泥厂设计手册推荐：普通球磨磨内风速，开路长磨取0.7~1.2m/s，圈流管磨取0.3~0.7m/s。我们认为上述风速取值偏低，普通球磨磨内风速以0.7~1.4m/s为宜，产品粒度细者取低值，产品粒度粗者取高值。按此风速计算，若磨内研磨体填充率为30%，普通球磨磨内通风量为：

$$3600\pi D^2/4\times(1-30\%)(0.7\sim1.4)=(1385\sim2770)D^2$$

磨尾漏风按磨内通风量的10%计算，并进行圆整，得出普通球磨废气产生量计算式如下：

$$Q=(1500\sim3000)D^2 \tag{3-4}$$

式中　$D$——磨机内径，m。

②烘干球磨

烘干球磨需要的通风量与入磨物料的水分、出磨物料的水分、通入磨内热风温度、磨机产量、磨机漏风率等因素有关，可通过热平衡计算求得。烘干球磨磨内风速比普通球磨磨内风速高，这时，气流带出的颗粒一部分大于产品要求的细度，工艺上必须采取一定的措施把粗颗粒分离出来。入磨热气体温度低，入磨物料水分高，为达到烘干物料的目的，必须通入较大风量，磨内风速也高，排出的废气量也随之增大。用磨机内径表示烘干球磨废气量的表达式为：

$$Q=(3500\sim5000)D^2 \tag{3-5}$$

式中　$D$——磨机内径，m。

③风扫磨、立式磨、O-Sepa选粉机

风扫磨是磨内风速更高的一种烘干球磨，它能处理入磨水分更高的湿物料，出磨物料全部由气流带出磨外。风扫磨的磨内通风量可以像烘干球磨一样，通过热平衡计算，当入磨温度较高或入磨水分较低时，计算出来的通风量不足以把出磨物料带走时，必须在磨尾或上升管道补充风量来输送出磨物料。因此，风扫磨产生的废气量与其产量有关。根据生产配置的经验，用磨机产量表示风扫磨废气量的表达式为：

$$Q = (2000 \sim 3500)G \tag{3-6}$$

式中　$G$——磨机台时产量，t/h。

式中的系数值可按磨机循环负荷大时取高值，物料真密度小、产品粒度小时取低值的原则选取。

立式磨出磨物料也全部由出磨气体输送，产生的废气量也与其产量有关；O-Sepa选粉机采用风力选粉，产生的废气量也与其产量有关；可以参照风扫磨废气量的表达式表达它们产生的废气量。辊压机通过两个辊形成的压力把物料压碎，并不需要通风，但是为了避免工作过程的粉尘对外扩散，应使其工作处形成负压，产生的废气量可用其通过量表示。

上述磨机和O-Sepa选粉机排出废气量计算公式列于表3-3。

**表3-3　磨机和O-Sepa选粉机排出废气量计算公式表**

| 设备名称 | 排风量（$m^3/h$） | 备　注 |
| --- | --- | --- |
| 普通球磨 | $(1500 \sim 3000)D^2$ | $D$为磨机内径，单位m |
| 烘干球磨 | $(3500 \sim 5000)D^2$ | $D$为磨机内径，单位m |
| 风扫磨 | $(2000 \sim 3500)G$ | $G$为磨机台时产量，单位t/h |
| 立式磨 | $(2000 \sim 3500)G$ | $G$为磨机台时产量，单位t/h |
| O-Sepa选粉机 | $(900 \sim 1500)G$ | $G$为磨机台时产量，单位t/h |
| 辊压机 | $(100 \sim 200)G$ | $G$为辊压机台时通过量，单位t/h |

用上述公式确定废气量，应考虑其他影响因素，选择适当的系数。当设备有热力过程处理物料时，应通过热平衡核算废气量，若核算废气量大于表中公式计算数据，以热平衡核算废气量作为设备产生的废气量，反之，以表中公式计算数据作为设备产生的废气量。

④离心式选粉机和旋风式选粉机

离心式选粉机内部风自行循环，理想状态不外泄，只需考虑进出料设备产生的废气，这时，该设备产生的废气量可以忽略不计。旋风式选粉机以风力选粉，通过外部离心风机使选粉用气体循环，选粉用风若不外排，将导致选粉气体中微粉浓度愈来愈高，最后是选粉状况恶化，选粉效率下降，为提高选粉效率，一般排出循环风量的10%，用新鲜空气补充。因此，旋风式选粉机排出的废气量可表示为：

$$Q = 0.1Q_x \tag{3-7}$$

式中　$Q_x$——旋风式选粉机循环风量，$m^3/h$。

3.1.3.2　烘干设备废气排出量

水泥工业所使用的烘干设备主要是回转烘干机。在烘干机中，热风炉或其他废热气体使湿物料中水分蒸发而得到烘干，换热后的气体和被蒸发的水蒸气作为废气排出。由于烘干用的气体温度不同，烘干物料的种类及所烘干物料水分的不同，产品的终水分不同，不仅使烘干机的产量不同，烘干机排出的废气量也有较大的差异。烘干机一般根据烘干各种物料时排出的最大废气量配置相应的排风和除尘设备。烘干某种物料排出的废气量通过热平衡计算，烘干机热平衡计算一般以1kg汽化水或烘干机小时产量为物料基准。

实际生产中由于物料性质和初水分大小的差别，所用热风温度的不同，烘干每1kg物料烘干机产生的废气量差别很大。一般烘干机烘干物料排出的废气可在1～4$Nm^3$范围内变动，烘干机烘干物料所需热风量和产生的废气量必须根据个体条件，由热平衡计算取得。

3.1.3.3　熟料烧成设备废气排出量

（1）窑废气排出量

我国水泥工业使用机械立窑和回转窑烧成水泥熟料。回转窑按其烧成方法的不同又分为立波尔窑、湿法窑、中空余热发电窑、带预热器回转窑和窑外分解窑（新型干法窑），它们在烧成过程中所排出的废气一般由四部分组成，即：干生料分解产生的气体、燃料燃烧产生的气体、入窑水分蒸发产生的气体、系统漏入的气体。精确计算窑废气排出量，应有工艺设计工程师根据原燃材料的成分、生产工艺、产品品种等参数对整个烧成系统进行热平衡计算求得。下面确定一些参数，介绍窑废气排出量简化计算方法。以生产普通硅酸盐水泥熟料为基准，各部分气体产生量分析如下。

①干生料分解产生的气体量

若水泥熟料成分已定，因其形成是化学反应过程，其产生的气体量不因窑型有变化，原料的种类虽有影响，但差别不大。设定率值为：KH＝0.90，SM＝2.6，IM＝1.6。这时生料的烧失量为36%左右，若烧失量全部由生料分解出的二氧化碳所造成，生产1kg熟料生成的二氧化碳量为：

$$\frac{36\%}{1-36\%} \times \frac{22.4}{44} = 0.286\text{Nm}^3$$

一般地说，生产每吨熟料由生料产生的气体量为286$Nm^3$左右。

②燃料燃烧产生的气体量

目前煅烧水泥使用烟煤或无烟煤，根据固体燃料燃烧气体量（$Nm^3/kg$）

简便计算法：

固体燃料燃烧所需理论空气量　$V_{a}^{0} = 0.000241Q_{net,ad} + 0.5$　(3-8)

固体燃料燃烧产生理论烟气量　$V_{y}^{0} = 0.000213Q_{net,ad} + 1.65$　(3-9)

式中　$Q_{net,ad}$——固体燃料低位热值，kJ/kg。

为使燃料完全充分燃烧，燃烧用的空气量大于所需理论空气量，实际空气量与理论空气量之比称为空气过剩系数（$\alpha$）。水泥工业煅烧水泥熟料时，一般取空气过剩系数为 1.15。那么，燃烧实际需要的空气量为：

$$V_{a} = \alpha \times (0.000241Q_{net,ad} + 0.5) \tag{3-10}$$

燃料完全燃烧时实际产生的烟气量为：

$$V_{f} = V_{y}^{0} + (\alpha - 1)V_{a}^{0} \tag{3-11}$$

式中　$Q_{y}$——燃料完全燃烧时产生的烟气量，$Nm^3/kg$。

当 $\alpha = 1.15$ 时

$$V_{y} = 0.0002492Q_{net,ad} + 1.725 \tag{3-12}$$

从上式可以看出，单位固体燃料燃烧产生的烟气量与其低位热值有关，产生同样的热量，低热值燃料比高热值燃料产生的烟气量多。《水泥工厂设计规范》（GB/T 50295—2008）规定，烧成用煤低位热值宜大于 21736kJ/kg。

若水泥熟料烧成用煤的低位热值为 22000kJ/kg，每产生 1kJ 热量需燃煤 1/22000kg，排放烟气量为 $1/22000 \times (0.0002492 \times 22000 + 1.725) = 0.0003276Nm^3$。烧成 1kg 热耗为 $q$ 的水泥熟料排放烟气量则为：

$$Q_{cl} = 0.0003276q \tag{3-13}$$

式中　$Q_{cl}$——烧成 1kg 水泥熟料排放烟气量，$Nm^3/kg$；

　　$q$——单位熟料热耗，kJ/kg。

③水分蒸发产生的气体量

该部分气体量由入窑液体水汽化产生的，这部分水随生料进入窑内，可用水占入窑干物料的比例（$M$）表示，按干生料的烧失量 36% 计算，生产 1kg 水泥熟料用干生料 1/(1-36%) = 1.56kg，产生水蒸气量为（不包括掺煤生料）：

$$Q_{w} = 1.56M \times 22.4/18 = 1.941M \tag{3-14}$$

式中　$Q_{w}$——烧成 1kg 水泥熟料产生水蒸气量，$Nm^3/kg$；

　　$M$——入窑水占入窑干物料的质量比，%。

④漏入的气体量

漏入的气体量通常以前三项气体和为基础乘一个漏风系数 $K$ 表示。$K$ 的数值随设备不同而不同，见表 3-4。

综合烧成过程窑系统排出的四部分气体为窑系统排出的废气量，用下式表示。

$$Q = 1000(1 + K)(0.286 + Q_{cl} + Q_{w}) \tag{3-15}$$

式中　$Q$——烧成1t水泥熟料产生的废气量，$Nm^3/t$。

各种烧成设备吨产品排出气体量见表3-4。

**表3-4　各烧成设备产生废气量汇总表**　　$Nm^3/t$

| 窑型 | 原料分解气体量 | 燃料燃烧 | | 蒸发水分 | | 小计 | 漏风系数 $K$ | 合计 |
|---|---|---|---|---|---|---|---|---|
| | | 热耗（kJ/kg） | 气体量 | 水分（%） | 气体量 | | | |
| 立窑 | 286 | 4400 | 1441 | 13 | 275 | 2002 | 0.5 | 3003 |
| 立波尔窑 | 286 | 4000 | 1310 | 13 | 252 | 1848 | 1.6 | 4805 |
| 湿法窑 | 286 | 6000 | 1966 | 34 | 660 | 2942 | 0.25 | 3678 |
| 中空干法窑 | 286 | 6000 | 1966 | 0.5 | 10 | 2262 | 0.25 | 2828 |
| 中空发电窑 | 286 | 4600 | 1506 | 0.5 | 10 | 1802 | 0.35 | 2433 |
| 预热器窑 | 286 | 4000 | 1310 | 0.5 | 10 | 1606 | 0.45 | 2329 |
| 预分解窑 | 286 | 3300 | 1081 | 0.5 | 10 | 1377 | 0.45 | 1997 |

注：燃料为煤，低位热值为22000kJ/kg；立窑黑生料料耗1.70，其余为1.56。

从上表可以看出预分解窑产生的废气量最少，这是由于其单位熟料热耗低的原因，可见无论从节能的角度或环保的角度，预分解窑都具有其他生产方式不可比的优势，故被称为目前最先进的水泥熟料烧成方法。产生废气量最多的为立波尔窑，接近$5Nm^3/kg$熟料。从上表还可以看出烧成所排的废气中漏入冷风量占相当大的部分，这不仅浪费了能量，也加大了环境治理的工作量，所以减低烧成系统漏风量不仅具有节能效果，还具有环保意义，应是水泥工业防治污染的一个重要的课题。

根据生产经验和统计数据，窑尾排出的废气量，还可以参考下列数值选取：

立窑：$3Nm^3/(kg$熟料$)$；　湿法窑：$4Nm^3/(kg$熟料$)$；

一次通过立波尔窑：$5Nm^3/(kg$熟料$)$；二次通过立波尔窑：$4Nm^3/(kg$熟料$)$；

预热器窑：$2.3Nm^3/(kg$熟料$)$；　预分解窑：$2.0Nm^3/(kg$熟料$)$。

（2）熟料冷却设备废气排出量

熟料冷却设备是为防止高温熟料矿物晶形转变，使其具有良好的晶形结构，提高熟料强度而设立的，同时也回收部分热量。立窑的冷却设备可以说是立窑底火以下的筒体，鼓入的空气冷却了熟料，本身被加热成为温度较高的燃烧空气。所以单独的冷却设备仅是对回转窑烧成熟料生产线而设。目前水泥工业常用的冷却设备有多筒冷却机、单筒冷却机和篦式冷却机，前两种冷却机，冷却空气全部进窑燃烧，只有篦式冷却机产生废气。

篦式冷却机有多种型式，如推动式、振动式、回转式等。现在多用推动式。篦式冷却机以自然空气作为冷却气体，进入篦冷机冷却熟料后的气体一部分作为二次风入窑，用于窑头部分用煤的燃烧空气；一部分作为三次风入分解炉，用于窑尾分解炉部分用煤的燃烧空气；一部分用于烘干原料或烘干烧成用煤炭的热气体；部分水泥厂还用于烘干混合材；对大气造成污染的是没有被利用的部分，往往也称为冷却机余风。用热平衡的方法可求得冷却机余风的多少。

通过计算分析可知，冷却机冷却1kg熟料排出的废气量与多种因素有关，至少包括燃料的发热量（热值）、熟料热耗、二次和三次空气用量、对排出冷却机热气体的利用多少和冷却机的性能，冷却机与排放废气有关的性能有二次和三次风温度、废气温度和使用的冷却风量等。生产统计数据表明，冷却机冷却1kg熟料排出的废气量一般在1.0～2.5$Nm^3$/kg熟料范围内，即每冷却1t熟料产生废气1000～2500$Nm^3$。

#### 3.1.3.4　物料提升运输设备废气排出量

水泥厂常用的提升运输设备为：胶带运输机、斗式提升机、螺旋输送机、空气斜槽、链式输送机、链斗输送机、气力输送泵等。这些设备中空气斜槽和气力泵依靠鼓风设备鼓入空气输送物料，产生的废气量与鼓入空气量有关；其余设备依靠承载件输送物料，产生的废气量与承载件运动的速度和规格有关。可以把输送设备进料口处扬尘作为上一设备引起，本设备扬尘计算在出料口处，为消除出料口处扬尘，使设备处于微负压工作状态，这时需要的通风量为该设备产生的废气量。物料运行愈快、落差愈大、扬尘也就愈多，需要排出的废气量也就愈多。下面对各种提升运输设备所产生的废气体量分析，用相应设备的特征参数表示该设备所产生的废气量。

（1）空气斜槽

空气斜槽对物料的输送是从透气层的底部按每1$m^2$透气层鼓入2$m^3$/min空气，使物料流态化，依靠其布置的斜度流动，产生的废气量约为3$m^3$($m^2$·min)，故空气斜槽产生的废气量（$m^3$/h）与其宽度和长度有关，计算公式表示为：

$$Q = 180BL \tag{3-16}$$

式中　$B$——斜槽宽度，mm；

　　　$L$——斜槽长度，m。

（2）斗式提升机

斗式提升机产生的废风，可以认为气体随料斗在提升机壳内运行，废风量与提升机机壳截面和料斗运行速度有关，计算公式表示为：

$$Q = 1800vS \tag{3-17}$$

式中 $v$——料斗运行速度，m/s；

$S$——机壳截面积，$m^2$。

（3）胶带输送机

胶带输送机所产生的废气量与其宽度、运行速度、物料落差有关，若认为在运行中带动胶带上方厚度为 $D$ 的气体按胶带运行速度运动，物料落差为 $H$，其通风量用公式表示为：

$$Q = 3600DBv + \alpha H \tag{3-18}$$

式中 $D$——胶带带动的气流厚度，m；

$B$——胶带宽度，m；

$v$——胶带速度，m/s；

$H$——物料落差，m；

$\alpha$——物料落差系数，$m^2$。

$\alpha$ 与胶带宽度有关，可写为 $\alpha = bB$。

根据生产实践，取 $b = 700$、$D = 0.2$，整理式（3-18），并对系数圆整，可得出

$$Q = 700B(v + H) \tag{3-19}$$

（4）螺旋输送机

由于螺旋输送机物料运行较慢，截面较小，密封也较好，螺旋输送机内的气体量较小，通风的目的是使其内部保持微负压，防止出口扬尘。实践经验说明，其所排废气量仅用螺旋的直径就可表示。

$$Q = 1000D + 400 \tag{3-20}$$

式中 $D$——螺旋直径，m。

（5）气力输送设备

气力输送设备有螺旋泵、仓式泵、气力提升泵等多种型式，由于这种设备输送物料耗电量较大，只在工艺难以布置时使用。采用 2～5 个大气压供气的设备产生的废气量约为供气量的 2 倍，采用罗茨风机供气的废气量为供气量的 1.2 倍。这类设备中气力提升泵产生的废气量最多，一般不超过 $100m^3/t$ 物料。

（6）其他

其他如链斗输送机等设备产生的废气量可参见带式输送机或提升机的计算方法确定通风量。

根据各提升运输设备产生的废气量计算公式，几种典型规格的提升运输设备产生的废气量列于表 3-5。

**表 3-5　几种典型规格的提升运输设备产生的废气量**

| 类别 | 规格 | 运行速度（m/s） | 废气量（$m^3/h$） |
|---|---|---|---|
| 胶带输送机（物料落差按 1.5m 计算） | B500 | 1 | 875 |
| | B630 | 1 | 1103 |
| | B800 | 1 | 1400 |
| | B1000 | 1.5 | 2100 |
| | B1200 | 1.5 | 2520 |
| | B1400 | 2 | 3430 |
| 斗式提升机 | TH400 | 1.4 | 1796 |
| | TH630 | 1.5 | 3888 |
| | NSE100 | 1.1 | 2728 |
| | NSE300 | 1.1 | 3509 |
| 螺旋输送机 | LS400 | | 800 |
| | LS500 | | 900 |
| 空气输送斜槽 | B315 | 按 40m 长度计算 | 2268 |
| | B500 | | 3600 |
| | B800 | | 5760 |

从以上各提升运输设备所需通风量计算公式可知，只有空气斜槽的通风量与输送距离有关，距离越长产生废气越多。从环保角度出发，长距离输送物料不宜用斜槽，实际在工艺布置上由于空气斜槽长距离输送意味要有较大的高差，也是行不通的。除去气力输送设备，按输送单位质量物料所需通风量核算，斗式提升机提升物料所需通风量在提升运输设备中较大。提升运输设备所需通风量基本与设备规格尺寸成正比，而输送的物料量则与其规格尺寸的大于1 的次方成正比，也就是说随着提升运输设备规格的加大，输送能力加强，输送单位物料所需通风量降低。以较小规格的 TH315 提升机为例：其最低输送能力 35t/h，截面积为 $0.625m^2$，通风量为 $Q = 1800vS = 1800 \times 1.4 \times 0.625 = 1575m^3/h$，输送 1t 物料的通风量为 $45m^3$。可以认为一次转运 1t 物料，提升运输设备运输每吨物料所需的最大通风量不超过 $50m^3$。

3.1.3.5　包装和散装设备废气排出量

目前水泥工业使用包装设备为固定式 2 嘴或 4 嘴包装机，回转式 6 嘴、8 嘴、10 嘴等规格。为给包装工人提供良好的工作环境，应通过通风形成一定的负压，其通风量即为该设备产生的废气量。废气量可用设备的产量表示，根据工作实践，包括包装系统用回转筛或振动筛产生的废气量，固定式包装机每包装 1t 水泥产生 $300m^3$ 废气，回转式包装机产生 $180m^3$ 废气。如果散装发送水泥，散装每1t水泥，包括从散装库输送出水泥产生的废气量，最多只产生$50m^3$废气，由此可以看出散装水泥比包装水泥对环境的污染小。根据包装或散装水泥设备的产量就可以计算废气量，计算公式表示为：

$$Q = \alpha G \tag{3-21}$$

式中 $\alpha$——装送方式系数，$m^3/t$；固定式包装机取300、回转式包装机取180、散装取30；

$G$——装送设备台时产量，t/h。

3.1.3.6 均化设施废气排放量

水泥厂物料的均化分为原料均化、生料均化、水泥均化。原料均化和简易的生料，水泥均化是通过提升运输设备的堆、取方式和互相搭配来实现的，产生的废气量参照不同提升运输设备通风量核算，这里仅讨论用气力的方式对生料和水泥均化时产生的废气量。

用气力的方式对生料和水泥均化有间歇式和连续式均化两种方式，间歇式均化方式采用间歇式搅拌库系统，连续式均化方式采用连续式均化库系统。

间歇式搅拌库系统用多个$\phi$6m～$\phi$8m的钢筋混凝土圆库作搅拌库和一个规格较大的圆库作储存库，搅拌库产生的废气量按充气搅拌时产生的废气量计算，储存库产生的废气量按一般圆库储存物料的废气量计算。

间歇式搅拌库充气搅拌时产生的废气量为其充气量的1.5倍，充气面积是库截面积的70%，单位面积的充气量为$1.32m^3/(m^2 \cdot min)$，产生的废气量则为：

$$Q = 1.5 \times 1.32 \times 60 \times \pi D^2/4 \times 0.7 = 65.31D^2 \tag{3-22}$$

式中 $D$——库内径，m。

按上式计算，$\phi$6m间歇式搅拌库产生的废气量为$2351m^3/h$。若均化生料，容重$1t/m^3$，生料容积为库有效容积的75%，均化一次的时间2h。那么，每均化一次1t生料产生的废气量为$20m^3$。若生料进库时间也是2h，这时候除尘系统也处理同样的风量，这样一来，均化1t生料就产生废气$40m^3$。有时物料要均化一次以上和其他因素，废气量还会增加，但是，每吨物料均化所产生的废气量不会超过$50m^3$。

连续式均化库生产时一直处于充气状态，产生的废气量亦可按其充气量的1.5倍计算，计算公式如下。

$$Q = 60 \times 1.5(Q_h + Q_w) = 90(S_h g_h + S_w g_w/n) \tag{3-23}$$

式中 $Q_h$、$Q_w$——分别为连续式均化库内混合室、混合室外环形区充气量，$m^3/min$；

$S_h$、$S_w$——分别为连续式均化库内混合室、混合室外环形区充气面积，$m^2$；

$g_h$——混合室单位面积空气充气量，$m^3/(m^2 \cdot min)$，一般为 $0.8m^3/(m^2 \cdot min)$；

$g_w$——环形区单位面积空气充气量，$m^3/(m^2 \cdot min)$，一般为 $1.0m^3/(m^2 \cdot min)$；

$n$——环形区分区数。

由于连续式均化库单位面积空气充气量比间歇式搅拌库小，而且环形区内仅按各分区计算充气量，而且环形区充气箱布置较松，充气面积占环形区总面积的比例远低于间歇式搅拌库，同样直径的库，连续式均化库的充气量大大低于间歇式搅拌库。但是，由于其连续工作，按吨物料产生的废气量核算，连续式均化库均化每1t物料排出的废气量仍达$50m^3$。

### 3.1.4　熟料烧成过程有害气体生成机理和在废气中的浓度

3.1.4.1　二氧化硫生成机理和在废气中的浓度

（1）二氧化硫生成机理

$SO_2$ 的排放主要是由于燃烧煤而产生的，燃煤排放的 $SO_2$ 占全国排放总量的90%以上。原煤中含硫量为0.5%～5%，平均为1.72%。商品煤平均含硫量为1.1%～1.2%。硫在煤中存在的型式为硫化物硫、元素硫、硫酸盐硫和有机硫。元素硫、硫化物硫、有机硫为可燃性硫（约为80%～90%）。硫酸盐是不参与燃烧反应的，多残存于灰烬中，称为非可燃性硫。可燃性硫在燃烧时主要生成 $SO_2$，只有1%～5%氧化成 $SO_3$，其主要化学反应式：

单体硫燃烧：

$$S + O_2 = SO_2 \qquad \text{反应式(3-1)}$$

$$SO_2 + 1/2O_2 = SO_3 \qquad \text{反应式(3-2)}$$

硫铁矿的燃烧：

$$4FeS_2 + 11O_2 = 2Fe_2O_3 + 8SO_3 \qquad \text{反应式(3-3)}$$

$$SO_2 + 1/2O_2 = SO_3 \qquad \text{反应式(3-4)}$$

硫醚等有机硫的燃烧：

$$(CH_3CH_2)_2S \longrightarrow H_2S + H_2 + C + C_2H_4 \qquad \text{反应式(3-5)}$$

$$2H_2S + 3O_2 = 2SO_2 + 2H_2O \qquad \text{反应式(3-6)}$$

燃煤在燃烧中硫转化为 $SO_2$ 的实测统计为80%～85%，即含硫量1%的煤，其 $SO_2$ 的产生量是16～17kg/t。

在水泥窑中熟料烧成的物料分解阶段和燃料燃烧时都会产生 $SO_2$，随预热器废气和旁路系统废气排出。$SO_2$ 产生的量主要与原料、燃料带入硫化合物的多少，与其他化合物比例，烧成气氛和窑型有关。

①原料带入的硫化合物是造成 $SO_2$ 排放量增大的主要根源

原料带入的硫化合物有易发挥的硫化物、中等挥发性的亚硫酸盐和难挥发的硫酸盐。硫化物主要以 $FeS_2$ 型式存在于黄铁矿或亚稳定的白铁矿物中，在悬浮预热器的条件下，于 370～420℃氧化成 $SO_2$ 并释放出来。亚硫酸盐在 500～600℃之间不均衡地转化为硫化物和硫酸盐。硫酸盐在高温下也是稳定的，并存留在物料中，总体来讲可以认定硫化物和亚硫酸盐都会分解。试验表明，400℃以下硫化物很少转变为 $SO_2$，600℃以上全部氧化为 $SO_2$。由于在分解炉内大量生成的 CaO 基本上可将 $SO_2$ 全部化合成 $CaSO_4$，所以只有原料中含有 $FeS_2$ 时预热器的废气中才能有 $SO_2$。

有旁路系统时，气流不经预热器，故其废气中气态 $SO_2$ 比较高，如后续水冷却系统，大部分 $SO_2$ 被固体颗粒所吸附，随后被除尘器收下。硫在窑内挥发量为 25%～75%（取决于硫碱比、生料易烧性和过剩空气量）。在旁路废气中的 $SO_2$ 以 $SO_3$ 计，一般为 0～1.75kg/t 熟料。

②过剩氧含量和硫/碱比

一台水泥窑的 $SO_2$ 排放量除与原料、燃料带入硫化合物的多少有关，还有一些因素影响系统对 $SO_2$ 的吸收率。$SO_2$ 在窑系统内首先与挥发的碱金属（也包括极少量重金属）形成硫酸碱。硫化物的吸收率与窑内气氛有关，在一定的氧化条件下若硫/碱比合适，便有可能将 $SO_2$ 全部吸收。

$SO_2$ 与碱化合物或钙化物反应需要一定的 $O_2$ 浓度，在窑尾废气中要求 $O_2$ 的最低浓度为 2%～4%，$SO_2$ 在 800～850℃的温度区可与 CaO 发生最强的化合反应生成硫酸钙。若 $SO_2$ 浓度高，碱含量相对较少，即硫/碱比高，则除生成硫酸碱外还会生成含有 CaO、碱、$Al_2O_3$ 和 $SiO_2$ 的其他类硫酸盐，并可通过烧成带随熟料带出窑外。

③出预热器气体温度

旋风预热器窑在各台窑最下级旋风筒中一般测不出 $SO_2$，也就是说即使在窑内产生一些 $SO_2$，在碳酸盐分解区也都被新生成的 CaO 吸收了。出预热器含尘气体中的 $SO_2$ 浓度，随预热器级数的增多，随生料粉加料点气体温度的降低而升高，因为原料带入的硫化合物，在较低温度下的分解、氧化和吸收反应速度都变得慢了，物料温度越低、吸收的 $SO_2$ 量越少。只有在生料磨系统中，由于产生了新形成的活性表面及潮湿气氛才增大了对 $SO_2$ 的吸收能力，所以出粉磨烘干系统后的净气 $SO_2$ 浓度低于出预热器的 $SO_2$ 浓度。

（2）二氧化硫在废气中的浓度

$SO_2$ 排放主要取决于原、燃料中挥发性S含量。如硫碱比合适，水泥窑排放的 $SO_2$ 很少，有些水泥窑在不采取任何净化措施的情况下，$SO_2$ 排放浓度可以低于 $10mg/m^3$。随着原燃料挥发性S含量（硫铁矿 $FeS_2$、有机硫等）的增加，$SO_2$ 排放浓度也会增加。

水泥窑本身是性能优良的固硫装置，水泥窑中大部分的S（88%～100%）能以不同型式的硫酸盐结合到熟料中，$SO_2$ 排放不多。不同的窑型对硫的吸收率是不同的，湿法窑吸收率较低，预热器窑和预分解窑吸收率较高。对于预分解窑，因分解炉内有高活性 CaO 存在，它们与 $SO_2$ 气固接触好，可大量吸收 $SO_2$，排放浓度相应可控制在 $50～200mg/m^3$ 以下。

目前，新型干法水泥生产线基本采用窑磨一体机工艺，将窑尾废气送入生料磨作为烘干热源，又会获得额外的 $SO_2$ 吸收能力，吸收率能高达80%，因此可进一步降低 $SO_2$ 的浓度。

本次标准修订开展的抽样调查，共获得153个有效的水泥窑 $SO_2$ 排放样本，平均排放浓度 $59.6mg/m^3$，较2003年调查的 $159.2mg/m^3$ 有显著降低，其根本原因是水泥窑型发生了显著变化，以往 $SO_2$ 排放较多的湿法窑、机立窑已被新型干法窑替代，具体见表3-6。

**表3-6　水泥窑 $SO_2$ 排放统计表**

| 统计项目 \ 数据来源 | 本次04标准修订抽样调查 | 2003年96标准修订抽样调查 | 中国建材院2009年数据 |
|---|---|---|---|
| 水泥窑数量 | 153 | 40 | 31 |
| 平均排放浓度（$mg/m^3$） | 59.6 | 159.2 | 35.52 |
| 最大值（$mg/m^3$） | 310 | 520 | 391 |
| 最小值（$mg/m^3$） | 0.25 | 10 | 0 |

3.1.4.2　氮氧化物生成机理和在废气中的浓度

（1）$NO_x$ 的产生方式

水泥窑炉内产生的 $NO_x$ 主要有三种方式：在高温下 $N_2$ 与 $O_2$ 反应生成的热力型 $NO_x$、燃料中的固定氮生成的燃料型 $NO_x$、低温火焰下由于含碳自由基的存在生成的瞬时型 $NO_x$。

简而言之，燃料型 $NO_x$ 就是由燃料中的N反应而产生的；热力型 $NO_x$ 是由于燃烧反应的高温使得空气中的 $N_2$ 与 $O_2$ 直接反应而生成的；瞬时型 $NO_x$ 是由于燃烧反应的过程中空气的 $N_2$ 与燃料燃烧过程中的部分中间产物反应而产生的。

一般的水泥窑炉内产生的 $NO_x$，以煤为主要燃料的系统中燃料型 $NO_x$ 为主，约占70%以上，热力型 $NO_x$ 为辅，瞬时型 $NO_x$ 生成量很小。

（2）热力型 $NO_x$ 的产生机理及相关影响因素

①热力型 $NO_x$ 的产生机理

热力型 $NO_x$，也称温度型 $NO_x$，是燃烧时空气中的 $N_2$ 和 $O_2$ 在高温条件下生成的 NO 和 $NO_2$ 的总和。

热力型 $NO_x$ 的产生机理是由前苏联科学家泽里多维奇（Zeldovich）所提出，根据这一机理，$NO_x$ 的生成过程是一个不分支连锁反应，可由 Zeldovich 反应式来表述。高温下 $N_2$ 和 $O_2$ 发生如下反应：

$$O_2 + N \rightleftharpoons 2O + N \qquad \text{反应式(3-7)}$$

$$O + N_2 \rightleftharpoons NO + N \qquad \text{反应式(3-8)}$$

$$N + O_2 \rightleftharpoons NO + O \qquad \text{反应式(3-9)}$$

在高温下，NO 和 $NO_2$ 的总生成式为：

$$N_2 + O_2 \rightleftharpoons 2NO \qquad \text{反应式(3-10)}$$

$$NO + \frac{1}{2}O_2 \rightleftharpoons NO_2 \qquad \text{反应式(3-11)}$$

后来有研究人员发现，在过剩空气系数降低、还原性的气氛下，氧气 $O_2$ 氧化氮原子 N 的作用减小，反应式（3-8）中析出的氮原子 N 主要靠氢氧根 OH 来氧化，即扩展 Zeldovich 机理。

$$N + OH \rightleftharpoons NO + H \qquad \text{反应式(3-12)}$$

从 $N_2$ 转化为 NO 的反应平衡常数 $K_{p1}$ 和 NO 转化为 $NO_2$ 反应平衡常数 $K_{p2}$ 可表达为：

$$K_{p1} = \frac{p_{NO}^2}{p_{N_2}p_{O_2}} \tag{3-24}$$

$$K_{p2} = \frac{p_{NO_2}}{p_{NO}p_{O_2}^{1/2}} \tag{3-25}$$

式中，$p_{NO}$、$p_{N_2}$、$p_{O_2}$、$p_{NO_2}$ 分别表示 NO、$N_2$、$O_2$、$NO_2$ 的分压。

②热力型 $NO_x$ 相关影响因素

由于一般燃烧过程中 $N_2$ 的含量变化不大，根据 Zeldovich 反应式，可知影响热力型 $NO_x$ 生成量的主要因素有温度、氧含量和反应时间（即高温区域的停留时间）。

a. 温度对热力型 $NO_x$ 生成的影响

虽然热力型 $NO_x$ 的生成是一个缓慢的反应过程，但 $NO_x$ 的产生过程是强的吸热反应，因此温度成了影响 $NO_x$ 生成最重要和最显著的因素，其作用超过

了 $O_2$ 浓度和反应时间。一般温度在1800K以下时，$NO_x$的生成量极少；而大于1800K后，温度每升高100K，NO的生成速度约增加6～7倍。随着温度的升高，$NO_x$生成量迅速增加。

温度对 $NO_x$生成量的影响还可以从 $NO_x$生成反应的平衡常数来看出。$K_{p1}$和 $K_{p2}$与温度的关系比较密切，其与温度的关系见表3-7。

**表3-7　$K_{p1}$和$K_{p2}$与温度的关系**

| 温度（K） | $K_{p1}$ | $K_{p2}$ |
|---|---|---|
| 300 | $10^{-30}$ | $10^{6}$ |
| 1000 | $7.5\times10^{-9}$ | $1.2\times10^{2}$ |
| 1200 | $2.8\times10^{-7}$ | $1.1\times10^{-1}$ |
| 1500 | $1.1\times10^{-5}$ | $1.1\times10^{-2}$ |
| 2000 | $4.1\times10^{-4}$ | $3.5\times10^{-3}$ |
| 2500 | $3.5\times10^{-3}$ | |

从表3-7可以看出，NO在1500K以下时生成速度很小，在相同条件下，NO生成量随温度升高而增大，当温度低于1550K时，几乎不产生热力型NO；而当温度高于此值时，NO才会生成并在1800K以上时生成速率快速增加。

从表中的反应速率可看出，$NO_2$ 生成速率与NO相反。在1500K以上时，$NO_2$ 快速分解为NO；在小于1500K时，$NO_2$ 的产生会随温度的降低而快速增加，促使NO在 $NO_x$中的比率明显下降。但实际上，NO向 $NO_2$ 的转化并不只受此反应动力学的影响，还受到N、O粒子的分压影响，因此实际上NO向 $NO_2$ 的转化速度不会过高，排出的 $NO_x$仍以NO为主，一般废气中的 $NO_2$ 仅占 $NO_x$的5%～10%。当然，排入大气中NO最终会与 $O_2$ 反应成 $NO_2$，在计算对环境影响的量时，还是以 $NO_2$ 来计算。

窑炉内的温度及燃烧火焰的最高温度是影响热力型 $NO_x$ 生成量的一个重要指标，也最终决定了热力型 $NO_x$ 的最大生成量，因此在窑炉及燃烧器的设计和开发中要给予重视。要求在窑炉设计时应尽量降低窑炉内的温度并减少可能产生的高温区域，尤其要减少因流场变化等原因而产生的局部高温区域，最大程度地降低热力型 $NO_x$ 的生成量。正常情况下，燃烧器的火焰区是窑炉内温度最高的地方，如何将燃烧器设计为高效且火焰温度较低的设备是低 $NO_x$ 型燃烧器的要求，这需要燃烧器具有相对均匀的燃烧区域来保证燃料的燃烧，从而降低火焰的最高温度，进而最大限度地降低热力型 $NO_x$ 的生成量。

b. 氧含量对热力型 $NO_x$ 生成的影响

热力型 $NO_x$ 生成量与氧浓度的平方根成正比，因此氧含量也是影响热力

型 $NO_x$ 生成量的重要指标。一般来讲，随着 $O_2$ 浓度和空气预热温度的增高，$NO_x$ 生成量上升，但生成量会存在一个最大值。因为当 $O_2$ 浓度过高时，由于过量氧对火焰有冷却作用，$NO_x$ 生成量反而会有所降低。

氧含量是一个相对指标，虽然在单纯控制热力型 $NO_x$ 生成量上没有温度的影响大，但氧含量的大小对整个系统 $NO_x$ 的产生都会有影响，因而对于整个燃烧炉系统来说，它的作用可能超过温度。

c. 停留时间对热力型 $NO_x$ 生成的影响

停留时间也是一个重要指标，反映的是各种燃料和介质在高温区域的反应时间。热力型 $NO_x$ 生成是一个相对缓慢的过程，介质在停留时间对最终的热力型 $NO_x$ 生成量有决定性影响。热力型 $NO_x$ 与停留时间的变化呈现近似线性关系。

对于新的窑炉工艺设计和燃烧过程设计，要尽可能地减小燃料和介质在高温区域特别是高氧含量高温区域的停留时间，以达到减少热力型 $NO_x$ 的目的。在窑炉已成形的情况下，也可以通过在高温区形成局部的低氧或缺氧的环境，同时在低温区域增加氧含量来减排热力型 $NO_x$，并使燃料充分燃烧。

（3）燃料型 $NO_x$ 的产生机理及相关影响因素

燃料型 $NO_x$ 是由燃料中含有的氮化合物在燃烧过程中氧化而产生的，主要是在燃料燃烧的初始阶段生成。在生成燃料型 $NO_x$ 的过程中，首先是含有氮的有机化合物（五环吡咯、六环吡咯、季铵型氮、芳香胺官能团等）热裂解产生 N、CN 和 HCN 等中间产物基团，然后再氮化成 $NO_x$。

在所有燃料中，煤等固体燃料中的氮含量比较高，约 0.5% ~2.5%。因此以固体燃料为主的窑炉系统中，燃料型 $NO_x$ 所占的比重较大，占 $NO_x$ 生成量的 60% 以上。

①燃料型 $NO_x$ 的产生机理

燃料型 $NO_x$ 的产生机理非常复杂，它的产生和破坏过程首先与燃料中的含氮分子受热分解后在挥发分和焦炭中的比例有关，燃料型 $NO_x$ 在挥发分和焦炭中有着不同的生成机理。

燃料中的氮化合物首先转化成能够随挥发分一起从燃料中析出的中间产物，如氰化氢（HCN）、铵（$NH_3$）和氰（CN），这部分氮称为挥发分 N，生成的 $NO_x$ 占燃料型 $NO_x$ 的 60% ~80%，而残留在焦炭中的含氮化合物称为焦炭 N。

a. 挥发分 N 转化为燃料型 $NO_x$ 的产生机理

挥发分 N 中最主要的化合物是 HCN 和 $NH_3$，占挥发分 N 的 90% ~95%。

挥发分 N 中 HCN 的转化途径为：HCN 遇氧后生成 NCO，继续氧化则生成 NO；如被还原则生成 NH，最终变成 $N_2$；已经形成的 NO 在还原气氛下也可以被生成的 NH 还原成 $N_2$。

挥发分 N 中 $NH_3$ 的主要反应途径为：$NH_3$ 在氧化气氛中会被依次氧化成 $NH_2$、NH，甚至被直接氧化为 NO，在还原气氛中也可能将 NO 还原成 $N_2$。

挥发分 N 燃烧时有可能转化为 NO 或 $N_2$，与燃烧空间内的气氛有密切的关系。在氧化气氛下特别是强氧化气氛下，挥发分 N 倾向于向 NO 转化；而在强的还原气氛下，挥发分 N 倾向于向 $N_2$ 转化。

b. 焦炭 N 转化为燃料型 $NO_x$ 的产生机理

焦炭 N 在燃烧时也可能产生 $NO_x$，其数量远低于挥发分 N 转化为 $NO_x$ 的生成量。一般占燃料型 $NO_x$ 的 20% ~40%。

焦炭 N 的析出比较复杂，与其在焦炭中 N-C、N-H 之间的结合状态有关。焦炭即使在氧化性气氛中转化为 $NO_x$ 的比例也较小。

焦炭 N 转化为 $NO_x$ 的转化量在一定的阶段是快速上升的，但有一个较为明显的最大值，超过此值转化量会有所下降，这个最大值与煤的种类、温度、空气过剩系数及煤粉颗粒粒度等有关。

②燃料型 $NO_x$ 产生的影响因素

影响煤粉的燃烧过程燃料型 $NO_x$ 的生成的影响因素比较复杂，除温度、氧含量及停留时间外，还与煤粉的物理和化学特征有关。

a. 温度

温度的升高对燃料型 $NO_x$ 的生成量有促进作用。温度在 1200℃以下时，燃料型 $NO_x$ 随温度的升高而显著增加，而温度在 1200℃以上时，燃料型 $NO_x$ 的增加值相对平缓，但仍有上升。

b. 氧含量

氧含量的增加可以形成或强化窑炉内燃烧的氧化气氛，增加氧的供给量，促进燃料中的 N 向 $NO_x$ 的转化。在相同的条件下，增加燃烧区域的氧含量必然会增加燃料型 $NO_x$ 的生成量。

燃料型 $NO_x$ 随空气过剩系数的降低而一直下降，尤其当空气过剩系数$\alpha < 1$时，$NO_x$ 的生成量急剧降低，这种趋向两者是一致的。

c. 煤的种类和煤粉的细度

不同种类的煤，挥发分含量、氮含量等有不同程度的差异，这在很大程度上导致了 $NO_x$ 生成量的不同。通常挥发分和氮含量高的煤种生成的 $NO_x$ 较多，其中燃料含氮量对 $NO_x$ 生成量的影响较大。

煤粉的粒度较小时，挥发性组分析出的速度快，燃烧速度也快，导致加快了煤粉表面的耗氧速度，使煤粉的局部表面易形成还原气氛，从而抑制了 $NO_x$ 的生成；而粒度过大时，挥发性组分析出的速度慢，也会减少 $NO_x$ 的生成量。

d. 煤挥发分

煤挥发分成分中的各种元素比也会影响 $NO_x$ 的生成量。煤中 O/N 比值越大，$NO_x$ 的转化率越高。在相同的 O/N 比值条件下，转化率还随过量空气系数的增大而增大。

(4) 瞬时型 $NO_x$ 的产生机理及相关影响因素

瞬时型（又称快速型）$NO_x$ 是由 $CH_i$ 基（挥发分析出过程得到的）冲击靠近火焰反应区的氮分子生成的。

①瞬时型 $NO_x$ 的产生机理

瞬时型 $NO_x$ 的生成机理广泛得到认可的机理学说是费尼莫尔（Fenimore）反应机理。在费尼莫尔反应机理中，瞬时型 $NO_x$ 的生成过程主要有三组反应和一组可能反应构成，表述如下：

在碳氢化合物燃烧时，会分解出大量的 CH、$CH_2$、$CH_3$ 和 $C_2$ 等离子团，这些离子团会与燃烧空气中氮分子发生撞击并发生反应，从而破坏空气中氮分子的化学键而生成 HCN、CN 等。这些 HCN 和 CN 会与在火焰中产生的大量 O、OH 等原子团反应生成 NCO，NCO，在合适的温度条件下又容易被进一步氧化成 NO，从而形成瞬时型 $NO_x$。这一过程可用下面的化学反应阵列表示。

$$\left.\begin{array}{l} CH + N_2 \rightleftharpoons HCN + N \\ CH_2 + N_2 \rightleftharpoons HCN + N \\ CH_3 + N_2 \rightleftharpoons HCH + NH_2 \\ C_2 + N_2 \rightleftharpoons 2CN \end{array}\right\| \Longleftrightarrow \left\{\begin{array}{l} HCN + O \rightleftharpoons NCO + H \\ HCN + OH \rightleftharpoons NCO + H_2 \\ CN + O_2 \rightleftharpoons NCO + O \end{array}\right\} \longrightarrow$$

$$\left(\begin{array}{l} NCO + O \rightleftharpoons NO + CO \\ NCO + OH \rightleftharpoons NO + CO + H \end{array}\right. \qquad \text{反应式(3-12)}$$

反应阵列中，$CH + N_2 \rightleftharpoons NCH + N$ 占主导地位，这个反应的活化能低，在低温下的反应速度快且对温度的依赖性不高，使 $NO_x$ 在燃烧的前期出现，因此被称为快速性 $NO_x$。90% 的瞬时型 $NO_x$ 是通过 HCN 生成的，HCN 在火焰中的存在有一个先上升后下降的过程。

②影响瞬时型 $NO_x$ 产生的因素

a. 氧含量

瞬时型 $NO_x$ 的产生量与燃烧炉内的氧含量（特别是火焰初始区）密切相关。在火焰初始区，根据不同的燃料，空气过剩系数在 0.75 ~ 0.85 区间内会有一个瞬时型 $NO_x$ 产生量的最大值。在这个值前，减小空气过剩系数则瞬时型 $NO_x$ 的产生量快速减小；在这个值后，增大空气过剩系数则瞬时型 $NO_x$ 生成量也相应减小。

b. 温度

瞬时型 $NO_x$ 对温度的依赖性很弱。一般情况下，对不含氮的碳氢燃料在较低温度燃烧时，才重点考虑瞬时型 $NO_x$。瞬时型 $NO_x$ 在 1170～1359℃时开始产生，在很窄的范围 50～100℃内结束。

c. 燃料的特性

瞬时型 $NO_x$ 与煤挥发出的中间产物 $Ch_i$、$C_2$ 等基团有关，使用能快速挥发裂解出这些基团的燃料必然会增加瞬时型 $NO_x$ 的生成量。

对于大部分燃烧设备而言，瞬时型 $NO_x$ 一般占 $NO_x$ 总生成量的 5% 以下，国内水泥熟料生产主要使用煤作为燃料，瞬时型 $NO_x$ 生成量很小，可以不作重点关注。

三种机理对形成 $NO_x$ 的贡献随燃烧条件而异，图 3-1 给出了煤燃烧过程三种机理对 NO 排放的相对贡献。

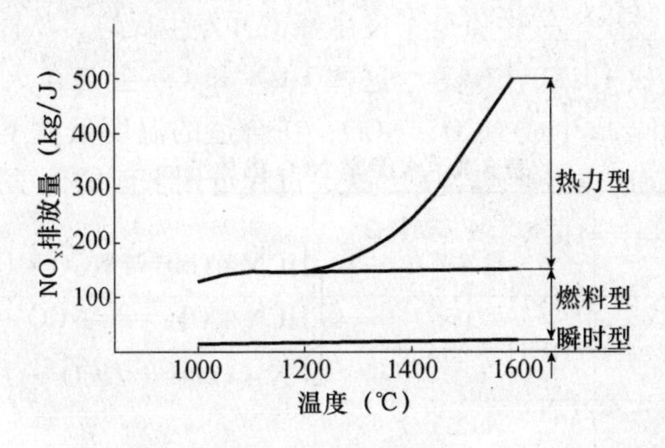


图 3-1　三种 NO 形成机理在煤燃烧过程中对 $NO_x$ 排放总量的贡献

在水泥回转窑系统中主要生成 NO，$NO_2$ 量很少，不足混合气体总量的 5%（质量）。

NO 与 $NO_2$ 在光照条件下能互相转换，因此在考虑排放限量时将 $NO_x$ 折算到 $NO_2$，即将 NO 质量含量乘以 1.53，并以 10% $O_2$ 含量为基准。

（5）氮氧化物在废气中的浓度

在水泥熟料煅烧过程中，NO 的产生主要来源于高温燃料中的氮和原料中的氮化合物。德国水泥工业曾统计得出燃料中的氮含量，煤为 0.5% ～2%；重油为 0.2% ～0.5%；代替燃料为≤1%。原料中的氮含量主要以 $NH_4^+$ 型式存在于有机组分中，由天然原料配成的生料中 $NH_4^+$ 含量约为 80～200g/t。根据德国近 30 年的监测，水泥回转窑废气排放的 $NH_4^+$ 量换算到 $NO_2$ 约为 300～2200mg/$Nm^3$，相当于每吨熟料中 0.8～2.5kg。不同的窑型因其热耗和使用燃料的方式不同，$NO_x$ 的排放浓度也有差别，预分解窑约有 50% 的燃料在低于

1000℃条件下燃烧，可使 $NO_x$ 生成量大幅度下降。

因水泥窑内的烧结温度高、过剩空气量大，$NO_x$ 排放会很多。调查统计的初始浓度范围大多在 800～1200mg/m³（80%都在 1000mg/m³ 以下）。一些新型干法窑采取了低 $NO_x$ 燃烧器，控制分解炉燃烧产生还原性气氛，使 $NO_x$ 部分被还原，排放浓度可降低到 500～800mg/m³。

本次标准修订开展的抽样调查，共获得 148 个有效的水泥窑 $NO_x$ 排放样本，平均排放浓度 621.5mg/m³，最低值 234mg/m³（采取了分级燃烧 + SNCR），最高值 1233mg/m³，见表 3-8。这些数据源自竣工验收、环保监督检查以及在线监测，反映了企业在较佳工艺条件下能够达到的 $NO_x$ 控制水平。水泥窑的 $NO_x$ 浓度是动态变化的，这与窑和分解炉的运行控制密切相关，平均会有 20%左右的变化（对同一水泥窑不同时期监测统计平均的结果），企业会根据在线反馈的数据及时调整，保证窑况的均衡稳定。从本次调查数据显示，一些企业对 $NO_x$ 原始浓度进行了摸底，有 17 条生产线提供了数据，原始浓度平均值为 929.1mg/m³。

**表 3-8 水泥窑 $NO_x$ 排放统计表**

| 统计项目 \ 数据来源 | 本次 04 标准修订抽样调查 | 2003 年 96 标准修订抽样调查 | 中国建材院 2009 年数据 |
|---|---|---|---|
| 水泥窑数量 | 148 | 20 | 9 |
| 平均排放浓度（mg/m³） | 621.5 | 508.6 | 868.7 |
| 最大值（mg/m³） | 1233 | 920 | 1619.5 |
| 最小值（mg/m³） | 234 | 105 | 376.38 |

3.1.4.3 氟化物生成机理和在废气中的浓度

熟料烧成过程产生的氟化物来自于原、燃料。水泥生产中，如不专门使用含氟矿化剂（例如萤石）用于降低烧成温度，一般窑尾排放的氟化物会很低。目前我国有部分立窑厂出于降低热耗的目的，以含氟矿物掺入生料中，在烧成中大部分氟化物和 CaO，$Al_2O_3$ 形成氟铝酸钙固熔于熟料中，极少部分随废气排出。

这里做简单推算。在立窑生料中一般加入 1%的萤石，其中 $CaF_2$ 的成分约占 65%，若 2%的 F 排出，则生产每 1kg 熟料排出的 F 为：

$1.6 \times 1\% \times 65\% \times 2\% \times 10^6 \times 38/78 = 101$mg/kg 熟料

其中：1.6 为生料料耗，38 为氟的分子量，78 为萤石的分子量。

按立窑烧成每 1kg 熟料产生 3Nm³ 废气计算，废气中 F 的浓度为 33.7mg/Nm³。

本次标准修订开展的抽样调查，共获得69个有效的水泥窑氟化物排放样本，平均排放浓度1.67mg/m³。与2003年编制组开展的抽样调查对比，由于立窑的快速淘汰，以及人们对氟化物危害的认识，排放有了显著削减，见表3-9。

**表3-9　水泥窑氟化物排放统计表**

| 数据来源 / 统计项目 | 本次04标准修订抽样调查 | 2003年96标准修订抽样调查 | |
|---|---|---|---|
| 水泥窑数量 | 69 | 5（干法窑） | 6（立窑） |
| 平均排放浓度（mg/m³） | 1.67 | 2.48 | 28.7 |
| 最大值（mg/m³） | 9.31 | 5.9 | 62.56 |
| 最小值（mg/m³） | 0.013 | 0.143 | 6 |

在水泥工业对大气污染物治理中，氟化物的治理技术尚未见有关报道。由于它的产生是为降低烧成温度而在生料中加入含氟物质造成的，我们认为以污染环境而降低能耗并不可取，应采取对原料进行限制的办法来解决。

### 3.1.5　水泥生产工艺及生产线规模对环境污染的差别

#### 3.1.5.1　同种生产规模不同生产工艺的差别

研究各种生产线生产水泥全过程各生产设施的废气排放总量，就可以知道各种生产工艺的生产线对大气污染的差别。

以日产1000/d熟料为标准，各种生产工艺的生产线均生产P·S42.5水泥，年产水泥40万t。生产线各主机设备根据表3-10的物料平衡数据以各生产工艺常规方法配置，利用生产设备配套的除尘设备的处理风量，探讨不同的生产工艺生产单位水泥排放废气量的差别。

**表3-10　物料平衡表**

| 物　料 | 天然水分（%） | 生产损失（%） | 消耗定额 | 物料平衡量 | | 配比（%） |
|---|---|---|---|---|---|---|
| | | | 干基（t/t熟料） | 干基（t） | | |
| | | | | 时 | 天 | |
| 石灰石 | 1 | 1 | 1.228 | 51.2 | 1228 | 80 |
| 黏土 | 10 | 1 | 0.276 | 11.5 | 276 | 18 |
| 铁粉 | 10 | 1 | 0.031 | 1.3 | 31 | 2 |
| 生料 | | 1 | 1.520 | 63.3 | 1520 | |
| 熟料 | | | 1.000 | 41.7 | 1000 | 75 |
| 石膏 | 3 | 1 | 0.067 | 2.8 | 67 | 5 |
| 混合材 | 10 | 1 | 0.269 | 11.2 | 269 | 20 |
| 水泥 | | | 1.333 | 55.5 | 1333 | |

续表

| 物料 | 天然水分（%） | 生产损失（%） | 消耗定额 | 物料平衡量 | | 配比（%） |
|---|---|---|---|---|---|---|
| | | | 干基（t/t 熟料） | 干基（t） | | |
| | | | | 时 | 天 | |
| 烧成用煤（立窑） | 7 | 3 | 0.206 | 8.6 | 206 | 热耗 4400kJ |
| 烧成用煤（立波尔窑） | 7 | 3 | 0.176 | 7.3 | 176 | 热耗 3762kJ |
| 烧成用煤（湿法窑） | 7 | 3 | 0.285 | 11.9 | 285 | 热耗 6072kJ |
| 烧成用煤（中空窑） | 7 | 3 | 0.247 | 10.3 | 247 | 热耗 5280kJ |
| 烧成用煤（发电窑） | 7 | 3 | 0.2 | 8.3 | 200 | 热耗 4268kJ |
| 烧成用煤（预热器窑） | 7 | 3 | 0.176 | 7.3 | 176 | 热耗 3762kJ |
| 烧成用煤（预分解窑） | 7 | 3 | 0.157 | 6.5 | 157 | 热耗 3344kJ |

说明：煤的低位热值 22000kJ/kg。

立窑生产线以 4 条 10.5t/h 生产线计算，共用石灰石破碎、原料烘干、混合材烘干、包装、均化和石膏破碎各两套系统。

立波尔窑生产线以 3 条 350t/d 生产线折算到 1000t/d 计算。共用一套石灰石破碎，共用原料烘干、煤磨、混合材烘干、包装、均化和石膏破碎各两套系统。

干法中空窑以 4 条 250t/d（10.5t/h）生产线计算，共用石灰石破碎、原料烘干、煤磨、混合材烘干、包装、均化和石膏破碎各两套系统。

湿法窑以 2 条 25t/h 生产线折算到 1000t/d 计算。

预热器窑以 2 条 600t/d 生产线折算到 1000t/d 计算。

预热分解窑按 1 条 1000t/d 生产线计算，采用窑磨一体机，利用余热烘干原料和煤。

提升运输除尘湿法窑每条线按 5 个收尘点计算，其余每条线按 7 个收尘点计算。原料磨、水泥窑和水泥磨除尘风量配置折算到 1000t/d 生产线，其余过程因配置的产量差别不大而不再折算。

同种生产规模不同生产工艺水泥厂生产线除尘风量配置汇总见表 3-11。

**表 3-11　同种生产规模不同生产工艺水泥厂生产线除尘风量配置汇总表**

| 生产工艺 | | | 立窑 | 立波尔窑 | 干法中空 | 湿法 | 预热器窑 | 预分解窑 |
|---|---|---|---|---|---|---|---|---|
| 石灰石破碎 | 台时产量 | t/h | 2×70 | 150 | 2×70 | 2×70 | 2×70 | 150 |
| | 除尘风量 | 万 $m^3/h$ | 2×1.4 | 2.0 | 2×1.4 | 2×1.4 | 2×1.4 | 2.0 |
| | 单位风量 | $m^3/t$ | 200 | 133 | 200 | 200 | 200 | 133 |
| 原料烘干 | 台时产量 | t/h | 2×10 | 2×10 | 2×10 | | 20 | |
| | 除尘风量 | 万 $m^3/h$ | 2×3 | 2×3 | 2×3 | | 5 | |
| | 单位风量 | $m^3/t$ | 3000 | 3000 | 3000 | | 2500 | |

续表

| 生产工艺 | | | 立窑 | 立波尔窑 | 干法中空 | 湿法 | 预热器窑 | 预分解窑 |
|---|---|---|---|---|---|---|---|---|
| 原料磨 | 台时产量 | t/h | 4×18 | 3×25 | 4×18 | | 2×50 | 75 |
| | 除尘风量 | 万 $m^3/h$ | 4×1.1 | 3×1.4 | 4×1.1 | | 2×2.5 | 18×0.2 |
| | 单位风量 | $m^3/t$ | 611 | 560 | 611 | | 500 | 480 |
| 水泥窑 | 台时产量 | t/h | 4×10.5 | 3×14.6 | 4×10.5 | 2×25 | 2×25 | 41.7 |
| | 除尘风量 | 万 $m^3/h$ | 4×6 | 3×11.5 | 4×5.5 | 2×15 | 2×13 | 18 |
| | 单位风量 | $m^3/t$ | 5714 | 7877 | 5238 | 6000 | 5200 | 4317 |
| 熟料冷却机 | 台时产量 | t/h | | | | | | 41.7 |
| | 除尘风量 | 万 $m^3/h$ | | | | | | 12.5 |
| | 单位风量 | $m^3/t$ | | | | | | 2998 |
| 煤磨 | 台时产量 | t/h | | 2×8 | 2×8 | 2×8 | 2×8 | 11 |
| | 除尘风量 | 万 $m^3/h$ | | 2×2.4 | 2×2.4 | 2×2.4 | 2×2.4 | 3 |
| | 单位风量 | $m^3/t$ | | 3000 | 3000 | 3000 | 3000 | 2727 |
| 水泥磨 | 台时产量 | t/h | 4×15 | 3×20 | 4×15 | 2×36 | 2×36 | 60 |
| | 除尘风量 | 万 $m^3/h$ | 4×0.9 | 3×1.1 | 4×0.9 | 2×1.8 | 2×1.8 | 2.8 |
| | 单位风量 | $m^3/t$ | 600 | 550 | 600 | 500 | 500 | 467 |
| 包装机 | 台时产量 | t/h | 2×30 | 2×30 | 2×30 | 60 | 60 | 90 |
| | 除尘风量 | 万 $m^3/h$ | 2×0.9 | 2×0.9 | 2×0.9 | 1.6 | 1.6 | 2.1 |
| | 单位风量 | $m^3/t$ | 300 | 300 | 300 | 267 | 267 | 233 |
| 均化 | 台时产量 | t/h | 2×36 | 2×36 | 2×36 | | 2×50 | 75 |
| | 除尘风量 | 万 $m^3/h$ | 6×0.3 | 6×0.3 | 6×0.3 | | 2×0.4 | 0.6 |
| | 单位风量 | $m^3/t$ | 60 | 60 | 60 | | 80 | 80 |
| 提升运输 | 台时产量 | t/h | 56×20 | 56×20 | 56×20 | 56×20 | 56×20 | 56×20 |
| | 除尘风量 | 万 $m^3/h$ | 28×0.2 | 21×0.25 | 28×0.2 | 10×0.3 | 14×0.3 | 7×0.5 |
| | 单位风量 | $m^3/t$ | 50 | 47 | 50 | 27 | 38 | 31 |
| 混合材烘干 | 台时产量 | t/h | 2×10 | 2×10 | 2×10 | 20 | 20 | 20 |
| | 除尘风量 | 万 $m^3/h$ | 2×3 | 2×3 | 2×3 | 5 | 5 | 5 |
| | 单位风量 | $m^3/t$ | 3000 | 3000 | 3000 | 2500 | 2500 | 2500 |
| 石膏破碎 | 台时产量 | t/h | 2×8 | 2×8 | 2×8 | 2×8 | 2×8 | 16 |
| | 除尘风量 | 万 $m^3/h$ | 2×0.3 | 2×0.3 | 2×0.3 | 2×0.3 | 2×0.3 | 0.4 |
| | 单位风量 | $m^3/t$ | 375 | 375 | 375 | 375 | 375 | 250 |
| 散装除尘风量 | | 万 $m^3/h$ | 0.3 | 0.3 | 0.3 | 0.3 | 0.3 | 0.3 |
| 除尘风量合计 | | 万 $m^3/h$ | 56.9 | 70.55 | 59.7 | 51.7 | 59.7 | 53.8 |
| 1000t/d 折算风量 | | 万 $m^3/h$ | 56.9 | 68.91 | 59.7 | 46.1 | 53.9 | 53.8 |

#### 3.1.5.2 同种生产工艺不同生产规模的差别

同种生产工艺仅对采用窑外分解窑生产熟料时各种规模的生产线对比，选取1000t/d、2000t/d、2500t/d、4000t/d、5000t/d、10000t/d六种规模，每种规模的生产线各工艺过程均单独设施，以生产P·S42.5水泥为基础。1000t/d生产线对混合材设置烘干机，水泥磨处理风量按配置普通选粉机核算；2000t/d以上规模生产线水泥磨处理风量按配置O-Sepa选粉机核算，含10%水分的混合材占水泥总量的20%，带入的水分仅占全部物料的2%，由于O-Sepa选粉机通风量大，对物料有一定的干燥作用，不设置混合材烘干机。各种生产线处理风量情况见表3-12。

**表3-12 同种生产工艺不同规模水泥厂生产线除尘风量配置汇总表**

| 生产规模（t/d） | | | 1000 | 2000 | 2500 | 4000 | 5000 | 10000 |
|---|---|---|---|---|---|---|---|---|
| 石灰石破碎 | 台时产量 | t/h | 150 | 500 | 500 | 800 | 1000 | 1500 |
| | 除尘风量 | 万 $m^3/h$ | 2.0 | 3.8 | 3.8 | 5.0 | 6.0 | 7.5 |
| | 单位风量 | $m^3/t$ | 133 | 76 | 76 | 63 | 60 | 50 |
| 窑磨一体机 | 台时产量 | t/h | 41.7 | 83.3 | 104.2 | 166.7 | 208 | 2×208 |
| | 除尘风量 | 万 $m^3/h$ | 18×1.2 | 32×1.2 | 40×1.2 | 61×1.2 | 76×1.2 | 152×1.2 |
| | 单位风量 | $m^3/t$ | 5180 | 4610 | 4607 | 4391 | 4385 | 4385 |
| 冷却机 | 台时产量 | t/h | 41.7 | 83.3 | 104.2 | 166.7 | 208 | 2×208 |
| | 除尘风量 | 万 $m^3/h$ | 12.5 | 28.7 | 31.5 | 57.4 | 65 | 2×65 |
| | 单位风量 | $m^3/t$ | 2998 | 3445 | 3023 | 3443 | 3125 | 3125 |
| 煤磨 | 台时产量 | t/h | 11 | 17 | 21 | 34 | 42 | 2×42 |
| | 除尘风量 | 万 $m^3/h$ | 3 | 4.6 | 5.7 | 9.2 | 11.4 | 2×11.4 |
| | 单位风量 | $m^3/t$ | 2727 | 2706 | 2714 | 2706 | 2714 | 2714 |
| 水泥磨 | 台时产量 | t/h | 60 | 120 | 150 | 2×120 | 2×150 | 4×150 |
| | 除尘风量 | 万 $m^3/h$ | 2.8 | 14 | 17.5 | 2×14 | 2×17.5 | 4×17.5 |
| | 单位风量 | $m^3/t$ | 467 | 1167 | 1167 | 1167 | 1167 | 1167 |
| 包装机 | 台时产量 | t/h | 90 | 2×90 | 2×90 | 3×90 | 3×90 | 5×90 |
| | 除尘风量 | 万 $m^3/h$ | 2.1 | 2×2.1 | 2×2.1 | 3×2.1 | 3×2.1 | 5×2.1 |
| | 单位风量 | $m^3/t$ | 233 | 233 | 233 | 233 | 233 | 233 |
| 均化 | 台时产量 | t/h | 75 | 150 | 185 | 320 | 390 | 2×390 |
| | 除尘风量 | 万 $m^3/h$ | 0.6 | 1.1 | 1.3 | 2.1 | 2.5 | 2×2.5 |
| | 单位风量 | $m^3/t$ | 80 | 73 | 70 | 66 | 64 | 64 |

续表

| 生产规模（t/d） | | | 1000 | 2000 | 2500 | 4000 | 5000 | 10000 |
|---|---|---|---|---|---|---|---|---|
| 提升运输 | 台时产量 | t/h | 56×20 | 112×20 | 140×20 | 224×20 | 280×20 | 560×20 |
| | 除尘风量 | 万 $m^3$/h | 7×0.5 | 11×0.6 | 13×0.6 | 15×0.7 | 17×0.7 | 30×0.8 |
| | 单位风量 | $m^3$/t | 31 | 29 | 28 | 23 | 21 | 21 |
| 混合材烘干 | 台时产量 | t/h | 20 | | | | | |
| | 除尘风量 | 万 $m^3$/h | 5 | | | | | |
| | 单位风量 | $m^3$/t | 2500 | | | | | |
| 石膏破碎 | 台时产量 | t/h | 16 | 25 | 25 | 80 | 80 | 120 |
| | 除尘风量 | 万 $m^3$/h | 0.4 | 0.8 | 0.8 | 1.6 | 1.6 | 1.8 |
| | 单位风量 | $m^3$/t | 250 | 320 | 320 | 200 | 200 | 150 |
| 散装除尘风量 | 除尘风量 | 万 $m^3$/h | 0.3 | 3×0.3 | 4×0.3 | 5×0.3 | 6×0.3 | 8×0.3 |
| 除尘风量合计 | | 万 $m^3$/h | 53.8 | 103.1 | 121.8 | 194.8 | 232.7 | 456.4 |
| 1000t/d 折算风量 | | 万 $m^3$/h | 53.8 | 51.55 | 48.72 | 48.7 | 46.54 | 45.64 |

为进一步探讨生产单位熟料和单位水泥排出的废气量，根据国家排放标准的要求，换算到标准状态下的废气量。由于各生产阶段工作压力较小，影响不大，仅作温度换算，各生产阶段进入除尘器废气温度见表3-13。

**表3-13　各生产阶段进入除尘器废气温度一览表**

| 过程 | 石灰石破碎 | 窑磨一体机 | 熟料冷却机 | 煤磨 | 水泥磨 | 包装机 | 均化 | 提升运输 | 混合材烘干 | 石膏破碎 |
|---|---|---|---|---|---|---|---|---|---|---|
| 温度 $t$（℃） | 40 | 150 | 150 | 80 | 90 | 50 | 40 | 30 | 90 | 40 |

通过换算公式 $Q_N = 273Q/(273+t)$ 得出，生产单位熟料和单位水泥排出的标况废气量见表3-14（其中：$Q_N$ 为标况风量，$Q$ 为工况风量）。

**表3-14　生产单位熟料和单位水泥排出的标况废气量一览表**

| 生产规模（t/d） | | | | 1000 | 2000 | 2500 | 4000 | 5000 | 10000 |
|---|---|---|---|---|---|---|---|---|---|
| 熟料生产阶段 | 石灰石破碎 | 吨熟料风量 | $Nm^3$ | 142.5 | 81.4 | 81.4 | 67.5 | 64.3 | 53.6 |
| | 窑磨一体机 | 吨熟料风量 | $Nm^3$ | 3343.1 | 2975.2 | 2973.3 | 2833.9 | 2830 | 2830 |
| | 熟料冷却机 | 吨熟料风量 | $Nm^3$ | 1934.9 | 2223.4 | 1951 | 2079.7 | 1887.6 | 1887.6 |
| | 煤磨 | 吨熟料风量 | $Nm^3$ | 331.1 | 328.6 | 329.5 | 328.6 | 329.5 | 329.5 |
| | 均化 | 吨熟料风量 | $Nm^3$ | 111.6 | 101.9 | 97.7 | 92.1 | 89.3 | 89.3 |
| | 提升运输 | 吨熟料风量 | $Nm^3$ | 335.2 | 313.5 | 302.7 | 248.6 | 227 | 227 |
| | 小计 | 吨熟料风量 | $Nm^3$ | 6198.4 | 6024 | 5735.6 | 5650.4 | 5427.7 | 5417 |

续表

| 生产规模（t/d） | | | | 1000 | 2000 | 2500 | 4000 | 5000 | 10000 |
|---|---|---|---|---|---|---|---|---|---|
| 水泥制成阶段 | 混合材烘干 | 吨水泥风量 | $Nm^3$ | 376.0 | | | | | |
| | 石膏破碎 | 吨水泥风量 | $Nm^3$ | 10.9 | 14 | 14 | 8.7 | 8.7 | 6.5 |
| | 水泥磨 | 吨水泥风量 | $Nm^3$ | 351.2 | 877.7 | 877.7 | 877.7 | 877.7 | 877.7 |
| | 包装机 | 吨水泥风量 | $Nm^3$ | 196.9 | 196.9 | 196.9 | 196.9 | 196.9 | 196.9 |
| | 均化 | 吨水泥风量 | $Nm^3$ | 69.8 | 63.7 | 61.1 | 57.6 | 55.8 | 55.8 |
| | 提升运输 | 吨水泥风量 | $Nm^3$ | 223.4 | 209 | 201.8 | 165.8 | 151.4 | 151.4 |
| | 小计 | 吨水泥风量 | $Nm^3$ | 1228.2 | 1361.3 | 1351.5 | 1306.7 | 1290.5 | 1288 |
| 合计 | | 吨水泥风量 | $Nm^3$ | 5877 | 5879 | 5653 | 5545 | 5361 | 5351 |

表3-14中各生产线熟料煤耗均按3377kJ/kg计算；熟料生产阶段生产1t熟料提升运输物料12t，均化物料1.6t；其余各生产过程物料消耗量按表3-10的消耗定额计算。水泥制成阶段生产1t水泥提升运输物料8t。

3.1.5.3　从污染物排放评价各种生产工艺及规模生产线的先进性

（1）从表3-11可以看出湿法生产线排放废气量最少，预分解窑次之，立波尔窑最差。结合产品质量和能耗的多少，预分解窑水泥生产线最先进。从环保角度出发应尽快淘汰立窑、中空窑、立波尔窑。

（2）从表3-12可以看出先进预分解窑水泥生产线随着单条线规模的扩大单位产品的废气排放量逐渐减少，4000t/d生产线已接近湿法窑排放水平。要减少水泥工业对大气的污染，应该以大型预分解窑水泥生产线代替其他类型的生产线。

（3）根据表3-13的计算结果，在实际生产中考虑10%的富余量，采用1000t/d以上预分解窑水泥生产线，生产矿渣水泥。吨水泥工况废气排放量应控制在10000$m^3$以下，标况在7000$m^3$以下。即使排放浓度100mg/$Nm^3$，排放系数为0.07%。生产20亿t水泥有组织排放粉尘排放仅140万t。若采取合理的生产工艺，如进一步减低烧成热耗，减少冷却机余风量，水泥粉磨采用带挤压机的开路流程，全部水泥散装，吨水泥标况废气排放量可控制在5000$m^3$，排放浓度限制为30mg/$Nm^3$，吨水泥有组织排放粉尘0.15kg，排放系数为0.015%，达到国际先进水平。

## 3.2　水泥工业污染治理技术

### 3.2.1　烟气调质技术

3.2.1.1　烟气调质的目的和分类

在新型干法水泥厂熟料烧成工序中，将产生大量温度可达300℃以上的高温废气。如窑尾预热器出口的正常废气温度为300～420℃，窑头篦冷机废气温度不正常时也可达400℃，在此工况下，就目前环保除尘技术，无论是电除尘器还是袋除尘器，均无法对此类烟气直接进行高效收尘，只有通过改变含尘气体的温度和湿度或粉尘的电性质，才能使除尘设备对此类烟尘有高效收尘能力，净化后的气体才能满足国家规定的排放要求。改变烟气性质的手段或方法称为烟气调质，其目的是通过调质设备改变含尘高温气体的温度和湿度，调节粉尘的比电阻，使其满足后续除尘设备的要求，达到高效收尘。

降低粉尘比电阻的方法一般采取把水雾喷入高温气体中，而使高温气体降温则有多种冷却方法。冷却高温烟气的介质可以采用温度低的空气或水，称为冷风或水冷。不论风冷、水冷，都可以采取直接冷却或间接冷却这两种方式。

冷却方式主要分为四类：

①吸风直接冷却，将常温的空气直接混入高温烟气中（掺冷风方法）。

②间接风冷，用空气冷却在管内流动的高温烟气。用自然对流空气冷却称为自然风冷，用风机强迫对流空气冷却称为机械风冷。

③喷雾直接冷却，往高温烟气中直接喷水，用水雾的蒸发吸热，使烟气冷却。

④间接水冷，用水冷却在管内流动的烟气，可以采用水冷夹套或冷却器等。

各种冷却方式都适用于一定的范围，其特点、适用温度和用途不同，见表3-15。

**表3-15　冷却方式的特性**

| 冷却方式 | | 优点 | 缺点 | 漏风率（%） | 压力损失（Pa） | 适用温度（℃） | 备注 |
|---|---|---|---|---|---|---|---|
| 间接冷却 | 机械风冷 | 管道集中，占地比自然风冷少，出灰集中 | 热量未利用，需要另配冷却风机 | <5 | <500 | 进口>300<br>出口>100 | 主要应用于除尘器前的烟气冷却 |
| | 余热锅炉 | 具有汽化冷却的优点，蒸汽压力较大 | 制造、管理比汽化冷却严格 | 10～30 | <800 | 进口>700<br>出口>300 | 主要应用于冶金炉、工业窑炉出口 |
| 直接冷却 | 喷雾冷却 | 设备简单，投资较省，水和动力消耗不大 | 增加烟气量、含湿量，腐蚀性及烟尘的黏结性；湿式运行要增设泥浆处理 | <5 | <900 | 一般干式运行进口>450，高压干式运行>150，湿式运行不限 | 主要应用湿式除尘及需改善烟尘比电阻的电除尘前的烟气冷却 |
| | 吸风冷却 | 结构简单，可自动控制，使温度严格维持在一定值 | 增加烟气量，增加收尘设备及风机容量 | | | 一般<200～100 | 主要应用于袋式除尘器前的温度调节及小冶金炉的烟气冷却 |

注：漏风率及阻力视装置结构不同而异。

除尘系统中，根据不同的生产煅烧工艺和采用的收尘装置对烟气的要求，可选用不同的设备对高温含尘气体进行烟气调质，目前对烟气调质主要采用增湿塔、多管冷却器和用电动阀门掺冷风等几种方式。

3.2.1.2　增湿塔

增湿塔不仅能有效地降低高温气体的温度和降低干气体的比电阻，还能吸收部分 $SO_2$ 等有害气体，主要安装在干法水泥窑的预热器出口后部。当干法水泥窑的窑尾废气处理采用电除尘器时，为了提高除尘效率，气体在进入电除尘器前需要增湿，目的是为了降低粉（烟）尘的比电阻值和吸收部分有害气体。当干法水泥窑尾废气处理采用袋除尘器时，采用增湿塔对废气进行降温的方案也逐渐增多。按照水和废气的流动方向，增湿塔可分为逆流和顺流两种型式。国内一般采用顺流增湿塔，它是通过高压水泵和雾化喷嘴把水雾化，喷入高温气体中，雾化的水迅速吸收大量的热变为水蒸气，从而使高温气体降温并降低粉尘的比电阻。增湿塔的用水量可根据热平衡计算，原则上是把废气增湿，温度降低到高于露点 50℃以上，约 120～150℃，比电阻 $<10^{11}\Omega\cdot cm$。对窑尾废气增湿，用水量约为 $50g/Nm^3$ 左右，所产生的水蒸气约为原气体量的 10%。对于废气处理采用玻纤滤料的袋收尘器，入口温度控制在 250℃以下即可。增湿塔的关键问题是喷水的雾化程度和有效的控制喷水量，如果太湿不仅使下部收集的粉尘发黏无法输送，水汽还易在收尘设备中凝结；喷水量过少，气体温度及比电阻降不下来，会影响到电收尘器的运行，对袋收尘器则会引起烧袋故障。

随着我国单台水泥窑规模的不断扩大，相配套的增湿塔规格从 $\phi6\sim\phi9.5m$ 不等。增湿塔设施包括设备筒体、喷水系统、锁风排灰装置、保温材料和控制系统等部分组成。设备筒体一般采用碳素钢机械加工制成；喷水系统包括喷嘴装置和供水系统；喷嘴多采用碳化钨基硬质合金或类似材料制成；锁风排灰装置一般采用密封绞刀；保温材料常规采用保温岩棉和镀锌薄板。

（1）增湿塔工作原理及作用

增湿塔是干法生产水泥系统中必不可少的重要设备。新型干法水泥回转窑的废气，因温度高，湿含量低，粉尘比电阻高，造成电收尘器效率不高。增湿塔应运而生，它是通过把水以雾状喷入塔内高温烟气，使雾状水珠与烟气进行热交换，从而降低烟气温度，提高烟气湿度。

增湿塔是一钢制筒式装置，烟气从上部通入，高压水从上部以雾状喷入塔内，烟气与水雾进行强烈的热交换，使水滴蒸发成水蒸气，烟气中的粉尘吸附水蒸气，使比电阻从 $10^{12}\Omega\cdot cm$ 降至 $10^{10}\Omega\cdot cm$，以适宜电收尘器捕集粉尘操作要求。增湿塔内的喷水量应根据增湿塔的布置方式、进入增湿塔的废气量、入口废气温度和出口温度要求，经综合计算确定。对新型干法窑，不同生产规模、不同的布置方式和不同的原料烘干要求，其喷水量是不同的。一般情况下，当进增湿塔废气温度为350℃时，对于出增湿塔气体无烘干能力要求的，当其出口气体温度控制在150～160℃时，其相应的喷水量应为0.15kg/kg熟料，如果出增湿塔气体进一步去烘干物料，应该适当地减小喷水量，以满足下游烘干物料的要求。增湿塔喷入水量的多少可借助于出口处温度高低进行调节。喷嘴的型式参见后面相关部分。压力式喷嘴结构简单，便于制造和操作，适用于小规模的增湿塔；回流式喷嘴虽然结构复杂，但具有调节范围宽的优点，适用于$\phi 6 \sim \phi 9.5$m的增湿塔；气液双介质喷头适用于管道喷水和对雾化防堵要求较高的场所。增湿塔直径按烟气在塔内的风速为1.5～2.5m/s确定，塔高按水滴在塔内的停留时间为11～15s计算。

增湿塔主要有以下作用：

①通过降低烟气温度，使烟气体积缩小，减少烟气处理量。

②通过增加烟气湿度，将烟气粉尘的比电阻降低到适合电收尘器的操作要求（很多电收尘器出口气体含尘浓度达不到排放标准，是因为增湿塔对烟气的增湿不够，烟尘的比电阻依然过高引起的）。

③降低烟气温度，满足袋收尘滤料使用要求，或使袋收尘能够使用比较便宜的滤材。

④还可以通过降低烟气温度达到降低收尘设备的工作温度，延长收尘设备的使用寿命。

（2）增湿塔的结构

增湿塔是一个圆形钢制立式筒体，长径比一般为4～5，上部设有渐扩管。渐扩管上端设有热风布风板，渐扩管下端布置有一套雾化水喷枪。出增湿塔废气与雾化水进行两相对流热交换。细小水雾颗粒蒸发，并随气体排出，同时吸收大量热，因而废气温度显著降低。在增湿塔下部，设有出风口，将降温后的废气排出。增湿塔底部，设有输灰设备和与之配套的锁风装置，将降温过程中沉降的飞灰颗粒重新送入生料入窑系统或生料均化库；当增湿塔内喷水量过多或喷水雾化状况恶化，底部出现湿物料结块或泥浆（俗称“湿底”）时，输灰设备可将湿物料旁路排出。增湿塔的结构示意如图3-2所示。

增湿塔在废气处理系统中的布置位置有两种：一种是布置在窑尾风机之后；一种是布置在窑尾风机之前（紧接着预热器一级旋风筒的出风管）。前一种布置方式的优点是增湿塔基本上处于零压状态（－100Pa～100Pa），增湿塔的漏风量很少，适用于生料磨要求用风量少而风温高的操作场合；后一种布置方式的优点是大大缩短了预热器与增湿塔之间的连接风管的长度，可减少投资和管道阻力损失，较适用于生料磨要求用大风量而风温低（如采用立磨）的场合，但此时增湿塔处于高负压操作状态（-5000Pa~7000Pa），其筒体刚度和底部密封阀的设计必须满足要求，否则极易引起大量漏风，不仅会增大废气处理系统的处理量，还会使烧成系统通风不畅，影响系统产量。

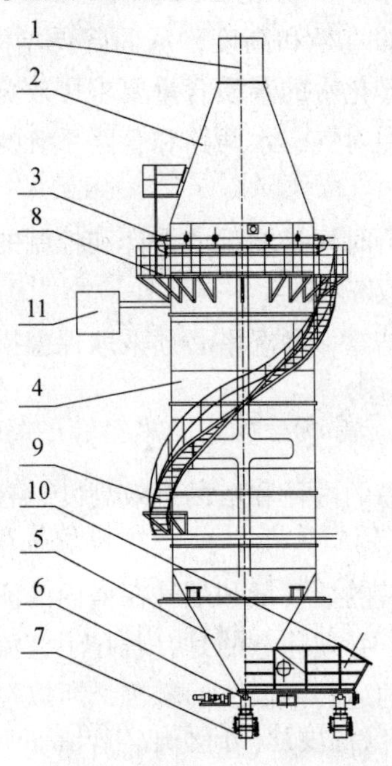


图 3-2　增湿塔的结构示意图

1—进风口；2—渐扩管；3—喷雾系统；4—筒体；5—灰斗；6—输灰设备；7—锁风装置；8—平台；9—楼梯；10—出风口；11—自控系统

增湿塔使用效果的好坏，很大程度上取决于喷雾系统的优劣。

由于窑尾废气温度约为 320~350℃，应将水雾化至 300μm 以下的液滴，这样才能保证水雾在增湿塔中完全蒸发。一旦喷雾系统出现淋水，必将导致增湿塔“湿底”。

喷雾系统水雾化的方式主要有压力式和气助式。

压力式雾化系统是采用多级高压泵将净水加压至 1.5~3MPa，通过喷嘴成雾状喷出。其水量的调节又分为高压回流式和中压压力调节式。前者是加压至 3.5MPa，设置回水管，通过调节回水流量来控制喷嘴压力进而调节喷入增湿塔的水量。其喷嘴一般采用不锈钢制成，喷口直径一般较大。由于要求的雾化水压大，所以在小流量时易产生雾化效果不良现象；后者水压力为 1.5~2.5MPa，一般采用水泵电机的变频调速来调节水压，进而调节喷嘴水量。由于要求的雾化水压小，水泵功率和电耗相应较小。鉴于单喷嘴的喷水量较小，往往数个喷嘴难以满足总水量的需要。大型增湿塔配备的喷头数量常常较多。

采用气助式喷雾系统是在低压下将水与压缩空气混合，在气体膨胀和分散时将水雾化，气体和水雾一起喷入增湿塔。其优点是压力低（水压仅约为0.5MPa，气压仅约为0.4MPa），雾化后的水滴直径小（低于200μm），水雾蒸发时间短，可减小增湿塔的直径和高度，从而降低增湿塔的设备和土建投资。而且由于喷口直径大，对雾化水的杂质含量要求可放宽。但气助式雾化喷嘴的制作要求较高，而且系统中对气、水两路和管路系统控制要求比较严格，以避免两种介质在管路里的互串。

气体在增湿塔内的停留时间是增湿塔设计和控制的主要参数。根据实际生产经验，一般停留时间可取8~11s。

为避免增湿塔内壁面结露，增湿塔必须采取保温措施。

（3）增湿塔参数计算

①增湿塔规格的确定

增湿塔的规格指的是塔的内径和塔的有效高度，有效高度为喷嘴出口至烟气出口中心线的距离。

增湿塔的内径由通过塔的烟气量和烟气在塔内的流速确定。烟气量的大小由水泥窑的热工计算求得。必须注意的是，若在工艺流程中有部分的烟气用于生料烘干，但考虑到磨机的运转率低于回转窑，所以在确定增湿塔的直径时必须按全部烟气量通过塔来计算。烟气在塔内的流速大小一方面影响塔内气流分布情况，另一方面，过高的流速必然增大塔的高度，给制造、安装带来困难，设计时增湿塔内的风速可取1.5~2m/s。则增湿塔的内径$D$可由公式$D=\sqrt{\frac{4Q}{\pi \times 3600 \times v}}$计算得到。式中，$Q$为烟气量，$m^3/h$；$v$为平均流速，m/s。

增湿塔的有效高度取决于喷嘴喷入水滴所需的蒸发时间，而蒸发时间与水滴的大小和烟气的温度有关。为了降低增湿塔的高度，必须尽可能地减小水滴的直径。水滴的大小决定于采用的喷嘴的型式和水的压力。用于增湿塔的水滴要求大多小于100μm，如采用高压柱塞泵，在5~6MPa压力下，将水从喷嘴喷出，则可获得很细的水雾。根据我们的测定，其水滴直径除个别为200μm外，大多在100μm以下。液滴的蒸发过程与液滴在气流中的运动状态有关。但从喷嘴喷出的液滴速度很快便衰减到与气流的速度相近，其高速运动的时间非常短，所以可以认为增湿塔内液滴的运动大部分时间内符合斯托克斯定律。工业生产中增湿塔内水滴的蒸发过程要比理论计算复杂得多，液滴蒸发干燥时间一般应取理论计算值的3倍以上，常取9~11s。

增湿塔高度$h$可由公式$h=t \times v$计算得到，其中：$t$为液滴蒸发干燥时间，$v$为增湿塔内的平均风速。

②喷水量的计算

增湿塔的作用是使烟气增湿到一定湿度，降温到一定温度，使粉尘的比电阻降至$10^{11}\Omega\cdot cm$以下，以满足收尘器捕集粉尘的控制要求。各种粉尘的比电阻与温度的关系各不相同（图3-3）。因此，增湿塔的喷水量也随之有所不同。确定喷水量时首先需测定该种粉尘在不同温度下的烟气比电阻与温度曲线关系，然后确定增湿降温的最终温度。具体方法是：选定某一温度下（例如露点为50℃）的一条比电阻-温度曲线与比电阻为$10^{11}\Omega\cdot cm$的水平直线的交点，重新选取比电阻-温度曲线，若查得的温度$t_1$，再由露点值预算出喷水量，然后通过热平衡计算出烟气温度$t_2$是否小于上述查得的$t_1$，如算得的温度较高，则应增大烟气露点，重新选取比电阻-温度曲线；若算得的温度$t_2 < t_1$，则为合适。在水泥工业生产中，干法窑、悬浮预热器窑等的粉尘比电阻-温度曲线虽有所区别，但是根据经验，通常只需将烟气增湿到露点50℃，温度降至150℃以下，便可将烟气中的粉尘比电阻降至$10^{11}\Omega\cdot cm$以下。所以，当增湿塔用于水泥工业时计算喷水量的原则是使烟气露点达到50℃以上，然后通过热平衡计算，校验增湿塔出口处的烟气是否符合120℃～150℃的要求。

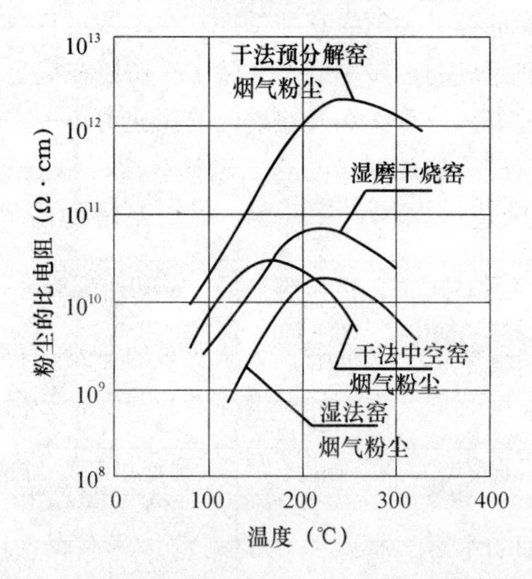


图3-3　不同温度下的粉尘烟气比电阻与温度曲线关系

烟气的露点是指烟气中的水蒸气压力达到该温度下的饱和压力，某一个露点值条件下，烟气中的含水量可按相关公式推导求得。

（4）增湿塔的规格和性能

增湿塔基本规格和性能参数见表3-16。

**表3-16　增湿塔基本规格和性能参数**

| 产品型号 | CZS6 | CZS7 | CZS8 | CZS9 | CZS9.5 |
| --- | --- | --- | --- | --- | --- |
| 筒体内径（m） | $\phi 6$ | $\phi 7$ | $\phi 8$ | $\phi 9$ | $\phi 9.5$ |
| 筒体长度（m） | 26 | 26 | 28 | 28 | 30 |
| 处理烟气量（$m^3/h$） | 153000~204000 | 208000~277000 | 271000~362000 | 343000~458000 | 640000~700000 |
| 进口温度（℃） | 350 | | | | |
| 出口温度（℃） | 120~150 | | | | |
| 塔内烟气流速（m/s） | 1.5~2 | | | | 2.5~2.75 |
| 沉降效率（%） | 25~30 | | | | |
| 最大喷水量（$m^3/h$） | 11.2 | 15.2 | 19.8 | 25 | 40 |
| 喷嘴型式 | 回流式 | | | 内外流式（或回流式） | |
| 喷嘴压力（MPa） | 3.3 | | | 2或3.3 | |

某设计院常用的增湿塔规格和性能参数，见表3-17。

**表3-17　常用的增湿塔规格和性能参数**

| 产品型号 | CZS5.8×26 | CZS7.5×34 | CZS8.5×36 | CZS9.0×36 | CZS9.5×39 |
| --- | --- | --- | --- | --- | --- |
| 筒体内径（m） | $\phi 5.8$ | $\phi 7.5$ | $\phi 8.5$ | $\phi 9.0$ | $\phi 9.5$ |
| 筒体长度（m） | 26 | 34 | 36 | 36 | 39 |
| 处理烟气量（$m^3/h$） | 180000~195000 | 310000~340000 | 420000~480000 | 520000 | 960000 |
| 进口温度（℃） | 330~350 | 350~380 | <380 | <330（max450） | <330（max450） |
| 出口温度（℃） | 120~150 | 120~150 | 120~150 | 120~150 | 120~150 |
| 塔内烟气流速（m/s） | 2.05 | 2.15 | 2.35 | 2.86 | 3.76 |
| 最大喷水量（$m^3/h$） | 9 | 20 | 26 | 31 | 31 |
| 喷嘴型式 | 回流式 | 回流式 | 回流式 | 回流式 | 回流式 |
| 喷嘴压力（MPa） | 3.4 | 4 | 4 | 4 | 4 |
| 喷嘴数量 | 9 | 16 | 22 | 24 | 30 |
| 生产规模（t/d） | 1000 | 1500 | 2500 | 3300 | 5000 |

注：2000t/d规模的增湿塔参数同2500t/d，仅仅是处理烟气量和塔内烟气流速不同，4000t/d规模的增湿塔参数同5000t/d，仅仅是处理烟气量和塔内烟气流速不同。

#### 3.2.1.3　冷却器

（1）冷却器工作原理

风冷式多管冷却器是水泥工业中近年来应用较多的降温设备，有些废气的温度较高，如分解炉窑尾和预热器窑的废气温度为350~400℃，篦冷机不正常时可达400℃，在此工况下，可以增设多管冷却器进行降温到260℃以下，以利于后续收尘设备的正常工作。

空气冷却器是指设在预热器后或篦冷机后的一排或数排直径相同的钢制列管，它是借助管道表面散热的原理，高温烟气从管道内通过，通过列管外表面实现与来自风冷系统的冷风或自然风的热交换，从而使管内废气温度降低。可采用强制通风或自然通风。这种降温方法操作简单可靠，效果比较好。

水泥工业所使用的多管冷却器是以其表面对外散热的方式降低所处理介质的温度，但并不改变介质的成分，所以起不到降低介质比电阻和吸收部分有害气体的作用，但具有一级收尘功能，仅用于袋除尘器前对所处理气体的降温。为提高冷却器的冷却速度，一方面是增大冷却器的表面积，让其自然散热；另一方面是外部采用轴流风机强制外界空气通过管体，使管体内高温气流快速降温。多管冷却器包括设备本体、强制吹风装置、锁风排灰装置等部分组成。设备本体一般采用碳素结构钢机械加工制成；强制吹风装置一般采用轴流风机；锁风排灰装置一般采用重锤翻板阀或电动锁风阀。

冷却器是采用间接机械风冷的原理。机械风冷器的管束装在壳体内，高温烟气从管内通过，用轴流机将空气压入壳体内，从管内通过，有轴流风机将空气压入壳体内，从管外横向吹风，与其进行热交换，将高温烟气冷却到所需的温度，如图3-4所示，被加热了的热空气有的加以利用，有的直接放散到大气中。由于采用风机送风，可以根据室外环境的变化，调节风机的风量，达到控制温度目的，选择冷风机应静压小、风量大，加以减少动力消耗。

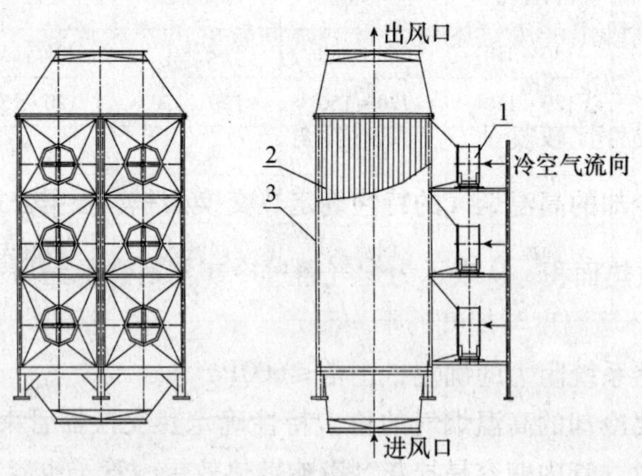


图3-4　冷却器

1—轴流风机；2—管束；3—壳体

采用机械冷风时，管与管之间的间距可比自然风冷时小一些（最小间距可减至200mm），一般不大于烟气管直径。冷却管的排放方式可以是顺排或叉排。

（2）冷却器的结构及特点

在我国的新型干法回转窑生产线上，在窑头及窑尾都有采用空气冷却器来进行烟气调质处理的。

空气冷却器是一个框架型钢结构，并由若干立柱支撑，上部设有渐扩管，中间是钢制列管束，下部设集灰斗，安装有灰斗、绞刀、分格轮等回灰装置，在完整的框架内部放置一定数量的管束。渐扩管上端设有热风布风板，出预热器或篦冷机废气进入渐扩管，经布风板进入中间的钢制列管束。在钢制列管束的侧面设轴流风机，用轴流风机将常温空气压入钢制列管束的立管之间，从管外横向吹风，与其进行热交换，来对管道内的高温烟气进行强制冷却。下部集灰斗设置与之配套的锁风装置，把降温过程中沉降的飞灰颗粒输送走。由于采用风机送风，可以根据室外环境的变化，调节风机的风量，达到控制冷却器出口温度的目的。空气冷却器的外形如图3-4所示。

与其他降温设备相比，冷却器具有以下结构特点：

①工作高效稳定，无需人工频繁调节，通常只需要在收尘器入口设置温度测控仪即可。

②采用风冷式多管冷却器不会出现“湿底”、“堵塞喷头”现象。

③省去了复杂的泵房系统，解决了严寒地区供排水管路的冬季冻裂问题。

④回避了缺水或水质较劣地区的水质或水源问题。

（3）冷却器参数计算

熟料冷却机排出的废气中夹带着磨琢性较强的熟料微粒，熟料冷却机余风的含尘浓度约为20g/Nm$^3$。

冷却器的设计比较复杂，主要内容有：

①根据要冷却的高温烟气的特性确定热交换面积。根据公式$F=\frac{Q}{K\cdot\Delta t}$，式中：$F$表示为散热面积；$Q$表示为烟气通过冷却器后降低到所需温度时的放热量；$\Delta t$表示为环境温度与烟气的平均温差。

②热交换器系统阻力的确定，正常≤600Pa。

③要根据要冷却的高温烟气的粉尘特性确定热交换器管束的数量及管径。管径选择不当时，管内壁容易挂灰，影响散热效果，管子也容易堵塞。

④确定模块数（即布置方式）。

⑤确定列管过流总面积，备件风速。

⑥确定轴流风机的数量和规格，选择冷却风机应静压小、风量大，以利减少动力消耗。

⑦要进行自动控制设计，要使用变频器，根据进口风温来自动调节轴流风机的转速和开启的台数，达到减少电能消耗的目的。

（4）冷却器规格和性能

多管冷却器规格和性能参数见表3-18。

**表3-18 多管冷却器规格和性能参数**

| 产品型号 | GLYT14 | GLYT32 | GLYT40 | GLYT75 |
| --- | --- | --- | --- | --- |
| 管道规格（mm） | φ80 | φ80 | φ80 | φ89 |
| 处理烟气量（$m^3/h$） | 140000 | 320000 | 400000 | 750000 |
| 进口温度（℃） | 400 | 400 | 400 | 450 |
| 出口温度（℃） | 260 | 250 | 250 | 200 |
| 轴流风机规格 | T35-11№11.2 | T35-11№11.2 | T35-11№11.2 | CT-F37 |
| 轴流风机数量 | 2 | 6 | 6 | 12 |
| 轴流风机风压（Pa） | 407 | 407 | 407 | |
| 轴流风机流量（$m^3/h$） | 67892 | 67892 | 67892 | |
| 轴流风机电机型号 | Y160L-6 | Y160L-6 | Y160L-6 | |
| 轴流风机电机功率（kW） | 11 | 11 | 11 | 37 |
| 设备总质量（t） | 26 | 98 | 120 | 265 |
| 配套生产规模（t/d） | 1000 | 2500 | 3000 | 5000 |

#### 3.2.1.4 冷风阀

冷风阀是最为简单的一种冷却方式，它是在收尘器的入口前的风管上另设一冷风口，将外界的常温空气吸入到管道内与高温烟气混合，使混合后的烟气温度降至设定温度达到烟气降温的目的，保证入袋收尘器的温度在滤料允许温度范围内。

在实际应用时，一般在冷风口处设置自动开启或关闭到一定程度的蝶阀，并在冷风入口前设置温度传感器，以在线实测介质温度与设定温度差值为动作参数，自动调整阀门开度及开启的时间，从而控制掺入冷风的多少以达到降低介质温度的目的。温度传感器应设在冷风入口前5m以上距离的位置。控制方式是：在高温烟气将要超过设定温度时，冷风阀自动打开；当进入袋收尘器的高温烟气降低到允许温度范围内时，冷风阀自动关闭。正常工况下，冷风阀是关闭的。自动调节阀不仅平时要严密不漏风，打开时还要可靠迅速，其开启动力宜采用气缸或电动推杆。

冷风阀通常适用于较低（250℃以下）及要求降温量较小的情况，或者是用其他方法将高温烟气温度大幅度下降后仍达不到要求，再用这种方法作为防止意外事故性高温的补充降温措施；此设备作为防止意外事故性高温的情况应用最为广泛。

它的优点是简单，维修方便，一次性投资和运行费用省。但是降温幅度过大必定使得掺入的冷风量过多，从而增加需处理的总风量，为下一步治理带来困难。对此问题简单分析如下：在 0 ~ 400℃ 温度范围内由于烟气和冷空气比热差不多，且无太大变化，为便于分析问题暂且认为二者比热是一定的，设需调质的气体标况体积为 $V_1$，温度为 $t_1$，掺入的冷风系数为 $k$，温度为 $t_2$。混合后的气温为 $t_3$，根据热平衡原理则有：

$$V_1 t_1 + k V_1 t_2 = (1 + k) V_1 t_3$$

$$t_3 = (t_1 + k t_2)/(1 + k) = t_1 - k(t_1 - t_2)/(1 + k)$$

可见降温的幅度与掺入冷风系数 $k$ 及两者温度差有关。$k$ 值越大，温度差越大，降温的幅度越大，混合后的气体温度越低。往往掺入的冷风温度是一定的，要大幅度降温就必须掺入大量的冷风，若降温幅度较大，掺冷风的方法总体上是不合算的。此种办法多用于立窑、烘干机和冷却机采用袋收尘器时的高温气体降温，防止短时高温对收尘设备的影响。

掺冷风的缺点是使系统的处理风量大幅度增加，需增大袋收尘器的规格和造价，同时也加大风机的负荷，增加电能消耗。

3.2.1.5　管道增湿技术

在有些工况下，烟气调质系统可以直接安装在一段直管中，即在热风管道上采用喷水增湿的方法，使废气温度降低，这种方法不必设置塔体，可以使整个烟气调质系统更紧凑。但要求雾化水的水滴粒径更小，使水雾蒸发时间更短。否则容易引起管道内的积灰，影响系统正常工作。管道增湿技术一般在窑尾废气处理，或者窑头冷却机的废气冷却时才采用，这种方法对废气的降温幅度较小，一般在 80 ~ 100℃。NY 厂的 3000t/d 新型干法生产线风机前，垂直管道内加喷水降温系统代替增湿塔。根据运行情况看，完全满足降温的要求，保证了原料立磨用增湿降温需要和窑尾高温袋收尘器的安全运行。

### 3.2.2　颗粒物治理技术

3.2.2.1　袋除尘技术

袋式除尘器是以织物纤维滤料采用过滤技术将空气中的固体颗粒进行分离的设备，是表面过滤的方式。目前，我国水泥工业采用的过滤式除尘器 99% 以上是袋式除尘器。它应用多的原因，在于其除尘效率高，能满足严格的环保要求，运行稳定，适应能力强。每小时可处理废气量从几百立方米到数十万立方米，适用于许多工矿企业生产的除尘工程。

（1）袋式除尘器的工作原理

空气过滤技术是袋除尘器基本原理。空气过滤目前主要有纤维过滤、膜过滤（覆膜或薄膜）和颗粒过滤。这三种方式都能达到将气溶胶中固体颗粒分离出来的目的，但它们的分离机理是不一样的。袋除尘器的纤维过滤，或膜过滤与颗粒过滤的组合，其除尘机理具体表现为：筛滤、惯性碰撞、钩附、扩散、重力沉降和静电等效应综合作用。

当含尘气体进入袋除尘器时，粉尘颗粒被拦截在纤维滤料表面，净化后的气体则透过滤料的缝隙排入大气。当粉尘的颗粒直径较滤料纤维间的空隙或滤料上粉尘间的孔隙大时，粉尘被阻留下来，称为筛滤效应。对于常用的织物上沉积大量的粉尘后，筛滤效应才充分显示出来。

近来，美国 W. L. Grore 研制出了一种薄膜滤料，由于其表面上有一层人工合成的、内部呈网格状结构，其厚度为 50μm、每 $1cm^2$ 含有 14 亿个微孔的特制薄膜，显然，其过滤作用是以筛滤效应（也称为表面过滤）为主。

当含尘气流接近于滤料纤维时，气流绕过纤维，但 1μm 以上的较大颗粒由于惯性作用，偏离气流流线，仍保持原有的方向，撞击到纤维上，粉尘被捕集下来，称为碰撞效应或拦截效应。而钩附作用则是当含尘气流近于滤料纤维时，微细的粉尘仍保留在流线内，这时流线比较紧密。如果粉尘颗粒的半径大于粉尘中心到达纤维边缘的距离，粉尘即被捕获。

当粉尘颗粒极为细小（0.2μm 以下）时，在气体分子的碰撞下偏离流线作不规则的运动（亦称热运动或布朗运动），这就增加了粉尘与纤维的接触机会，使粉尘被捕获。粉尘颗粒越小，运动越剧烈，从而与纤维接触的机会也越多。

碰撞、钩附及扩散效应均随纤维的直径减少而增加，随滤料的孔隙率增加而减少，因而所采用的滤料纤维越细，纤维越密实，滤料的除尘效率愈高。

在过滤过程中，如果粉尘与滤料的荷电相反，则粉尘易于吸附于滤料上，从而提高除尘效率，但被吸附的粉尘难以被剥离下来。反之，如果二者的荷电相同，则粉尘受到滤料的排斥，效率会因此而降低，但粉尘容易从滤袋表面剥离下来，这种称为静电效应。

目前，袋式除尘器采用的滤料可归纳为三大类：纺织物滤料（包括无绒的素布和绒布），毡或针刺毡滤料，薄膜滤料。不同的滤料，粉尘的过滤机理各有不同。

纺织物滤料的孔隙存在于经、纬纱之间（一般线径 300~700μm，间隙 100~200μm），以及纤维之间，而后者占全部孔隙的 30%~50%，开始滤尘时，气流大部分从经、纬纱之间的小孔通过，只有小部分穿过纤维间的缝隙

(对高捻度纱几乎不通过)，粗颗粒尘便嵌进纤维间的小孔内，气流通过纤维间的缝隙，此时滤料即成为对粗、细粉尘颗粒都有效的过滤材料，而且形成称之为“初次粘附层”或“第二过滤层”的粉尘层，于是粉尘层表面出现以强制筛滤效应捕集粉尘的过程。此外，由于气流中粉尘的直径通常都比纤维细小，因而碰撞、钩附、扩散等效应明显增加，除尘效率提高。毡或针刺毡滤料，由于本身构成厚实的多孔滤床，可以充分发挥上述效应，因而该“第二过滤层”的过滤作用显得并不重要。但是，无论使用哪种滤料，它捕集粉尘颗粒物的过滤过程都是一致的。

袋式除尘器在实际应用中，需要对滤料进行周期性的清灰。即随着捕集粉尘量的不断增加，这时的滤料对粗细粉尘颗粒出现了强制过滤效应的捕集粉尘过程，由于粉尘初次粘附层不断增厚，其过滤效率也随之增加，除尘器的阻力逐渐增加，而通过滤袋的风量则迅速减小，使系统能耗增加。这时，需要对滤袋进行清灰处理。即要均匀地除去滤袋上的积灰，避免过度清灰，又要使其能保留“初次粘附层”，保证工作稳定和高效率，这对于孔隙较大的或易于清灰的滤料更为重要。凡有清灰装置的收尘器都有一定的清灰周期。

(2) 袋式除尘器的主要性能指标

①除尘效率

袋式除尘器除尘效率包括全效率和分级效率两种，在除尘工程设计和验收中一般采用全效率作为考核指标。

全效率为袋除尘器收集下的粉尘量与进入袋除尘器的粉尘量之百分比如下式所示：

$$y = \frac{G_1}{G_2} \times 100\% \tag{3-26}$$

式中　$y$——袋除尘器的效率，%；

$G_1$——进入袋除尘器的粉尘量，g/s；

$G_2$——袋式除尘器收下的粉尘量，g/s。

上式中，$G_1$ 为进入袋除尘器的粉尘量无法直接测出，应先测出袋除尘器进出口的含尘浓度和相应的风量，以下式计算：

$$y = \frac{Q_1 C_1 - Q_2 C_2}{Q_1 C_1} \times 100\% \tag{3-27}$$

式中　$Q_1$——袋除尘器入口风量，$m^3/s$；

$C_1$——袋除尘器入口浓度，$g/m^3$；

$C_2$——袋除尘器出口浓度，$g/m^3$；

$Q_2$——袋除尘器出口风量，$m^3/s$。

在实际运行中，袋式除尘器的除尘效率取决于滤料的状态。清洁滤料（新滤料或清洗再生后的）滤尘效率最低，积尘后效率最高，清灰后效率降低，但清灰后效率的降低与滤料的种类有关。

在不同的积尘状态下，滤料的过滤效率是不同的。0.2～0.4μm 粉尘的过滤效率最低，因为这一粒径范围内的尘粒正处于碰撞和拦截作用的下限，扩散捕集作用的上限。

由此可见，袋式除尘器的高效除尘，主要是靠在滤料上初次粘附层的建立，即粉尘层起着比滤料本身更重要的作用，滤料在很多情况下，只起着表面支撑作用。含尘浓度低时，形成粉尘层需要时间较长，效率较低。当净化含尘浓度高的气体时，除尘效率较高，由于滤料表面很快沉积了较厚的粉尘层，清灰时以大片状集合体的型式从滤料上剥离下来。因而减少了“二次扬尘”量。气流中大多数粒度小于5μm 的尘粒，具有在滤料内及表面上凝聚成坚固的多孔集合体的能力。当清灰时，可以清除掉大部分沉积粉尘，但是在滤料的经、纬之间及纤维间还残留着相当数量的粉尘，能保持高除尘效率，因此，对容尘滤料应防止“清灰过度”。

随着近年来滤料技术的不断进步，特别是表面过滤技术的发展，使用袋式除尘器的高效率得到进一步提高。例如美国 W. L. Gore 公司研制的表面复膜滤料是将微孔薄膜即膨体聚四氟乙烯（ERTFE 或 FTFE）薄膜，采用特殊工艺粘在普通滤料表面上，形成一种与现有普通过滤材料从性质到结构不同的新型滤料，这种薄膜内部呈网状结构，厚度 50μm，而每 $1cm^2$ 含有 14 亿个微孔，完全代替“粉尘次粘附层”。气流中 0.2～0.5μm 微细粉尘颗料均能捕集，且阻力相当于带有粉尘初次粘层的普通滤料 2/3。

由此可见，袋除尘器的高效除尘，普通滤料主要是靠表面初次粘附层的建立，而复膜滤料则不需要初次粘附层，清灰可以彻底清除滤料的积灰，不需考虑“清灰过度”等问题。

②运行阻力

袋式除尘器的运行阻力为进风口和出风口处全压的绝对值之差，表示气体流通过袋式除尘器所耗的机械能。一般压力损失可用压力计在袋式除尘器的设备现场测出。在实际工程中，袋式除尘器的运行阻力主要由结构阻力 $\Delta P_c$ 和过滤阻力 $\Delta P_f$ 两部分组成。

a. 袋式除尘器结构阻力

袋式除尘器结构阻力 $\Delta P_c$ 是指由袋除尘器进出风口、阀门、灰斗、箱体及其分布管道引起的局部阻力和沿程阻力，结构阻力 $\Delta P_c$ 可借助相关设计手册规定的计算公式进行计算确定，主要计算公式为摩擦阻力计算公式和局部阻力计算公式。根据摩擦阻力计算公式可分析得出：在相同处理风量下，滤袋越长、内壁越粗糙、除尘器过流截面越小、气流上升速度越高，则摩擦阻力越大，其中，滤袋长度和除尘器过流截面也直观反映在气流上升速度上。因此，摩擦阻力大小主要受除尘器结构型式和制作工艺以及气流上升速度等因素的影响。袋除尘器各结构部件所产生的局部阻力可根据以下公式进行计算：

$$\Delta P_{j} = \xi_{j}\frac{\rho v^{2}}{2} \tag{3-28}$$

式中　$\Delta P_{j}$——除尘器局部阻力，Pa；

$\xi_{j}$——局部阻力系数；

$\rho$——处理气体的密度，$kg/m^{3}$；

$v$——气流速度，m/s。

袋式除尘器的结构阻力主要集中在除尘器进风口、出风口、阀门、进风道与袋室的过流截面、花板孔以及净气箱上。根据公式可分析得出：对于处理一定的气体，局部阻力大小主要受气流速度和局部阻力系数两因素的影响，因此，在设计袋除尘器结构时，要合理选用各过流截面的风速，同时尽量避免内部风速的突然大幅度变化。袋式除尘器结构阻力通常为200～500Pa，此部分阻力不可避免，但可以通过设备结构优化设计和合理的流体动力设计而尽量减少，使其不超过除尘器总阻力的20%～30%。

b. 袋式除尘器过滤阻力

袋式除尘器过滤阻力 $\Delta P_{f}$ 是指由袋除尘器过滤元件本身引起的局部阻力，包括洁净滤料阻力 $\Delta P_{0}$ 和粉尘层阻力 $\Delta P_{d}$，即 $\Delta P_{f} = \Delta P_{0} + \Delta P_{d}$，其中，$\Delta P_{0}$ 计算公式如下：

$$\Delta P_{0} = \xi_{0}\mu v_{f} \tag{3-29}$$

式中　$\Delta P_{0}$——洁净滤料阻力，Pa；

$\xi_{0}$——滤料阻力系数；

$\mu$——气体的动力粘性系数，Pa·s；

$v_{f}$——过滤速度，m/s。

洁净滤料阻力与滤料阻力系数和过滤速度成正比，通常情况下，洁净滤料阻力为50～200Pa，与滤料纤维结构、滤料结构及后处理方式有关。工程实践中，常用透气率指标表示洁净滤料的阻力特性，透气率越大，表示洁净滤料的阻力越小。

$\Delta P_{d}$ 计算公式如下：

$$\Delta P_{d} = a m_{d}\mu v_{f} \tag{3-30}$$

式中　$a$——粉尘层比阻力，m/kg；

$m_d$——粉尘负荷，$kg/m^2$；

$\mu$——气体的动力黏性系数，Pa·s；

$v_f$——过滤速度，m/s。

其中，粉尘层比阻力 $a$ 与粉尘粒径、粉尘层空隙率、粉尘负荷以及滤料特性有关。所以粉尘层阻力大小受粉尘粒径、气体含尘浓度、粉尘负荷、滤料材质、过滤速度等因素影响。粉尘层阻力通常为500～2000Pa。

③过滤面积

袋式除尘器在实际选用时，应根据工况条件，先确定过滤风速，再根据处理风量按下式求净过滤面积和总过滤面积。

$$F_1 = \frac{Q}{60V} \tag{3-31}$$

$$F_2 = F_1\left(1 + \frac{1}{n}\right)$$

式中 $F_1$——净过滤面积，$m^2$；

$F_2$——总过滤面积，$m^2$；

$Q$——处理风量，$m^3/h$；

$V$——过滤风速，m/min；

$n$——分室数。

④过滤风速

袋除尘器的过滤风速是指含尘气体通过滤料的平均速度。

$$V_v = \frac{Q}{60A} \tag{3-32}$$

式中 $V_v$——过滤风速，m/min；

$Q$——含尘气体流量，$m^3/h$；

$A$——过滤面积，$m^2$。

过滤风速与气体的含尘浓度，粉尘的分散度、滤料材质和清灰方式等因素有关。一般含尘浓度高时，过滤风速应取低些。而过滤风速过高，会增加滤袋负荷，也直接影响袋除尘器的过滤效率。

（3）袋式除尘器的特点

①袋式除尘器的主要优点

a. 除尘效率高，特别是对微细粉尘也有较高的效率，一般可达99.9%。如果设计选型合理和维护管理重视，除尘效率可达99.99%以上。

b. 适应性强，可以捕集多种干性粉尘。特别是高比电阻粉尘，采用袋式除尘器比电除尘器优越。此外，入口含尘浓度在相当大的范围内变化时，对除尘器效率和阻力的影响都不大。

c. 使用灵活，处理风量可由每小时几十立方米到每小时一百多万立方米。可以做成直接设于室内、扬尘点附近的小型机组，也可做成大型的除尘器室，露天放置，也可以安装在车上做成移动式。

d. 结构简单。

e. 工作稳定，便于回收干料，没有污泥处理、腐蚀等问题，维护简单。

f. 可实现分室在线检修，与主机设备同步运转，无事故排放。

②袋式除尘器的主要缺点

a. 袋式除尘器的应用范围因滤料的耐温、耐腐蚀性等性能受到一定局限。特别是在耐高温方面，目前已投入使用耐温性能最好的玻璃纤维滤料长期最高使用耐温是260℃，所以水泥厂窑尾和窑头用袋除尘器时必须先采取烟气降温措施，使除尘系统复杂、造价高。

b. 对于黏结性强及湿含量高的粉尘，要使用特别处理的滤布。特别是烟气温度不能低于露点温度，否则会产生结露，致使滤袋堵塞。

c. 阻力较大，系统电耗高。

（4）袋式除尘器的结构

袋式除尘器的结构主要包括箱体、袋室、灰斗、支腿（柱）、楼梯（爬梯）、栏杆、平台、滤袋框架、滤袋、提升阀、清灰气路系统（或机构）、清灰控制仪、排灰设备、卸灰装置。如果是脉冲喷吹类袋式除尘器还包括脉冲阀分气箱、脉冲阀、气包，反吹风式袋除尘器还包括反吹风机及阀门，煤磨袋除尘器的防爆门。

①箱体

箱体主要是固定袋笼、滤袋及气路元件之用，制成全密闭型式，清灰时，压缩空气首先进入箱体，再冲入各滤袋内部。顶部设有人孔检修门，安装和更换袋笼、滤袋。箱体内又分为若干个袋室，相互之间用内墙隔开，每室均设有提升阀，用以切换过滤气流。箱体的强度应能承受系统压力。

②袋室

袋室设于箱体内中下部，主要由花板、隔墙组成。花板的厚度一般不小于5mm，并在加强后应能承受系统压力和滤袋积灰后的荷载。袋室的作用主要是用来容纳滤袋，形成一个过滤的空间，烟气的净化在这里进行。

③灰斗

灰斗设在袋室下部，强度应能承受系统的压力及积灰的重力。灰斗除了堆积收下的粉尘外，由于内部空间较大。还作为下进气总管使用。气流中的粗颗粒首先在灰斗内靠重力分离沉降。灰斗下部出口设有翻板阀或回转卸料器等锁风设备，排灰由螺旋输送机或空气斜槽等完成。除单机袋除尘外，灰斗均应设有检修门。对黏性较大的粉尘宜在灰斗中部设捅料或清堵装置，处理易结露废气的袋式除尘器可设置加热器或振打器。

④反吹（吸）风系统

反吹（吸）风系统包括反吹（吸）风机、反吹（吸）风管、气缸、电磁阀、测压装置、阀板及压缩空气管路等。

⑤滤袋框架

袋式除尘器的滤袋框架，也称袋笼、骨架等，是袋除尘器的重要部件之一。滤袋框架的作用是支撑滤袋，使之在过滤及清灰状态下强紧并保持一定形状的部件。

按袋式除尘器所配滤袋的形状，可以分为圆袋框架和扁袋框架两大类。按装卸方式可分为上装式框架、侧装式框架。按框架本身结构可分为笼式框架、拉簧式框架和分节式框架。

袋式除尘器的滤袋框架有严格的技术要求。现简述如下：

a. 笼式框架要求支撑环和纵筋分布均匀，并应有足够的强度和刚度，能承受滤袋在过滤及清灰状态中的气体压力，能防止在正常运输和安装过程中发生的碰撞和冲击所造成的损坏和变形。

b. 拉簧式框架要有足够的圈数和弹性，拉开后间距要均匀。

c. 滤袋框架所有的焊点均应焊接牢固。不允许有脱焊、虚焊和漏焊。

d. 滤袋框架与滤袋接触的表面应平滑光洁，不允许有焊疤、凹凸不平和毛刺。

e. 滤袋框架表面必须经过防腐蚀处理，根据不同需要进行电镀、喷塑或涂料，如用于高温，其防腐蚀处理应满足使用温度的要求。

f. 滤袋框架的直径、周长、长度和垂直度偏差应符合相关标准的规定。

⑥压缩空气管路系统

压缩空气管路系统包括空气处理设备、电磁控制阀、气缸（控制提升阀用）等组成。空气处理设备即气源三联体，包括油雾器、滤水器、调压阀三部分。

（5）袋式除尘器的分类

现代水泥工业的发展，对袋式除尘器的要求越来越高，因此在清灰方式、箱体结构、滤袋形状、滤料材质等方面不断更新发展。相对其他种类除尘器，袋式除尘器的类型最多。国家标准《袋式除尘器分类及规格性能表示方法》（GB 6719）对它的分类作了明确的规定。

根据清灰方法的不同，可分为机械振动型、分室反吹型、喷嘴反吹型、机械回转反吹型、脉冲喷吹型五类。

其中根据水泥生产工艺和袋式除尘器工作原理及结构特点水泥工业使用的袋式除尘器可按下述三种方法分类。

①按清灰方式分为机械振动类、反吹风类、脉冲喷吹类。

②按水泥生产中处理废气对象分为煤磨袋式除尘器、烘干机袋式除尘器、立窑袋式除尘器、一般袋式除尘器。

③按处理废气温度的高低分为高温袋式除尘器和普通袋式除尘器。运行温度高于 130℃ 的袋式除尘器称为高温袋式除尘器。

（6）几种常见类型的袋式除尘器的结构和原理

①分室反吹风袋式除尘器

分室反吹风袋式除尘器结构如图 3-5 所示。分室反吹风袋除尘器是采用分室结构，利用阀门逐室切换气流，在反吹气流的作用下，使滤袋鼓胀实现清灰。具体步骤如下：过滤时进风阀接通含尘气体，反吹风阀关闭。含尘气体通过滤袋过滤，粉尘被阻留在滤袋的内表面。清灰时反吹风阀打开，进风阀关闭，反吹风机工作，对袋室进行清灰，图 3-5（a）为清灰单元，（b）为正在过滤单元。

过滤开始时，先关闭除尘器进风阀，并开启反吹风（吸）阀，使风机吹入的净化气体从滤袋外侧穿透滤袋进行清灰。反吹（吸）时间一般为 5～10s，清灰周期 0.3～1.0h，视其气体含尘浓度、粉尘及滤料特性等因素而定。

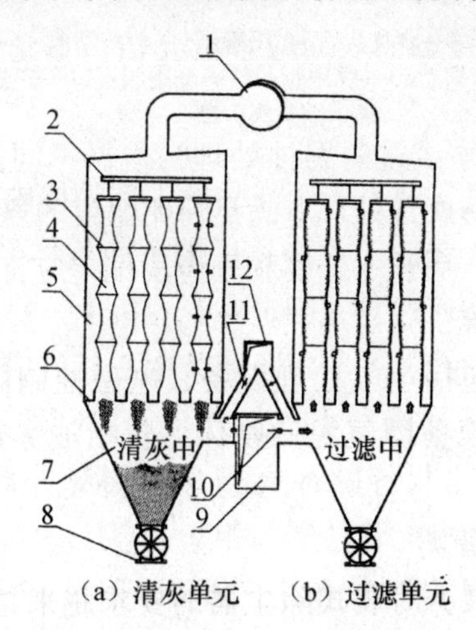


图 3-5　分室反吹风袋式除尘器结构和工作原理示意图

1—排风总管；2—滤袋吊架；3—防瘪环；4—滤袋；5—袋室；6—下花孔板；7—灰斗；8—卸灰阀；9—进风总管；10—进风阀；11—反吸风机；12—反吸风管

②脉冲喷吹袋式除尘器

脉冲喷吹袋式除尘器是逆气流反吹过滤式除尘器的一种。它是利用压缩空气向每排滤袋内定期轮流喷吹，造成与过滤气流相反的逆气流反吹和振动作用，用以清除滤袋表面粉尘的除尘器。脉冲袋式除尘器比一般袋式除尘器清灰能力强，能保持较高的过滤风速。脉冲袋式除尘器为连续工作型设备，其结构及工作原理如图 3-6 所示。

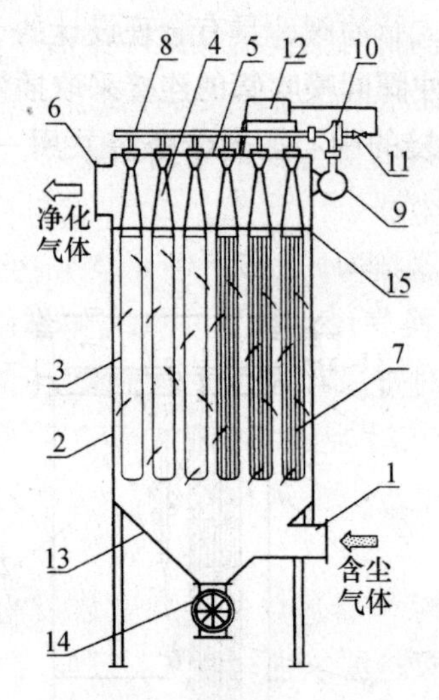


图 3-6　脉冲喷吹袋式除尘器结构和工作原理示意图

1—进风口；2—袋室；3—滤袋；4—文氏管；5—上部箱体；6—排风口；7—袋笼；8—喷射管；9—气包；10—脉冲阀；11—电磁阀；12—控制器；13—灰斗；14—卸灰阀；15—花板

含尘气体由进风口进入装有若干滤袋的中部箱体内，当含尘气件经过滤袋时，粉尘被阻留在滤袋外表面上。净化后的干净气体经文氏管进入上部箱体，最后由排风口排出。滤袋通过袋笼固定在花孔板上。每排滤袋上部都装有一根喷射管，喷射管上有小喷孔，并与每条滤袋中心相对应。喷射管前装有与空气压缩机相连的脉冲阀，脉冲阀与小气包连接。控制器定期发出短促的脉冲信号，通过控制阀有序地控制各脉冲阀开启。当脉冲阀开启时（只需 0.1 ~ 0.12s），与脉冲阀相连的喷射管与气包相通，高压空气从喷射孔中以极高的速度喷出。高速气流周围形成一个相当于自己体积 5 ~ 7 倍的诱导气流，一起经文氏管进入滤袋内，使滤袋剧烈膨胀，引起冲击振动。同时在瞬时内，产生由内向外的逆向气流使黏在滤袋外表面及吸入滤袋内部的粉尘吹扫下来。吹扫下来的粉尘落入灰斗内，最后经卸灰阀排出。各排滤袋依次轮流得到清灰，待一周期后，又重新开始轮流。

在我国水泥工业应用的脉冲喷吹袋式除尘器种类较多，主要分为普通型在线清灰脉冲袋式除尘器、低压长袋脉冲袋除尘器和气箱脉冲袋除尘器三种。后两者为分室离线清灰袋除尘器，下面作简单介绍。

a. 低压长袋脉冲袋除尘器

低压长袋脉冲袋式除尘器是为了克服传统产品的一些缺点而推出的新一代脉冲袋式除尘设备，其结构如图 3-7 所示。

清灰装置配有淹没式脉冲阀，具有合理设计的节流通道和卸压通道，因而有快速启闭的性能。脉冲阀同喷吹管的连接采取插接方式。喷吹管上有孔径不等的喷嘴，对准每条滤袋的中心。若干条袋共用一个脉冲阀，袋口下设引射器，称为“直接脉冲”。

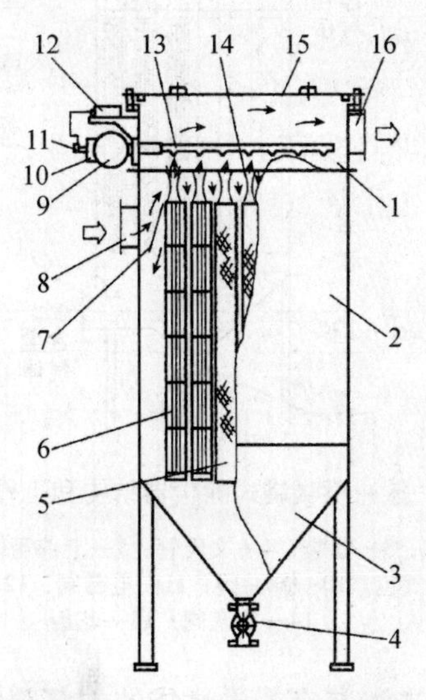


图 3-7　低压长袋脉冲袋式除尘器结构示意图

1—上箱体；2—袋室；3—灰斗；4—卸灰阀；5—滤袋；6—滤袋框架；7—导流板；8—进风口；9—稳压气包；10—淹没式脉冲阀；11—电磁阀；12—脉冲控制仪；13—喷吹管；14—喷嘴；15—顶盖；16—排风口

为清除脉冲喷吹后存在的粉尘再附现象，又研制了一种停风清灰的低压长袋大型脉冲式除尘器。它将上箱体分隔成若干小室，各设有停风阀。当某室的脉冲阀喷吹时，关闭该室停风阀，中断含尘气流，从而增加了清灰效果。每次喷吹时间为 65～85ms，较传统脉冲清灰方式短 50%，能产生更强的清灰效果。清灰控制采用定压差控制方式，也可以定时控制。

低压长袋脉冲除尘器综合了分室反吹和脉冲清灰两类除尘器的优点，克服了分室反吹清灰强度不足和一般脉冲清灰粉尘再附等缺点，使清灰效率提高，喷吹频率大为降低。该产品使用淹没式脉冲阀，降低了喷吹气源压力和设备运行能耗，延长了滤袋、脉冲阀的使用寿命，综合技术性能大大提高。

b. 气箱脉冲袋除尘器

气箱脉冲袋除尘器属高压强力清灰脉冲型，其结构如图 3-8 所示。

当含尘气体由进风口进入灰斗后，一部分较粗尘粒在这里由于惯性碰撞、自然沉降等原因落入灰斗，大部分尘粒随气流上升进入袋室，经滤袋过滤后，尘粒被阻留在滤袋外侧，净化后的气体则由滤袋内部进入箱体，再由阀板孔、出风口排入大气，达到除尘的目的，如图 3-8 所示。随着过滤过程的不断进行，滤袋外侧的积尘也逐渐增多，从而除尘器的运行阻力也逐渐增高，当阻力增到预先设定值（1245～1470Pa）时，清灰控制器发生信号，首先控制提升阀将阀板孔关闭，以切断过滤气流，停止过滤过程，然后电磁脉冲阀打开，以极短的时间（0.1s 左右）向箱体内喷入压力为 0.5～0.7MPa 的压缩空气，压缩空气在箱体内迅速膨胀，涌入滤袋内部，使滤袋产生变形、振动，加上逆气流的作用，滤袋外部的粉尘便被清除下来掉入灰斗，清灰完毕后，提升阀再次打开，除尘器又进入过滤工作状态。

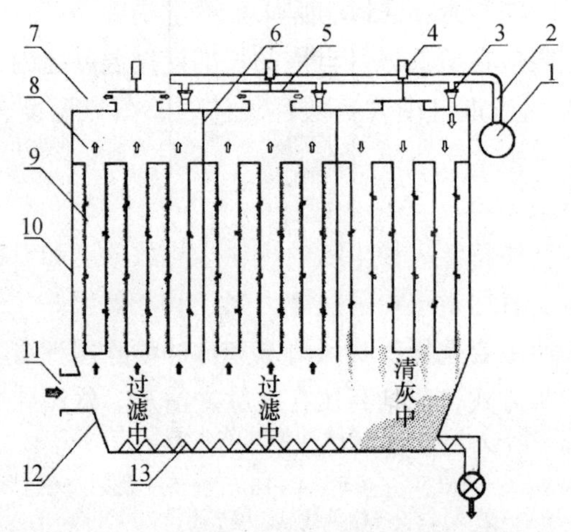


图 3-8　气箱脉冲袋式除尘器结构示意图

1—储气罐；2—压气管道；3—脉冲阀；4—提升阀；5—阀板；6—袋室隔板；7—排风口；8—箱体；9—滤袋；10—袋室；11—进风口；12—灰斗；13—输灰设备

（7）袋式除尘器的选型

袋除尘器在应用过程中，首要的问题是选型。袋除尘器种类繁多，并且大多具有对某种粉尘的针对性。选型时要了解含尘气体的工艺参数，如气流流量、温度、湿度、粉尘特性、含尘浓度等。

①确定处理风量

一般情况下，袋式除尘器处理的废气量应根据工厂实测风量检测资料来确定。如缺乏这样实测数据，则可通过计算，按生产工艺过程产品的废气量，再加上漏风量来计算。

$$Q = Q_s \frac{(273 + t_c) \times 101.325}{273P_a}(1 + k) \tag{3-33}$$

式中　$Q$——袋除尘器要处理的废气量，$m^3/h$；

$Q_s$——生产工艺过程产生的标准状态下的废气量，$m^3/h$；

$t_c$——袋除尘器内温度，℃；

$P_a$——环境大气压，kPa；

$k$——袋除尘器前漏风系数。

上式计算出的气体量为工况条件下的气体量。

②确定运行温度

当含尘气体为常温时，运行温度通常就是含尘气体的温度。对于高温烟气，往往需要根据技术经济比较确定是否采取降温措施，并确定降温幅度。若含尘气体温度过低可能导致结露时，需采取升温措施。

运行温度的上限应在所选滤料允许的长期使用温度之内；而其下限应高于露点温度15～20℃。当烟气中含有酸性气体时，露点温度较高，应予以特别的关注。

③选择清灰方式

主要根据含尘气体特性、粉尘特性、粉尘排放浓度和设备阻力，通过技术经济比较结果确定。宜尽量选择清灰能力强、清灰效果好、设备阻力低的清灰方式，目前水泥工业主要选择反吹风清灰和脉冲喷吹两种清灰方式，并绝大多数选择脉冲喷吹清灰方式，包括高压在线脉冲清灰、气箱脉冲喷吹清灰和低压脉冲喷吹清灰三种。

④选择滤料

主要确定滤料的材质（常温或高温）、结构（机织布或针刺毡，是否覆膜等）、后处理方式等。有关滤料的种类、性能和选用等内容见后面相关内容。

⑤确定过滤风速

过滤风速是袋式除尘器最重要的技术指标之一，它直接决定除尘器的质量、投资、占地面积、设备阻力、运行能耗和费用，应当慎重确定。

确定过滤风速需要考虑的因素：清灰方式、滤料种类、产生粉尘的生产工艺和设备特点、含尘气体的理化性质、粉尘的理化性质、入口含尘浓度、要求的粉尘排放浓度以及预期的滤袋使用寿命等。在某些情况下，还需考虑预定的设备阻力。

一般含尘浓度高时，过滤风速应取低些，反之可取高。粉尘细度高，过滤风速应取低些。但过滤风速过低，在处理相同废气量条件下要增加过滤面积，使袋除尘器体积增大，成本增高。一般情况下，按袋除尘器样本推荐数据或用户实际经验确定。对于分室、离线清灰结构的袋式除尘器，过滤风速有毛过风速和净过滤风速之分。前者指处理废气量与滤布总面积之比，后者是指处理废气量与扣除清灰中滤布面积后的滤布总面积之比，其单位为 m/min［即指$m^3/(m^2 \cdot min)$］。

在水泥工业中，多数扬尘总的含尘浓度比其他行业高，其过滤风速应取低些。多数反吹风袋式除尘器用于水泥厂时，过滤风速在 0.5 ~ 0.8m/min 之间，尤其使用玻璃纤维滤袋时，过滤风速一般取在 0.3 ~ 0.5m/min 之间。脉冲清灰属于强力清灰，过滤风速可提高，一般取在 0.8 ~ 1.0m/min 之间。水泥工业中普通使用的高压气箱脉冲袋式除尘器的过滤风速可参考下面经验公式计算：

$$v = 0.35 \times A \times B \times C \times D \times E \times F \tag{3-34}$$

式中 $A$——物料系数，当物料为石膏、熟石灰时，$A=10$；当物料为水泥入窑喂料，煤、岩石粉尘时，$A=8$；

$B$——尘源系统，当尘源为转运点、输送机、皮带机、包装机、破碎机时，$B=1.0$；当尘源为气力输送、磨机、快速回转烘干机、选粉机、冷却机时，$B=0.9$；

$C$——粉尘分散度系数，见表 3-19；

$D$——气体含尘浓度系数，见图 3-9；

$E$——温度系数，见图 3-10；

$F$——磨损系数，一般取 0.7。

**表 3-19　粉尘分散系数**

| 粉尘平均粒径（μm） | >100 | 50 ~ 100 | 10 ~ 50 | 3 ~ 10 | <3 |
|---|---|---|---|---|---|
| 系数 $C$ | 1.2 | 1.1 | 1.0 | 0.9 | 0.8 |

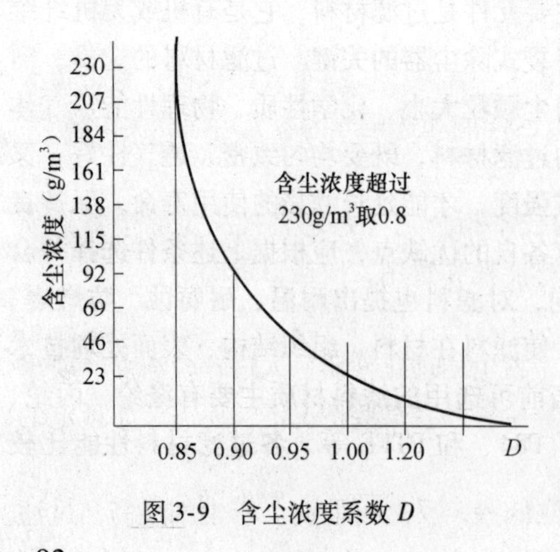


图 3-9　含尘浓度系数 $D$

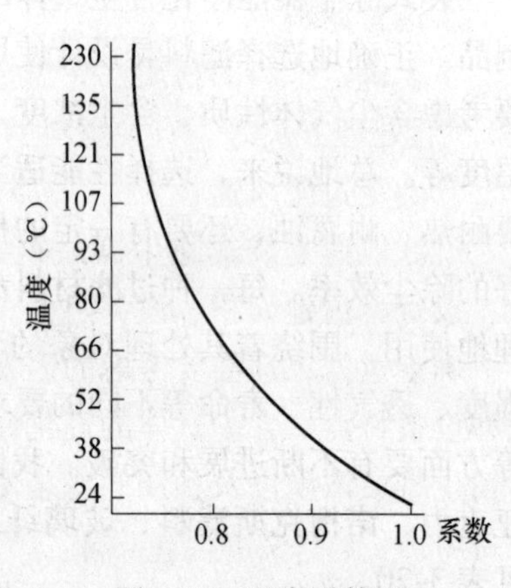


图 3-10　温度系数 $E$

⑥过滤面积的确定

根据通过袋除尘器的总废气量和选定的过滤速度，按下式计算总过滤面积：

$$F = F_1 + F_2 = \frac{Q + Q_1}{v} + F_2 \qquad (3\text{-}35)$$

式中 $F$——过滤面积，$m^2$；

$F_1$——用于正常过滤面积，$m^2$；

$F_2$——用于清灰时过滤的面积，$m^2$；

$Q$——设备通风量，$m^3/min$；

$Q_1$——通风除尘系统的漏风量，$m^3/min$，一般按设备通风量15% ~20%选取；

$V$——净过滤速度，$m^3/(m^2 \cdot min)$。

上式中 $F_2$ 对不分室结构袋式除尘器可按零计算（如在线脉冲、气环、回转反吹风等清灰方式袋式除尘器）。

⑦确定清灰制度

对于脉冲袋式除尘器，主要确定喷吹周期、脉冲间隔、在线或离线；对于分室反吹风袋式除尘器，主要确定二状态或三状态及其周期，各状态的持续时间和次数。

⑧确定除尘器的型号和规格

依据上述结果查找相关资料和除尘器供应商的除尘设备选型资料，确定所需的除尘器的型号和规格，或者进行非标设计。

对于脉冲袋式除尘器而言，还应计算（或查询）清灰气源的用气量。

（8）滤料

袋式除尘器能净化含尘气体的主要元件是过滤材料，它是有机或无机纤维制品。正确地选择滤料是设计使用好袋式除尘器的关键。过滤材料的选择，需要考虑含尘气体性质、含尘浓度、粉尘颗粒大小、化学性质、物理性能、气体温度等。总地说来，选择性能适当的过滤材料，既要均匀致密、透气性好，又要耐热、耐腐蚀，还要有一定的机械强度，才能延长滤袋的使用寿命，保持良好的除尘效率。每一种过滤材料都有各自的优缺点，应根据上述条件选择并合理地使用。围绕着其处理对象的不同，对滤料也提出耐温、耐腐蚀、防燃爆、强度、透气性、寿命等不同的要求，使滤料在材料、组织结构、表面处理技术等方面要有不断进展和突破。我国当前可选用的滤料材质主要有涤纶、丙纶、亚克力、诺梅克斯滤料、玻璃纤维、P84、和 PTFE 等，各过滤材料性能比较见表3-20。

**表 3-20 过滤材料性能比较**

| 品名（化学名） | 最高使用温度（℃） | | 强力特性 | | | 运行温度下化学稳定性 | | |
|---|---|---|---|---|---|---|---|---|
| | 长期 | 瞬间 | 抗拉 | 抗磨 | 抗折 | 碱 | 酸 | 溶剂 |
| 涤纶（聚酯） | 130 | 150 | 好 | 好 | 好 | 良 | 良 | 好 |
| 丙纶（聚丙烯） | 88 | 110 | 优 | 好 | 好 | 优 | 优 | 好 |
| 亚克力（丙烯晴均聚体） | 120 | 150 | 优 | 好 | 好 | 优 | 优 | 好 |
| PPS（聚苯硫醚） | 190 | 230 | 优 | 好 | 好 | 优 | 优 | 优 |
| 诺梅克斯（芳香族聚酰胺） | 200 | 250 | 优 | 优 | 优 | 好 | 良 | 优 |
| 玻璃纤维 | 260 | 290 | 优 | 差 | 差 | 良 | 优 | 优 |
| P84（聚亚酰胺） | 250 | 260 | 优 | 优 | 优 | 优 | 优 | 良 |
| PTFE（聚四氟乙烯） | 260 | 300 | 优 | 良 | 优 | 优 | 优 | 优 |

注：表中强力特征与化学特征只是一种相对表达，其次序为优—好—良—差，这只是原始变化，如通过处理，特性则会发生变化。如玻纤经过处理后，耐磨、耐折性能有很大提高。

国内水泥工业生产中，破碎、粉磨、包装、均化和输送系统和其他扬尘点用袋式收尘器主要选用涤纶滤料。煤粉制备系统用袋式收尘器主要选用抗静电涤纶滤料。水泥窑尾袋收尘器主要用玻纤滤料和 P84 滤料。由于诺梅克斯（Nomex）综合性能好，用途极为广泛，可用于水泥窑窑头余风收尘场合，其过滤风速比用玻纤滤料高，可缩小收尘器体积。PTFE 性能好，摩擦系数小、耐高温，制成薄膜的微孔多而小，形成表面过滤，目前利用它的优越性，制成表面覆膜，大大改善滤料特性。

目前的合成纤维、玻璃纤维滤料，都有厚度不同的针刺毡滤料可提供选择，标志我国滤料产品发展到一个新阶段。

使用合成纤维滤料时，由于电阻大，极易荷电，在处理诸如炭粉、煤粉、铝粉、镁粉等易燃爆含尘气体时，就要防止由于滤料静电放电而引起燃烧爆炸。国内这类事故是不少的，因而要开发抗静电滤料。目前大多数方法是在滤料织造过程中，加入分布均匀的导电纤维。防静电滤料，其电学特征应达到 GB 12625 的要求。

玻璃纤维，由于其耐高温的特性，且价格比较低廉，也是一种常用的滤料，特别在炉、窑烟气收尘方面。常用的连续纤维过滤布，经过有机硅、聚四氟乙烯等组分进行处理，大大提高其机械力学性能。

玻璃纤维膨体纱，即将玻纤连续长丝进行空气变形膨化加工，形成膨松状态连续的空气变形纱，再按一定的结构，织成膨体滤布，其厚度可在 0.3 ~ 0.8mm 之间，由于其过滤性能优于连续纤维织布，过滤风速可由原来的不超过 0.5m/min，提高到 0.5 ~ 0.8m/min 之间，能进一步减少收尘器的体积。在北京、山西两条 2000t/d 水泥生产线，窑尾高温袋收尘器就是选用了玻璃纤维膨体纱滤料。中材科技南京玻纤院等单位也开发了玻纤针刺毡，是玻纤滤料中档次最高、性能最好的滤料，可代替进口滤料，其性能与国外产品相当，但价格只有进口产品的1/8左右。

表面喷涂或覆膜处理，即在滤料表面喷涂树脂，或事先制成薄膜，热压覆盖于滤料表面，美国戈尔公司在20世纪70年代就已制成聚四氟乙烯（PTFE）薄膜，称之为GORE-TEX薄膜，可以覆盖在不同的滤料上，布或毡均可。聚四氟乙烯化学稳定性好，摩擦系数小，表面光滑，可用于250～300℃高温，膜表面微孔化，接近于真正的表面滤料，粉尘不能进入滤料的内部，不需要，也不可能建立常规滤料需要的过滤粉尘层，薄膜就完全代替了该粉尘层。其过滤效率可从高效过滤材料的99.98%，提高到99.998%，提高了一个数量级，出口粉尘浓度可以在入口为50g/m$^3$，达到1mg/m$^3$（传统高效滤料可以达到10mg/m$^3$）。现今欧美许多行业排放标准定为10～20mg/m$^3$，采用薄膜滤料是完全能够做到。我国较发达的省市和环保严排的水泥厂窑尾及新上的大型粉磨站，陆续采用了覆膜滤料袋除尘器，排放均在20mg/Nm$^3$以下。薄膜技术的应用，使滤料产生一个质的飞跃，实现了真正的表面过滤，阻力大大降低，节约了能源，在环保要求越来越高的地区，日益受到广泛的应用。这种覆膜滤料，美国的戈尔公司、唐纳森、毕威公司在我国有代理商。而且我国一些环保企业如上海凌桥环保公司、上海灵氟隆公司已开发和生产出此类产品，价格比国外便宜，在质量上也有保证，但性能的稳定性和寿命有待进一步提高。

下面对水泥工业主要工况对滤料选择用途进行介绍。

①涤纶针刺毡（聚酯）

涤纶针刺毡为代表的聚酯纤维，它的常温性能、强度、化学特性决定了它是一款优质的常温滤料，性价比好，广泛应用于工业生产。涤纶针刺毡的典型用途是水泥工业的磨机、破碎机、包装机及物料转运点的除尘；按照新排放标准的要求，出口排放浓度要求 $<20$mg/Nm$^3$，可采用覆膜涤纶针刺毡滤料。

②防静电涤纶针刺毡

防静电涤纶针刺毡能将生产过程中产生的静电及时释放，有效减轻静电积累的危险。在袋滤器有爆炸危险的场合，常使用这种抗静电滤料。防静电涤纶针刺毡的典型用途是水泥、建材、冶金行业煤粉制备系统的除尘。按照新排放标准（GB 4915—2013）的要求，出口排放浓度要求 $<30$mg/Nm$^3$，可采用普通防静电涤纶针刺毡或覆膜防静电涤纶针刺毡滤料。

③诺梅克斯（Nomex）

Nomex的耐温及化学性能好，但不耐水解及硫化物。其典型用途是水泥旋窑窑头的除尘。

④P84（聚亚酰胺）针刺过滤毡

P84耐温、抗腐蚀、耐用，对微细粉具有极佳的捕集效果。当玻璃纤维经受不住脉冲清灰的磨损时，用P84来取代玻璃纤维。P84的典型用途是水泥旋窑窑尾除尘。

⑤玻璃纤维

玻璃纤维的脆性使它成为反吹风清灰系统的良好备选滤料，连续玻璃纤维平幅过滤布及玻璃纤维膨体纱过滤布的典型用途是用于高温除尘以及回收有价值的工业粉尘等。玻璃纤维典型用途是水泥旋窑窑头、水泥旋窑窑尾、烘干机等的除尘。按照新排放标准（GB 4915—2013）的要求，出口排放浓度要求 < $30mg/Nm^3$，可采用玻璃纤维覆膜滤料，玻璃纤维膨体纱覆膜滤料还可作为水泥窑尾喷吹脉冲式收尘器的备选滤料。

⑥玻璃纤维 + P84纤维复合针刺毡

玻璃纤维与P84纤维复合针刺毡是一种性能优良的新型高温过滤材料。它以5.5μm的玻璃纤维为主体，配以一定量的P84纤维制成。具有三维微孔结构，运行阻力低，特别是P84纤维截面呈不规则叶片状，纤维表面积增加了80%左右，因此具有较强的阻尘与捕尘能力，而两种纤维材料的极性互补，使得该滤材能够捕获微小粉尘。同时P84的不规则截面使纤维具有较强的抱合缠结力，大大提高了毡层与基布间的剥离强度，从而可使过滤风速提高50%，耐磨性能提高3~4倍，大大延长了使用寿命。该滤料的典型用途是水泥旋窑窑尾除尘。综合考虑该滤料的过滤风速提高和成本比纯P84低两种因素，近年来大量用于电除尘器改袋除尘器的工程中。

#### 3.2.2.2 电除尘技术

（1）电除尘器的基本原理

电除尘器或称电收尘器，又因其工作在高电压（以kV计）、小电流（以mA计）状态下，属于物理学的静电范畴，也称静电除尘器。

电除尘器的功能是去除工业气体中的烟（粉）尘污染物，或者说从工业气体中收集烟（粉）尘污染物，即收尘。电除尘器的基本原理是电晕放电，惟有电晕放电才能收尘。产生电晕放电的三个基本条件：两个对置电极即电晕极（也称阴极或负极）和收尘极（也称阳极或正极）；施加电压后两极之间形成高压静电场，而这个电场是非均匀电场（均匀电场不会产生电晕放电）；供电的必须是高压脉动直流电源，又是负极性，因为工业电除尘器采用负极性电晕放电。电除尘的作用力主要是静电力（库仑力）、扩散附着力、惯性力、重力也起作用。

（2）电除尘过程的三个阶段

电除尘过程由三个基本阶段组成：烟（粉）尘粒子荷电；荷电粒子驱进

而沉积，即收尘；清除电极上的积尘，输送出去，即振打清灰。

电除尘的基本过程如图 3-11 所示，电除尘器原理示意图如图 3-12 所示。

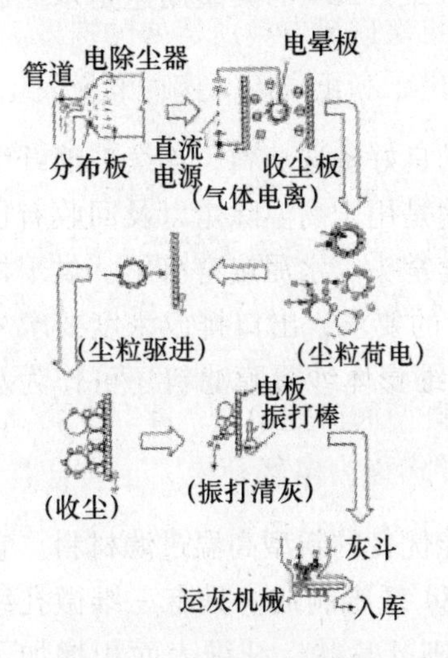


图 3-11　电除尘的基本过程

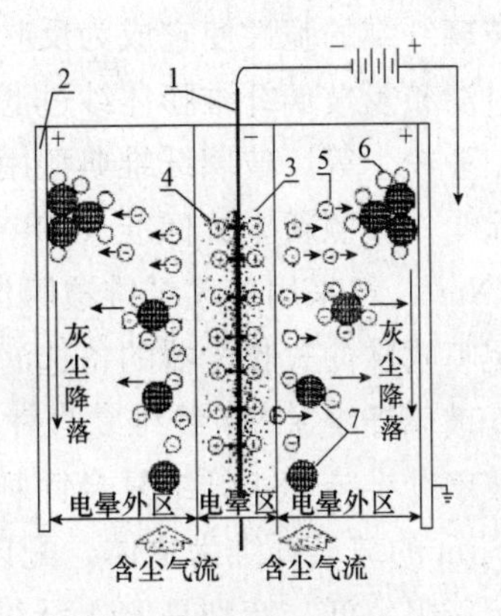


图 3-12　电除尘器原理示意图

①电晕放电与尘粒荷电

产生非均匀电晕放电的阴阳两极必须具备以下条件：即管式的曲率半径很小的圆钢线或尖端芒刺形的电晕线和大曲率半径钢管收尘极；板式的小曲率半径圆钢线或尖端芒刺形的电晕极和板式收尘极，所谓板式是在平钢板上轧制成带沟槽与防风沟等各种增加极板刚度和强度的几何体，便于保持阴阳电极间的准确距离。电晕放电过程实际上是气体导电，当阴阳极间逐步升高直流电压时，电晕极周围空间内的电场强度首先达到电离的临界值，气体发生电离，开始有电晕电流流过。

当施加电压升至一定高度时，电离气体将在这个不大的电晕区域内剧烈地进行，大量的正、负离子（含电子）被释放出来，并驱向极性相异的电极，与此同时，伴随着发出淡蓝色辉光和轻微的“嘶嘶”气体爆炸声，这种特点的气体放电称为电晕放电。产生电晕放电瞬时的电场强度（以下简称场强）称力临界场强。产生电晕电流的瞬间施加的电压称为临界电压，通称起晕电压。产生电离和发光的区域称为电晕区，电晕区域以外的区域称为电晕外区。电晕区的离子产生主要由高速电子碰撞形成的，密度在 1 亿个/$cm^3$ 以上。其中异性离子被电晕极吸收后接受一个负电荷而中和变成中性分子，电晕外区由于场强已减弱到气体电离临界值以下，新自由电子不再产生，只有从电晕区跑出来与电晕极同极性的负离子和少量自由电子驱向收尘极后释放掉电荷，同极板上异极性电荷中和而变成中性分子，带电粒子驱动构成了电晕电流的流动。

电晕区存在着高场强，其间的电子因电迁移率高，它的驱进速度大大加快，当与中性气体分子碰撞时，其能量足以释放出另外的电子，从而又产生新的正离子和自由电子，每一个新电子又被加速到引起再次碰撞电离所需要的速度。此过程多次重复便在电晕区内雪崩似的形成大量电子和正离子。这种电晕发生过程称之为电子雪崩过程。

尘粒荷电是电除尘的最基本过程，尘粒惟有荷电后才能在场强作用下获得驱向收尘极移动的库仑力。库仑力是使尘粒从气流中分离出来的主要因素，它与尘粒荷电多寡，场强强弱成正比。尘粒荷电是在电晕外区内进行的。电晕放电后，电晕外区内含有大量的负离子和少量的自由电子，当工业含尘气体通过后，悬浮的尘粒受到空间的离子和自由电子的碰撞而产生荷电，此时，负离子起主导作用，可达到饱和荷电量。这种荷电方式称为电场荷电，也称碰撞荷电。还有一种扩散荷电机理，是指尘粒半径小于0.2μm者并与场强无关的荷电，由离子的热运动而附着，不起主导作用。

②电场与收尘

对置的阴阳电极之间施加直流负极性高压电压后即可建立高压电场，即电晕电场和收尘电场。电晕极附近电场较强，到电晕外区场强有所下降，到收尘极附近又有所回升。电场具有三重作用：电晕区强电场能产生大量荷电离子而形成电晕；电场提供了荷电离子与尘粒碰撞的驱动力，并把电荷传递给尘粒；建立捕集尘粒所必须的力。用电场强度 $E$(kV/cm) 表征电场各点的强弱。

荷电后尘粒在电场力的作用下被捕集，完成了收尘过程。在电除尘器内，尘粒一获得电荷后就受到电场的作用，在电晕区内和靠近电晕区，一部分尘粒与气体离子碰撞荷上同电晕极反极性电荷，便沉积在电晕极上，但其范围小，数量也少，而绝大多数的尘粒都荷上与电晕极同极性的负电荷、驱向收尘极而沉积。荷电尘粒在电场力的作用下驱向收尘极的速度，称为尘粒有效驱进速度，这是电除尘的极其重要的参数。

③振打清灰

荷电尘粒驱进到收尘极板上被捕集，凭借电力、机械力和分子力的综合作用而附着在极板上。在粉尘层积聚到一定厚度时，振打极板，使粉尘呈块状或片状落入下部灰斗内，后卸运出去，完成了电除尘器收尘过程。电晕极也需要振打清灰，否则影响电晕放电，振打清灰时要避免二次扬尘。

(3) 电除尘器的伏安特性与收尘效率

①伏安特性

电晕放电特性表征放电程度的优劣，即所产生的电子和离子的数量。它主要由气体电离电压和电晕极附近的场强支配的，场强强弱取决于阴阳极间距，同时又取决于施加电压和所消耗电流。电压愈高则电晕电流愈大，这个电压与电流的消长关系称为电晕放电特性。又因电压单位为伏，电流单位为安，故又称伏安特性（曲线），不同几何形状的电晕线，其伏安特性（曲线）是不同的，具有抛物线形的伏安特性由下式表征：

$$J/U = C(U - U_0) \tag{3-36}$$

式中　$J$——电晕线的线电流密度，$mA/m^3$；

$U$——施加电压，kV；

$U_0$——起晕电压，kV；

$C$——与电除尘器的结构和离子迁移率有关的常数。

根据伏安特性曲线可判断电晕电流的大小和评价收尘效率的高低，并能确定电晕电流与电除尘器的各种输入参数间的关系。

影响伏安特性的因素很多，除线的不同几何形状外，气体的温度、湿度、压力、成分等直接支配电晕极的放电性能。当气体温度升高，电压降低，电流加大；当压力升高和湿度增加则电压升高；当气体流速加快，则电晕电流减小；当气体成分不同，放电性能亦不同。

电除尘器投运前，要进行冷态空载升压试验和热态负载升压试验；要绘制伏安特性曲线，用以验证设备的制作安装质量能否发挥最好效能的最简捷、最有效的效果。

②收尘效率

表征电除尘器性能之一的是收尘效率，用 $\eta$（%）表示。计算收尘效率通常采取测定求取法。

该测定效率与袋除尘器是相同的，计算公式如下：

$$\gamma = \frac{Q_1C_1 - Q_2C_2}{Q_1C_1} \times 100\% \tag{3-37}$$

式中　$Q_1$——电除尘器入口风量，$m^3/s$；

$C_1$——电除尘器入口浓度，$g/m^3$；

$C_2$——电除尘器出口浓度，$g/m^3$；

$Q_2$——电除尘器出口风量，$m^3/s$。

影响尘粒驱进速度以及影响收尘性能因素很多，其中主要因素如图3-13，图3-14所示。

（4）电除尘器的分类

电除尘器分类系统介绍如下：

①按收尘极型式分：管式和板式。而板式又分为平板式、棒纬式、管极（纬）式；管式又分为同心圆式、管束式和列管式（单管或多管）。

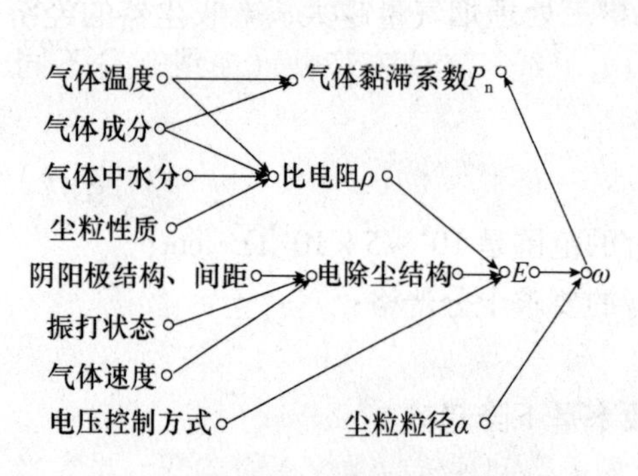


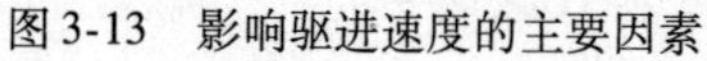
图3-13 影响驱进速度的主要因素

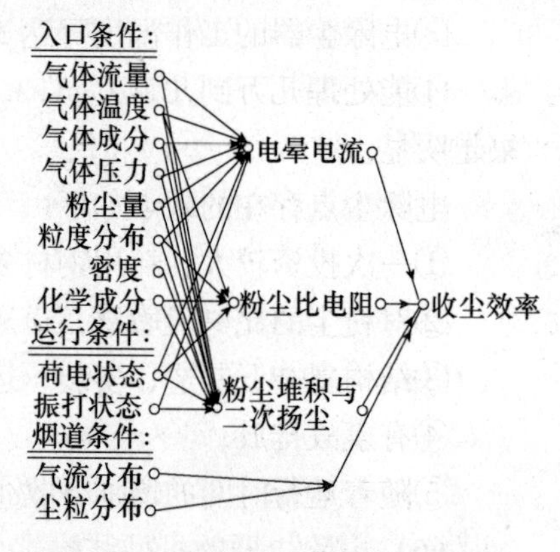


图3-14 影响收尘性能的主要因素

②按气体流动方向分：垂直流动为立式、水平流动为卧式。立式以管式为主。

③按清灰方式分：干式和湿式。湿式用于管式电除尘器居多。

④按处理气体温度分：常温式和高温式（300～400℃）。

⑤按处理气体压力分：常压式和高压式（10000～60000Pa）。

⑥特殊型式：20世纪70年代初，随电除尘技术的进步和应用领域的扩展，出现许多特殊新型电除尘器，包括极间距大于400mm的宽间距式；屋顶（厂房型）式；冷电极式；管极式（日本原式）；旋转电极式；移动履带式；双区式，原用于空气净化器后发展用于工业除尘；组合式，它是不同的除尘机理的除尘器组合一体而构成一种新的组合式电除尘器，如静电－袋除尘器，旋风－电除尘器，静电充填层除尘器，静电文丘里除尘器，干湿混合式除尘器，回转筒式（带钢刷清灰装置）电除尘器，电液滴洗涤器以及风靡一时纳夫科式电除器等，种类型式多样。

另外，按壳体结构型式分为框架型结构壳体和桁架型结构壳体；按梁柱的结构型式分为单支式梁柱和组合式梁柱。按气体流向划分电场，沿气流方向分单电场和多电场；垂直气流方向分单室和双室等。

（5）电除尘器的特点

电除尘器存在的优点如下：

①适用于微粒捕集，对粒径1～2μm的尘粒，效率可达98%～99%，工业应用的电除尘器除尘效率达99%以上；

②与其他高效收尘器相比，电除尘器阻力较低，只有100～200Pa左右。这是由于在电除尘器中，尘粒从气流中分离的能量，不是供给整个气流而是直接供给尘粒的；

③电除尘器的工作温度可达350℃，可以适用于高温烟气除尘；

④能处理几万到几百万 $m^3/h$ 风量。处理烟气量越大，电收尘器的经济效果越明显。

电除尘点存在的缺点如下：

①一次投资较大，耗用钢材多；

②对粉尘的比电阻敏感，最适宜的范围是 $10^4 \sim 5 \times 10^{10} \Omega \cdot cm$；

③结构复杂，制造、安装、运行的要求十分严格；

④有事故排放；

⑤随着运行时间的增加，收尘效率呈下降趋势。

（6）电除尘器的机械结构

①壳体

国产两种壳体结构型式即组合式梁柱和单支式梁柱的电除尘器构造，以下以卧式板式电除尘器作介绍。

壳体包括框架、墙板和灰斗三部分，框架结构由立柱及下部支承、顶大梁、底梁（分端底梁、侧底梁、底大梁和中间底梁）和斜撑构成，这些是电除尘器受力体系。墙板包括两侧板和顶板（屋顶骨架、防雨板），并适当布置加强筋。

灰斗位于壳体下部，用来贮存捕集振落下来粉尘用的。灰斗最大高度不超过5.5m，并以此高度确定灰斗数量。灰斗按几何形状分为锥形斗和槽形斗两种，内设料位计指示控制积灰高度，锥形斗用闸阀卸灰。槽形斗用埋刮板或拉链机或螺旋输送机卸灰。灰斗要求气密性要高，卸灰阀要锁风，以防止漏入空气引起气流扰动和二次扬尘。

②支架基础

电除尘器的机械本体结构安装在支架基础上。支架基础有采用柔性钢结构支架的，也有采用钢筋混凝土结构的。前者支架受热与电除尘器一同移动，弯曲应力不大，电除尘器本体不变形，可不用活动支承，因此这种结构称为柔性支架，它由支柱和角撑等构成。

③烟箱

烟箱又称气箱或封头。烟箱按气体进出气方向分三种型式，即水平进出气，上方进出气，下方进出气，水平进出气采用喇叭形，上下方进出气采用竖井形。进入电除尘器前的气体流速在管道内为8～20m/s，而电场内的气体流速约为0.6～1.2m/s。为保证气流在电除尘器断面上扩散达到均匀分布程度，需在管道和电除尘器的电场之间设置渐扩式烟箱，并加各种形状气流分布极。烟箱由钢材制作，小口断面积按流速13～15m/s左右考虑，而大口由电场断面积所决定。烟箱夹角不小于60°（即底壁板与水平面夹角），并具备足够的刚度和强度。出口烟箱亦然。为使出口端下部形成一个死区，提高收尘效率，使出口烟箱大端断面小于进口烟箱，出气中心线略抬高一些。

④气流分布装置

电除尘器中气流分布的均匀性对除尘效率有较大影响。除尘效率与气流速度成反比。当气流速度分布不均匀时，速度低处增加的除尘效率远不足弥补流速高除尘效率的下降，因而总的效率是下降的。

气流分布的均匀程度与除尘器进出口的管道型式及气流分布装置结构有关系。在除尘器的安装位置不受限制时，气流经渐扩管进入除尘器，然后再经1～2块平行的气流分布板进入除尘器电场。这种情况下，气流分布的均匀程度取决于扩散角和分布板结构。在除尘器安装位置受限时，需要采用直角入口时，可在气流转弯处加设导流叶片，然后再经分布板进入除尘器。

气流分布装置有蜂窝状导流板、各种几何形状的多孔板和折流板等型式。Lurgi公司BS780型电除尘器有圆孔形、方孔形、百叶形和X形四种多孔板形分布板，Lurgi型四种分布板是按照不同进气方式经过试验而确定的，对于上进气或下进气时采用百叶形或X形（折叶形）为宜。

⑤电晕极系统

电晕极又称放电极，俗称阴极，它是发生电晕放电并与收尘极共同构成高压电场的核心组件。电晕极系统包括电晕线、阴极大小框架，悬吊装置、支撑架和保温箱等。要求电晕极应具有起晕电压低、电流密度大、传递振打力效果好、易清灰，高温时不扭曲变形、刚度和强度高、不断线等特点。

a. 电晕线型式

目前，世界通用的电晕线型式有数十种之多，其中绝大多数属定点放电的尖端芒刺线。电晕线的型式主要有：圆形、星形、翅棒形、波形、鱼骨形、锯齿形、管芒刺（RS）、角钢芒刺、W形芒刺，其中管芒刺（RS）线和锯齿形线在我国应用颇具影响力。

我国先后引进了瑞士Elex公司EP带有RS芒刺线和德国的Rothemuhle公司173m$^2$EP带有锯齿芒刺线技术，我国也独立研创了芒刺线，国内应用的几种专用型式的电晕线有：Lurgi的BS780、BS930系列国产化设备应用的$B_5$、$V_{15}$、$V_{40}$形电晕线，合肥水泥研究设计院研创的W形角钢芒刺线、各行业通用的RS型管芒刺线。

RS型电晕线的放电强度高，同时圆筒的刚度大、不断线、不变形、放电性能好。此外，芒刺点上也不易积灰。据介绍，用RS型电晕线代替普通芒刺电晕线可以降低出口处气体含尘浓度。

b. 电晕线固定与悬吊

电晕线等距离被连接固定在阴极小框架上，而小框架又按同极间距逐排地架设在阴极大框架上。过去，电晕线两端以挂构方式或楔形销紧固方式与小框架连接，电蚀、松脱、包灰、断线等故障时有发生。目前已改进成螺杆螺母紧固连接加焊方式，或者采用连接片方式连接，基本上避免了断线，传递振打力也有所提高。

电晕极系统是带负极性直流高电压带电体，为保证电晕极与收尘极有足够的绝缘距离，设置了高压悬吊装置、高压悬吊装置包括吊杆、高压绝缘套管（由顶盖、底座、石棉板与充填石棉绳等组成）、圆螺母、上下球面垫圈、防尘罩、下端固定双螺母等。

阴极大框架为钢结构，设在每一电场前后端，它包括上定位角钢（上开极间距的槽口）、吊梁（槽钢）、中横梁、下定位角钢、竖筋（型钢）、走台和爬梯等组成。对于大尺寸电晕极小框架在大框架上增设斜撑，加强刚度和稳定性。大框架的中横梁上装有振打轴及其轴承座，阴极大框架与收尘极系统应保持足够的绝缘距离，吊杆是通过大框架固定的。

⑥收尘极系统

接地的收尘极又称沉尘极，又称阳极，它是收集荷电粉尘的核心部件。每排收尘极由若干块极板组成，而每个电场又由若干排等间距的收尘极排组成。收尘极应具有的特性：对应电晕极的极板表面的场强分布和电流密度分布应均匀；极板表面形状应具有屏蔽气流作用，即振打时清灰效果好，重返气流损失少；板面投影面积要足够大，保证收尘；机械强度高，刚性强，尤其垂直极板面方向更需如此，板要平直，满足平面度和直线度要求；高温下热稳定性要好，不蠕变导致扭曲变形。

a. 极板型式

阳极板型式大约有十几种，包括Z形、BE形板、C480形板、ZT-24形、角筋形板、翅V形板、T形板、槽形板，其中，BE形板为龙净公司引进国产化BE系列电除尘器的专用板，ZT-24形为平顶山和西矿引进德国BS780系列电除尘器专用板，Z形385mm板和C形480mm板为国内各行业通用板，CD-PK-E型宽间距电除尘器采用这两种板。

b. 极板吊挂与连接

每一极板排由吊梁（或称支承小梁）、极板、撞击杆（或称振打杆）及其他连接件等组成。极板过长，在极板排中间最好加设腰带，便于满足平面度和垂直度公差要求。

吊挂方式主要有紧固吊挂方式和自由吊挂方式两种。紧固吊挂方式是指极板的上、下端均用螺栓固定，凭借垂直于极板表面的法向振打力使粉尘与极板脱离。自由吊挂方式有偏心和不偏心两种吊挂，以瑞士的 Elex 公司和瑞典 Flakt 公司为典型代表。

⑦电晕极振打

在电晕放电过程中，气体电离也产生正离子，少数粉尘粒子荷正电荷向电晕极驱进而沉积。当粉尘层积聚到一定厚度时，便抑制电晕放电，严重时如包灰肥大，会使电晕电流降低乃至为零，称为“电晕闭塞”故障，导致收尘效率恶化。因此电晕极也需要振打。对振打装置的要求（阴阳极皆如此）：使电极上能获得足够大的振打加速度，每排框架上的加速度都能得到充分的传递，做到既振落积灰又不致过量粉尘重返气流。

振打装置包括振打机构和传动机构两大组件。振打机构包括振打轴、锤头及其附件、联轴节、尘中轴承和底座等；传动机构包括减速电机、齿轮传动件、传动轴等。电晕极振打分为腰部切向振打和顶部垂直振打，而腰部振打又分顶部传动与侧向传动。

a. 腰部切向振打

电晕极腰部切向振打是通用的一种振打方式，需要传动机构通过高压棒式绝缘子（称电瓷转轴）与振打机构隔离。目前采用的电瓷转轴的电压等级 72kV、100kV、120kV，耐温 250℃（特殊要求可达 500 ~ 800℃），抗扭破坏负荷不低于 1000N·m。

侧向传动是目前国内外普遍采用的一种较好的方式。振打机构设置在阴极大框架的腰部，每排小框架侧面装一个承振砧铁，砧铁上方有一水平振打转轴，轴上安装与砧铁相对应的振打锤头。

顶部传动腰部振打是 BS780 型和 FAA 型电除尘器所采用的方式。前者是减速机带动凸轮转动的。后者是采用立式减速机竖装，减速机转动带动一竖轴转动，并通过一副针轮啮合将竖直转动变成水平轴转动，从而使安装在水平轴上的锤头振打对应的砧铁。

b. 顶部电磁振打

采用顶部电磁振打方式是以美国 GE 公司、LC 公司、EEC 公司等为典型代表。顶部振打，阳极板上得到的振打加速度的分布是上大下小，这正好与清灰要求相统一。因为电场内烟尘靠重力作用都要沉降，其沉降速度与粉尘粒径成正比，结果是板下部积灰呈大颗粒并较厚。振打力小些也能清除掉，上部薄层微小颗粒由振打力大的清除。对于阴极的顶部振打，作用力的方向与极线的轴线方向相一致，而极线的轴线方向强度大，不易断线。

⑧收尘极振打

收尘极是电除尘器的主要收尘部件，需要经常振打清灰，保持极板清洁。其振打方式除美国 CE、LC、BE、EEC 几家公司常采用顶部电磁振打外，普遍采用的是侧向传动机械摇臂锤底部切向振打。电场较宽时采用分段振打，电场较长时采用两侧（电场的前后）振打。振打传动常选用 XWED0.37-63 型摆线针轮减速机，阳极的振打锤头有夹板锤和仿形锤等型式。

（7）供电装置

电除尘器的效率和工作稳定性在很大程度上取决于供电装置。对供电装置提出的基本要求是提供粉尘荷电及收尘所需的电场强度和电晕电流，工作可靠，寿命长（20 年以上），检查及维修量少，总之要求供电装置能与不同工况使用的电除尘器有比较好的匹配。电除尘器供电装置有以下几种供电方式。

①常规电压供电：供电电压 $<72kV$，极距在 300mm 以下的电除尘器使用历史悠久。它简单、成熟，主要用于比较好收尘的中比电阻粉尘。用于低比电阻粉尘或煤粉，工艺和本体结构上要采取措施，需增加湿度和避免尘端放电的结构，控制特性的选择，最好能选用少火花控制。

②超高压供电；供电电压 $>72kV$，极距超过 300mm 以上，一般有 400mm、450mm、500mm、600mm，超过 600mm 时，同样空间大而集尘面积减少，反而不经济。主要适用于粉尘浓度不大（小于 $30g/Nm^3$），中、高比电阻粉尘（$10^4 \sim 5\times10^{11}\Omega\cdot cm$）。尤其，对于使用在尚未发生反电晕之前的高比电阻粉尘，比常规供电有利，比电阻可以比常规供电高些。

③脉冲供电电源

a. 宽脉冲供电：脉宽在 20μS 以上，比较理想情况脉宽在 100 ~ 150μs，可用于各种比电阻粉尘。用于中比电阻粉尘，虽有节能和改善系数超过 1.0，但是不太经济；用于低比电阻粉尘，有节能和防止产生电弧的作用；用于 $5\times10^{10} \sim 10^{14}\Omega\cdot cm$ 的高比电阻粉尘，既可节能 30% ~ 70%，又可避免反电晕，改善系数高达 1.3 ~ 2.5，尤其适用于干法水泥工艺的窑尾和冷却机收尘。

b. 窄脉冲供电：脉宽在 0.5 ~ 20μs，主要是 1 ~ 5μs，可用于各种比电阻粉尘。对于中比电阻粉尘，节能效果显著、改善系数大于 1.0，对于低比电阻粉尘，不产生电弧；用于高比电阻粉尘，改善系数可达 1.1 ~ 2.0，且投资省，节能更显著，还有脱硫、脱硝之功能。

c. 间隙脉冲供电：脉宽为毫秒级，主要通过控制，产生不同的正弦半波组合（其中包括半波供电）。主要适用于比电阻 $5\times10^{10} \sim 10^{12}\Omega\cdot cm$ 的粉尘，避免反电晕，提高收尘效果，有节能和断电振打之功能，投资少，制造容易，可由常规电源产生。

④三相全波供电：供电平稳，适应低比电阻粉尘。但是，制造相对复杂，目前已少采用。

3.2.2.3　电袋复合除尘器技术

（1）电-袋复合除尘器技术的由来

电除尘器和袋式除尘器是水泥工业粉尘治理设备中传统的两种高效除尘设备，在水泥工业粉尘治理中都发挥了积极主导作用，但它们又都存在着自身难以克服的缺陷和不足。

电除尘器是利用粉尘颗粒在电场中的荷电并在电场力作用下向收尘极运动的原理实现烟气净化的。在一般情况下，当粉尘的物理、化学性能都适合时，电收尘器可达到很高的收尘效率且运行阻力低，但电除尘器也存在一些不足：

①电除尘器的收尘效率受粉尘性能和烟气条件影响较大（如比电阻等）；

②电除尘不可避免的二次扬尘和对捕集细微粒子能力的不足影响了除尘效率；

③电除尘器的收尘效率与收尘极极板面积呈指数曲线关系。通常，一台三电场的电收尘器，其第一电场常有80%～90%的收尘效率，而第二、第三电场仅收集含尘量10g/Nm$^3$（水泥旋窑而言）左右的烟尘。有时为了达到20～30mg/Nm$^3$的低排放浓度，收集很少的粉尘，需要增设第四、第五电场。为了收集很少的粉尘而需增加很大的设备投资，经济性差且不符合我国当前节能减排政策的要求。

袋式收尘器有很高的收尘效率，不受粉尘比电阻性能的影响，但也存在设备阻力高、滤袋寿命短，处理高温、高粘性、高湿度和有腐蚀性气体的烟尘比较困难等缺点。

为应对环保要求日益严格的趋势，从克服当前电除尘和袋除尘的缺陷出发，电-袋复合式除尘技术就应运而生了，并成为水泥工业除尘技术新的发展方向。

电-袋复合式除尘技术是建立在电除尘技术和袋除尘技术各自优点的基础之上，克服两种除尘技术存在的不足。电-袋复合式除尘技术的型式有混合布置和串联布置两种，通常说的、最常用的是串联式的电-袋复合式除尘器，该技术的出发点是充分利用物质的荷电性和同性相吸、异性相斥的固有特性，产生的细微粒子电凝聚和电排斥现象，导致在滤料表面堆结的粉尘比较松散，从而使滤料阻力降低。同时由于经过前级电除尘的捕集作用，使其烟气中的含尘浓度大幅度降低，因而对后面的袋除尘部分可以选取较高的过滤风速，从而使除尘器阻力降低、细微粒子排放减少和除尘器体积缩小，进而达到节能减排的目的。

（2）电-袋复合除尘器的工作原理

电-袋复合式除尘器将电除尘器与袋式除尘器的除尘机理融为一体，将电、袋式除尘器的优势互相补充。含尘气体通过气流均布装置后进入电区（1 ~ 2 个电场），发挥电除尘器的高效作用，除去 80% ~ 90% 的高浓度、大颗粒粉尘；剩余 10% ~ 20% 的细粉尘随烟气经电区进入袋区，一部分烟气（约 50%）经滤袋间隙均匀进入袋区，其他烟气经袋区下部，先水平再向上运动进入袋区，进行过滤，含尘烟气通过滤袋，粉尘被阻留在滤袋的外部，净化后气体由滤袋内腔进入上部净气室，通过主排风机经烟囱排入大气。电-袋复合除尘器发挥了电除尘的高效和袋除尘器的稳定低排放的各自优势，同时荷电粉尘在袋区捕集的过程，利用同性荷电粉尘互相排斥的作用，粉尘层透气性好使阻力降低，达到节能的目的。

（3）电-袋复合除尘器的新过滤机理

理论和实践表明，荷电粉尘从电区进入袋区后，大部分带负电荷的粉尘在趋近和到达滤袋表面的运动中，由于同性排斥，从而在滤袋表面形成规则有序、结构松散的粉尘层。此外，有一部分异性荷电粉尘会发生电凝并作用，在吸附到滤袋表面形成粉尘层前，已由小颗粒凝聚成较大的颗粒。这样，由荷电粉尘而形成的过滤粉尘层，其特性发生了显著变化，既改变了粉尘的粒径状态，又改变了粉尘的堆积特性，与常规布袋的过滤粉尘层相比，透气性更好阻力小、利于清灰而降低清灰压力，节能的同时对滤袋的冲击小，延长滤袋寿命，特别对高微细粉尘（小于 $PM_{10}$）的捕集更有效，减少超微细粉尘（小于 $PM_{2.5}$）的含量，有利于人们的身体健康。

（4）电-袋复合除尘器的技术性能特点

①除尘效率长期高效稳定

在合理的使用温度下（主要取决于滤袋材质），除尘效率不受工况波动的影响，且对细微和超细微颗粒的捕集效果优于常规除尘设备，排放浓度可以长期稳定在 $30mg/Nm^3$ 以下。

②运行阻力低

滤袋阻力约占整台电-袋设备阻力的 50% ~ 60%，而滤袋的阻力主要由滤袋表面沉积的粉尘层产生。经过电区后，粉尘浓度降低了 80% ~ 90%，而且荷电粉尘在袋区过滤时，粉尘层又呈现颗粒排列有序、空隙率高，对气流的阻力小，结构松散易于清灰能耗低，整台设备可以维持在较低的阻力下运行。实践证明，滤袋内外的压差 600 ~ 800Pa，整台设备的压差 1000 ~ 1200Pa。

③节能显著

电-袋复合除尘器不仅能长期保证出口排放 $30mg/Nm^3$ 以下，特别是排放越低越能发挥优势，对一般较难收的煤种及比电阻较高的粉尘，电-袋复合除尘器比常规的电除尘器和布袋除尘器有更低的能耗，是新一代节能环保型设备，其节能主要表现在两个方面，一是降低了除尘器阻力后节省了引风机的电耗，二是清灰周期比一般布袋除尘器大幅延长，以及清灰压力较低节省了空压机的电耗。

④延长滤袋的使用寿命，主要体现在以下几点

a. 清灰频率及压力降低，减缓袋口因清灰产生的异常破损；

b. 滤袋的压差小，减缓滤袋的疲劳破坏；

c. 布袋区粗颗粒大幅减少，减缓了滤袋的磨损。

⑤运行及维护费用低

a. 电-袋复合除尘器的滤袋、袋笼及脉冲阀等关键配件数少，同时滤袋的使用寿命长，可大幅降低滤袋及配件的更换维护费用；

b. 电-袋复合除尘器的运行阻力低、清灰压力低且周期长，可大大降低运行费用。

3.2.2.4　除尘设备改造技术

现有水泥企业已运行的除尘设备中，只有高效的袋、电除尘器才能满足《水泥工业大气污染物排放标准》（GB 4915—2013）的排放要求，对工程设计在环保技术和装备上定位较高。但现有生产企业中，有不少的袋除尘器和电除尘器需要进行技术改造，才能满足要求。

除尘设备改造有其必要性和可能性。

至少有以下四个必要性：

①除尘器先天性缺陷，选型偏小，过滤风速大，阻力高，排放不达标。

②主机设备需要改造，有增风、提产的要求。

③主机系统采用先进工艺，原除尘设备不适应新的入口浓度及处理风量的要求。

④环保新标准的实施，原有除尘器难以满足新标准的排放限值要求。

除尘设备改造应具备两个可能性：

①有可行的方案和可靠的技术。

②现场条件许可。即现场空间允许，且原收尘器尚有可利用价值。

除尘改造必须遵循以下五个原则：

①满足达标排放要求。

②切合工厂实际（原有除尘器状况、操作习惯、允许的施工周期、空压机气源等）。

③适应工艺要求：风量、阻力、浓度、温度、湿度、黏度等。

④投资相对合理（初次投资与综合效益）。

⑤便于现场施工（外型尺寸适应场地空间，设备接口满足工艺布置要求）。

除尘设备改造有以下四种方式：袋改（为）袋即袋除尘器改造为袋除尘器；电改（为）电即电除尘器改造为电除尘器；电改（为）袋即电除尘器改造为袋除尘器；电改（为）电-袋即电除尘器改造为电-袋复合除尘器。下面具体介绍。

(1)“袋改（为）袋”技术介绍

袋除尘器改造为袋除尘器要遵循的基本要求为：排放达标；阻力适当，能长期稳定运行；滤材要有一定的寿命周期；除尘器的故障尽可能少。

“袋改（为）袋”的技术手段如下：

①更换过滤材料

a. 采用性能好和寿命长的滤料取代原滤料

随着高温滤料技术和应用的进步，对于水泥厂用高温滤料，采用P84针刺毡或高温复合滤料来替代已有的其他高温滤料。对于常温滤料，采用涤纶针刺毡取代现存的“729”滤布。涤纶针刺毡滤料在阻力系数、透气度、孔隙率、动态过滤效率、静态过滤效率方面都明显优于“729”滤布。

b. 采用覆膜滤料取代普通滤料

覆膜滤料属表面过滤，过滤风速高，阻力低，使用寿命长，收尘效率很高。采用热压合（定压、定温条件下）工艺的国产覆膜滤料能满足标准要求。如用涤纶针刺毡覆膜滤料取代普通涤纶针刺毡滤料，用玻璃纤维覆膜滤料取代玻璃纤维滤料等。

c. 褶式滤筒取代滤布

褶式滤筒除兼有覆膜滤料之特点外，它还具备如下优点：滤件与笼架一体化结构，安装、维修简便；同尺寸的除尘器，过滤面积提高2~3倍；使用寿命是滤料的1.5~3.5倍。

②更换（强化）清灰方式

用高能型脉冲清灰取代中能型机械摇动及低能型反吹清灰，提高处理（风量、浓度等）能力。

③用新型结构取代老式结构

老式的机械回转反吹袋收尘器和反吹风袋收尘器存在清灰强度弱，除尘效率低、不能达标排放等诸多缺点。可采用新型气箱脉冲袋除尘器或新型高压脉冲喷吹袋除尘器来进行改造，该除尘器能直接处理较高含尘浓度和高黏度的粉尘，特别适用生料磨和水泥磨配用回转反吹收尘器的改造。

④增加过滤面积，降低过滤风速

具体方式为：增加袋室；更换花板，增加开孔率，减小滤袋直径；改变滤袋形状，如采用圆袋等。

⑤优化通风管道，均化气流分布

⑥更换新型配件

如更换电磁脉冲阀，自控仪，油水分离器，各种气动元器件、阀门等。

（2）“电改为电”技术介绍

电改为电有三种改造途径：①在原有电除尘器仍有使用价值的情况下，串联或并联一台新的电除尘器；②在原有电除尘器基础上增大电除尘器（包括加长，加宽和加高）；③保留原电除尘器外壳，利用先进技术对内部核心部件改造，提高收尘效果。主要改造方案如下：

①增加收尘极板面积

为增加收尘极板面积，有增设新的电除尘器和改造原有的电除尘器两种方案。

增设新的电除尘器是指在场地允许的情况下，在原有电除尘器的基础上并联或串联一台电除尘器，考虑到该方案各方面投资较大，一般采用不多。

改造原有的电除尘器一般可采取以下三种方法：

a. 增加电场高度

电除尘器受场地的限制，前后左右没有空间，只能考虑向上加高。主要用于改善电除尘器排放问题，其工况条件只能适用电除尘器的场合。结构上要拆除顶梁，改造进出气口，更换极板和框架，内容较多，但只是改善收尘效果，投资偏大，除非不得已的情况下，一般不采用此种方式。

b. 增加通道数

相当于在除尘器的旁边新上一台除尘器，加大电除尘器的横断面积，可以降低电场内的风速，更加有利于除尘器的工作。一般应用于窑的产量提高的情况下，需要处理的风量增加。在除尘器施工期间可以不停窑，等安装完毕后，停窑接口。缺点是：烟气管道的阻力会有所增加，从而影响窑的产量，输灰等系统都要相应进行改造，费用较高。

c. 增加电场数

一般在电除尘器的前面或后面增加一个或两个电场，以提高电除尘器的除尘效率。这种改造方式周期较长，从挖基础到管道接口，必须在停窑状态下进行。

②改变极配方式

随着新技术的应用，原来的电除尘器还有采用诸如 RS 芒刺线和 C 形极板的，现在多采用放电性能更好的 V15、V25、V40 线，配合使用 ZT24 极板，可以有效提高运行电流，改善除尘效果。

③更换性能更优良的高压电源

高压电源对电除尘器除尘效率影响的重要性现在已被人们关注，国际上对电除尘器的研发一直将高压电源作为重要研究课题，现在国内已有不少电源厂家开发出了很好的产品，并且应用良好。

GE 公司的 SQ300i 控制器具有专家控制软件功能，对于烟气条件的变化能够自动调整控制参数和控制方式，使电除尘器始终保持在最佳运行状态，从而提高和稳定了除尘效率。而普通控制装置需要人工干预，人工干预的及时性和准确性是个大问题，在“海螺”项目中为保证排放≤30mg/Nm$^3$，采用了这种控制器。

还有一种是上海激光电源研究所生产的恒流源控制器，建议用于窑头电除尘器上，恒流源采用 L-C 恒流变换器进行调压，所以输出波形完整，这是可控硅控制装置无法达到的，配以间隙供电加脉冲供电等智能控制方式，并与振打系统连锁，实现停电振打，能明显解决高比电阻粉尘的捕集问题。该技术在贵州水城水泥厂窑尾、山西海鑫钢厂烧结机尾、洛阳卡博陶粒烧成及烘干等几个高比电阻粉尘的场合应用中均取得了满意的效果。

此外，还有高频电源、脉冲电源、三相电源等都对提高除尘效率非常有效。

④移动电极的应用

一般电除尘器的第一电场能捕集气体含尘量的 90%，而且都是粒径比较粗的颗粒，后续电场捕集的粉尘越来越细，最后一个电场捕集的都是微细粉尘，当振打清灰时产生的二次扬尘的部分微细粉尘就直接排入大气了。因此要想控制粉尘的排放，减少二次扬尘也是非常关键的环节。

移动电极的工作原理是将常规卧式静电除尘器最后一个电场的固定电极设计为旋转电极，变阳极机械振打清灰为下部毛刷扫灰，从而改变常规电除尘最后一个电场的捕集和清灰方式，以适应超细颗粒粉尘和高比电阻颗粒粉尘的收集，达到提高除尘效率的目的。

对于升级改造项目，采用移动电极技术优势尤为突出，其工作量较小，只需对原设备进行必要的检查和消缺，在大多数场合不需要额外的场地，从而不像采用常规电除尘技术进行加高、纵向或横向扩容改造那样复杂；也不像采用袋式或电袋除尘器改造那样，需要全部拆除或大部分拆除原有电除尘器的电场，然后全新地装配滤袋，更换引风机等设备。

移动电极技术将是静电除尘器未来的发展方向。

（3）“电改为袋”技术介绍

考虑到原有的电除尘器壳体、灰斗、管道，承重基础、物料输送系统都可以保留、沿用。从确保质量、工期及综合效益考虑，采用“留壳改仁”方式，其内设置技术成熟、性能先进的低压长袋脉冲袋式除尘器的方案是最佳选择。

①除尘器改造的内容和要求

a. 应依据气流的温度，现有电除尘器的尺寸，所需处理的烟气量，入、出口浓度，过滤元件的材质等因素作设计取舍。同时要考虑安全运行的双保险。

b. 采用合适材质的滤袋。

c. 选择先进的脉冲清灰技术，同时尽可能避免按时清灰，实行按压差清灰。

d. 风机加转满足系统的全压流量。

e. 在入口管路系统中增设了能自动开闭的冷风阀。

②“电改为袋”的技术优势

a. 效率高，达标排放，滤袋使用寿命确保三年。

b. 与传统袋除尘器相比，改造后的袋式除尘器运行阻力低且稳定。

c. 可实现在线维护（当袋除尘器被分室隔离时）。

d. 对入口粉尘的性质变化没有太多的限制。

e. 可处理增加的通风量。

f. 脉冲式袋除尘器可制作得很紧凑，外形尺寸可多种多样。

g. 设备所包括的机械活动部件数量较少，不需要进行频繁维护或更换。

h. 过滤元件既可在净气室进行安装（从上面将其装入除尘器），也可在含尘室进行安装（在除尘器下部进行安装）。现场优势主要体现在其改造工程简便易行上。

③改造过程

a. 拆除电除尘器内部的各种部件，包括极线、极板、振打系统、变压器、上下框架、多孔板等等。通常所有的工作部件都应去除。

b. 安装上部箱体、挡板、气体导流系统。对管道及进出风口改动以达到最佳效果。在结构体上部设计安装净气室。

c. 安装人门孔，走道及扶梯。根据净气室及通道的位置来安装人门孔，走道及扶梯。

d. 安装滤袋。袋除尘器的滤材选择至关重要，主要取决于风量、气流温度、湿度、除尘器尺寸、安装使用要求及价格成本。选择合适的滤材对整个工程的成败起着举足轻重的作用，特别对脉冲除尘器高温滤件，如没有合适的过滤介质，改造后的袋除尘器未必会优于原有的电除尘器。更有甚者，错误的选择滤袋会导致其快速损坏，增加更多的维护工作量。只有合理的设计、选型和安装滤袋才会保证高效率除尘及最少的维护量。

e. 安装清灰系统。清灰系统主要包括压缩空气管线，脉冲阀、气包、吹管及相关的电器元件。同时尽可能实行按压差清灰。当控制器感应到压差增到高位时会启动脉冲阀喷吹至合适的压差而中止。根据不同的工艺条件，清灰的“开”、“关”点可以分别设置。

④改造技术特点

a. 现有的除尘器地基不动，外壳、出风管路，输灰装置不做改动，即可改造为脉冲式袋除尘器，可利用原外壳，节约资金，节省改造工期，改造工期短。

b. 新改造的脉冲式袋除尘器，能够及时处理非正常工况粉尘变化，保证除尘排放稳定达标，排放可确保小于30mg/Nm$^3$。

c. 脉冲式袋除尘器比反吹风清灰袋除尘器的体积缩小一倍。

d. 除尘系统管理简单，维护工作量小。

e. 新改造的脉冲除尘器控制系统采用先进技术，能够及时处理非正常工况的出现，使收尘系统的操作运行自动化。

（4）“电改为电-袋”技术介绍

“电改为电-袋”的目的就是有效克服电除尘器和袋除尘器的缺点，并充分发挥电除尘器和袋除尘器各自的优点。电-袋除尘器，就是在除尘器的前部设置一个收尘电场，发挥电收尘器在第一电场能收集80%～90%粉尘的优点，收集烟尘中的大部分粉尘，而在收尘器的后部装设滤袋，使含尘浓度低的烟气通过滤袋，这样可以大大降低滤袋的阻力，延长喷吹周期，缩短脉冲宽度，降低喷吹压力，从而大大延长滤袋的寿命。

①电-袋除尘器需解决的主要技术问题

a. 如何保证烟尘流经整个电场，提高电收尘部分的收尘效果。

烟尘进入电收尘部分，以采用卧式为宜，即烟气采用水平流动，类似常规卧式电收尘器。但在袋收尘部分，烟气应由下而上流经滤袋，从滤袋的内腔排入上部净气室。这样，应采用适当措施使气流在改向时不影响烟气在电场中的分布。

b. 应使烟尘性能既适合电收尘的操作又符合袋除尘操作要求。

烟尘的化学组成和物理性能，烟气的化学组成、温度、湿度等对粉尘的比电阻影响很大，很大程度上影响了电收尘部分的收尘效率。所以，在可能条件下应对烟气进行调质处理，使电收尘器部分的收尘效率尽可能提高。对袋收尘部分最主要的是烟气的温度，一般应小于200℃。

c. 在同一个箱体内，要正确确定电场的技术参数，同时也应正确地选取袋收尘器各个技术参数（在旧电收尘器改造时，往往受原有壳体尺寸的限制，这个问题更为突出）。

在电-袋除尘器中，由于大部分粉尘已在电场中被捕集，而进入袋收尘部分的粉尘浓度、粉尘细度、粉尘颗粒级配等与进入收尘器时的粉尘发生很大变化，在这样条件下，过滤风速、清灰周期、脉冲宽度、喷吹压力等参数也必须随着变化。这些参数的确定也是需要认真研究的。

d. 如何使除尘器进、出口的压差（即阻力）降至较低值。

除尘器阻力的大小，直接影响电耗的大小，所以正确的气路设计，是减少压差的主要途径。

②电除尘器改为电-袋复合除尘器的改造内容

a. 保留原除尘器基础和第一电场、排灰系统、灰斗、进气口及气流分布板、壳体、出气口、楼梯平台；拆除原除尘器的后面电场内部件、顶盖。其他电场改为袋室，在此顶上再安装上部箱体。该设备可以采用在线清灰，也可以采用离线清灰。如原除尘器选型太小，后面电场不够布置袋区，则可以将出气口也改为袋区。

b. 改造后的电-袋除尘器检修第一电场，并优选后面电场的极板和极线充实到第一电场。其余电场拆除后用隔板、花板等将壳体重新分成若干净气室，上部是净气室及提升阀室，净气室内下部为花板，花板下部为袋室，袋室全部连通，可实现在线、离线清灰，在花板上安装滤袋及袋笼。同时对原除尘器保留部分进行加强和漏风处理。

c. 根据工艺需要改造系统尾排风机

根据现场标定系统风量和风机风压，进行废气处理系统工艺参数核算，确定是否更换原系统尾排风机。通常情况下，将电除尘器改造为“电-袋”复合除尘器后，由于滤袋阻力较电除尘器高，所以原有尾排风机的风压需提高。此外，为满足增产的需要，风机风量也需要提高。风机改造有两种方式：一是更换风机或加长风叶；另一方法是适当提高转速，以满足新的风压、风量要求。

d. 须对原有增湿塔喷水系统进行可靠性的改造，同时为防止出现意外高温烧袋，在原除尘器入口管路上加装冷风阀。

### 3.2.3 二氧化硫污染治理技术

水泥生产中减少 $SO_2$ 排放大致有下列几种可能：更换原料，在生料磨内吸收，加消石灰［$Ca(OH)_2$］，设 D-$SO_x$ 旋风筒，设水洗塔等。如果原料中没

有 $FeS_2$ 时，又不设旁路，就不存在脱硫问题，所以换去含 $FeS_2$ 的原料是最简单的办法；但 $FeS_2$ 往往是石灰石的杂质，不容易更换，就应采取另外的方法减少 $SO_2$ 排放。

3.2.3.1　窑磨一体运行和袋式除尘器减排二氧化硫

关于 $SO_2$ 的治理，目前我国在水泥工业中只是采用在生产过程中尽量减少 $SO_2$ 的产生的方法。新型干法生产线一方面选择合适的硫碱比，另一方面往往采用窑磨一体的废气处理方式，把窑尾废气引入生料粉磨系统。在生料磨内，由于物料受外力的作用，产生大量的新生界面，具有新生界面的 $CaCO_3$ 有很高的活性，在较低的温度下，也能吸收窑尾废气中的 $SO_2$；同时生料磨中，由于原料中水分的蒸发，有大量水蒸气存在，加速了 $CaCO_3$ 吸收 $SO_2$ 的过程，把 $SO_2$ 转变成 $CaSO_4$，使窑尾废气中的 $SO_2$ 固定下来。根据德国水泥研究所1996年的研究报告，预热器系统对 $SO_2$ 吸收率为40%～85%，主要影响因素除水蒸气含量外，还有废气温度、粉尘含量和氧含量。增湿塔的 $SO_2$ 吸收率较低，最高仅为10%～15%；生料磨的吸收率在20%～70%，受工况影响较大，如原料湿含量、磨内温度和在磨内停留时间、粉尘循环量和生料粉磨细度等都是影响吸收率的因素。

在对使用袋除尘器治理窑尾废气的检测中发现，$SO_2$、$NO_2$ 浓度在除尘器进出口有较大的差别，其浓度削减了30%～60%。这是由于袋除尘器的滤袋表面捕集的碱性物质与试图通过滤袋的酸性物质结合成盐类，从而降低了酸性气体的浓度。袋除尘器滤袋为载体，通过酸性物质与碱性物质结合成盐类削减有毒有害气体的功能应进一步开发，使袋除尘器成为水泥工业治理粉尘和有害气体的多功能设备。

3.2.3.2　二次减排二氧化硫技术

以水泥生产工艺减排二氧化硫技术通常称为一次减排技术，生产工艺以外的减少 $SO_2$ 排放的措施称为二次减排技术。对生产工艺以外的减少 $SO_2$ 排放的措施，我国尚无相关治理的报道，下面介绍国外水泥行业的治理经验。

（1）加消石灰［$Ca(OH)_2$］法

德国水泥研究所1999年的研究报告指出，在悬浮预热器窑上仅通过工艺方法和操作措施即所谓一次措施是很难将原料引起的 $SO_2$ 排放量降低到预期水平（$\leq 400mg/m^3$）。2000年欧盟的BREF（最佳实用技术文献）提出，采取最佳实用二次技术可将 $SO_2$ 排放量降低到200～$400mg/m^3$ 的水平。若原始 $SO_2$ 排放量为400～$1200mg/m^3$，可采用干吸收剂法，在生料粉或废气中加 $Ca(OH)_2$；若 $SO_2$ 原始排放量超过 $1200mg/m^3$，则应采用洗涤法或在循环沸腾床上加干吸收剂法都能将 $SO_2$ 排放量降低到200～$400mg/m^3$。

研究报告同时指出，采用吸收剂法也存在一些不利因素。德国的大多数厂是在350～500℃的温度区间向废气或生料粉中加$Ca(OH)_2$，由于$Ca(OH)_2$颗粒表面会与$CO_2$反应生成$CaCO_3$，发生钝化，而且$Ca(OH)_2$不能完全均匀地分散在废气中，所以$Ca(OH)_2$必须大量或超量加入。另外，吸收的$SO_2$形成硫酸盐或亚硫酸盐又随生料或窑灰回到窑系统，容易引起结皮或堵塞。图3-15为硫和氯的循环量与结皮倾向的关系，随着入窑热生料中硫酸盐和氯化物含量的提高，结皮倾向也跟着增大。图中左下角第一条斜线表示，即使不加吸收剂窑系统中的硫和氯循环量已经很高了，若再加吸收剂提高循环量更容易引起结皮，如图中A窑只能通过旁路法降低硫氯循环量。B、G和L窑硫、氯的循环量不高，可以采用加$Ca(OH)_2$吸收剂法降低$SO_2$排放，图3-15可以帮助判断窑-预热系统结皮的倾向。

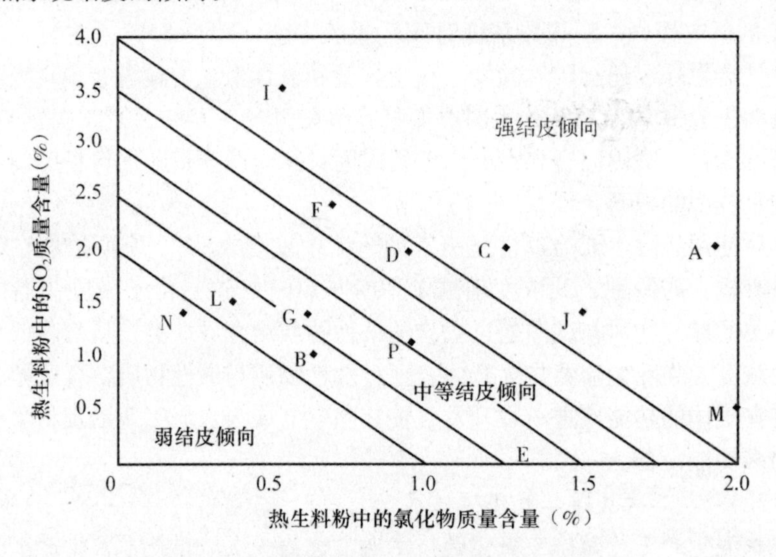


图3-15　硫和氯循环量与结皮倾向的关系

（2）设D-$SO_x$旋风筒法

设D-$SO_x$旋风筒法在美国有两家厂采用。从出分解炉管道中抽出约5%的烟气直接向上接到顶部一收集旋风筒内，收下的粉尘含有大量新生CaO，将其喂入达到$FeS_2$转变温度的那级旋风筒（五级或六级预热器分别为第二级或第三级），控制$CaO/SO_2$的摩尔比为10～12。

在第二级或第三级旋风筒进料处加入外购消石灰是脱硫的一种最简单的选择，其数量控制在$CaO/SO_2$的摩尔比为3.0～5.0。曾试过在增湿塔或生料磨加石灰，但效果差很多。也可利用抽取小部分分解炉出口气体，经过外加的旋风筒收集的细粉再经一消化塔将其冷却并消化，再喷入第二级旋风筒出气管。

这样可省外购消石灰费用，但效率差10%，投资要高3倍以上。

（3）水洗法

水洗法既可用于预热器系统也可用于旁路系统。脱硫可达90%～95%。在主除尘器下游加一水洗塔，气从下面进，水分上下两部分进，下部还鼓入空气使在上部的浆体可泵到塔中部以提高吸收率，也可将下部浆体泵到收集系统经水力旋筒和离心机，生成副产品石膏。此法投资最大，约为喷石灰法的35倍，而运行费用是D-$SO_x$的5倍。

3.2.3.3　可借鉴的电厂烟气脱硫净化（FGD）技术

燃煤发电厂采用烟气脱硫净化(FGD)技术发展较快，对今后水泥厂烟气脱硫有一定的借鉴作用，有代表性的烟气脱硫技术简介如下：

（1）石灰石-石膏法。

特点是原理简单，脱硫效果吸收利用率高（有些机组Ca/S接近1，脱硫效率超过90%），能够适应大容量机组、高硫煤以及高$SO_2$含量的烟气条件，可用率高（超过90%），吸收剂价廉易得，副产品石膏具有综合利用的商业价值。它是目前世界上技术最成熟、应用最广泛的控制$SO_2$排放技术。

（2）喷雾干燥法。

特点是投资较低，设计和运行较为简单，占地较少，脱硫效率中等（一般70%左右)，适用于燃用中、低硫煤的锅炉。

（3）炉内喷钙尾部增湿活化法。

特点是工艺简单、占地小、脱硫效率中等，但吸收剂消用量大，适用于燃用低硫煤锅炉。

（4）海水脱硫法。

特点是采用天然海水作为吸收剂，无须其他任何添加剂。工艺简单，无结垢、堵塞现象，可用率高，无脱硫灰渣生成，脱硫效率高(>90%)，燃用高、中、低硫煤都可适用。

（5）排烟循环流化床脱硫技术。

锅炉烟气由吸收塔底部进入，与雾化的石灰浆液逆流混合中$SO_2$被中和吸收。其优点是脱硫效率高（约79%)，脱硫剂利用率高，喷钙与增湿同时完成。

（6）荷电干喷射法。

特点是占地少，可利用现有烟道，投资较小，运行费用低，脱硫效率中等，反应速度快，适用于中低硫煤燃煤锅炉。

（7）电子束法。

特点是同时脱硫脱氮，干法而无废水排放，运行操作简单，维修方便。不需氨液，经济性好，副产物可用作氮肥，脱硫效率中等（70% ~80%）。

### 3.2.4 氮氧化物污染治理技术

#### 3.2.4.1 从 $NO_x$ 的产生方式来看降低 $NO_x$ 的措施

以前已分别叙述了三种 $NO_x$ 的生成方式的反应原理和影响因素，通过原理的描述及影响因素的分析应该可以找到减小和抑制 $NO_x$ 产生的方法，下面将对影响 $NO_x$ 的主要因素进行分析，并由此寻找降低 $NO_x$ 生成量的措施。

（1）影响 $NO_x$ 产生的主要因素

从以上三种 $NO_x$ 的产生方式来看，影响 $NO_x$ 产生的因素很多，但主要因素可以归纳为如下几点：

①温度

总的来说，温度对 $NO_x$ 的生成量的影响是决定性的，热力型 $NO_x$ 在高于一定温度时才能产生，且随温度的快速上升其产生速度也快速增加，而燃料型 $NO_x$ 的生成量也与温度有直接的关系，也随着温度升高而增多，因此温度的影响在 $NO_x$ 的产生过程中是不可忽视的。

②氧含量

热力型 $NO_x$ 的产生需要在氧化气氛下才能产生，且氧含量的增加对热力型 $NO_x$ 的最终生成量有直接影响；燃料型 $NO_x$ 的反应过程可以总结为在氧化气氛下反应最终倾向于向增加 $NO_x$ 的生成量的方向发展，而还原性气氛或是弱的氧化气氛有利于各种反应过程最终向着 $NO_x$ 减小的方向发展，因此氧含量的增加可以直接促使 $NO_x$ 生成量的增加；瞬时型 $NO_x$ 的生成量需要在燃烧的初始火焰区域有合适的氧含量。因此，氧含量是另一个决定 $NO_x$ 最终生成量的重要因素。

③燃料的种类和性能

燃料主要通过其物理化学性能影响 $NO_x$ 生成的反应条件，间接影响 $NO_x$ 的生成量。点火快速且需要的燃尽时间短的燃料可以产生比较高的火焰温度，并容易产生局部高温区，提高了燃烧系统的最高温度，促进 $NO_x$ 的产生。对这些易于点火又易于燃烧的烟煤，在窑炉系统设计时可采用低温无焰燃烧、低氧含量燃烧、减少停留时间等措施，促使 $NO_x$ 的最终生成量降低。对于难燃燃料无烟煤，则需要给予提高温度、增加氧含量及增大停留时间等条件来促进燃料燃尽，这会生成大量的 $NO_x$。因此使用无烟煤的系统 $NO_x$ 浓度常大于烟煤系统。不同燃料中的总 N 量，特别是挥发分 N 含量对 $NO_x$ 生成量也有较大影响。

对于煤的物理性能，煤粉的细度是影响 $NO_x$ 生成量的最关键因素。

④停留时间

燃烧介质和燃料在窑炉内的停留时间反映了可能发生 $NO_x$ 生成或消解的化学反应时间的长短，反应时间越长，燃烧反应越彻底。

要降低 $NO_x$ 的生成，对反应时间有两个方面的要求：一是在可能产生 $NO_x$ 的区域应尽量减少停留时间；二是有利于 $NO_x$ 还原的区域要尽可能增加停留时间，即在高温、高氧的区域尽可能地缩短停留时间，从而抑制 $NO_x$ 的生成；在低氧或缺氧环境中要适当延长停留时间，从而有充足的反应时间使 $NO_x$ 还原为 $N_2$。

（2）$NO_x$ 生成量的控制措施

根据以上影响因素的分析，减小和抑制 $NO_x$ 产生的措施如下：

①采用低温燃烧的方法

由于温度是影响 $NO_x$ 生成量的决定性因素，因此，降低燃烧系统的温度及控制可能产生的最大温度都可以相应地降低 $NO_x$ 的生成量，低温燃烧技术也一直是最好的降低 $NO_x$ 生成量的措施之一。降低燃烧温度的方法主要有：

a. 在燃料能够正常燃烧并满足工艺要求的情况下，适当增加窑炉容积从而通过低温低速燃烧促使燃料燃尽；

b. 燃料分级加入，保证窑炉内的温度场的均匀，避免出现局部高温；

c. 简化窑炉流场，同时保证有大的吸热反应同燃烧过程同步进行，从而避免热量聚集而产生高温区域；

d. 采用长火焰燃烧装置，使火焰温度保持在较低的水平；

e. 控制燃烧气氛，形成还原气氛也可以延缓燃料的燃烧速度，从而降低燃烧温度。

②控制氧含量

控制氧含量包括控制燃烧系统的总氧含量和控制局部燃烧区域的氧含量。

控制系统的总氧含量可以使整个系统在较弱的氧气气氛下燃烧，使 $NO_x$ 生成速度下降，减少 $NO_x$ 的生成量。这种控制方法要求氧和燃料间的传质过程尽可能充分，在一定程度上延长了燃烧过程的时间。

控制局部燃烧区域氧含量，主要是降低易产生 $NO_x$ 的燃烧区域的氧含量。在控制局部燃烧区域氧含量方面，代表性的技术有低 $NO_x$ 燃烧器、空气分级燃烧技术和燃料分级燃烧技术等。

③控制合理的煤粉粒径分布

对于现有的窑炉而言，所用煤的种类和物理化学性质大多数没有选择，因此对于煤的控制方面仅能从粒度分布这一物理性质上来进行适当控制。

根据前面有关煤粉粒度对燃料型 $NO_x$ 生成和热力型 $NO_x$ 生成的影响描述，综合得出，煤粉过细和过粗都会对 $NO_x$ 的生成量有影响。

一般来说，对于挥发分较高的煤要求细度可以尽可能粗，从而降低挥发性 N 的快速逸出，并降低燃烧的最高温度而减少 $NO_x$ 的生成量；而对于挥发分低的煤要求增加细度，以加速煤粉的燃烧并降低对温度和氧含量的要求，进而减少 $NO_x$ 的生成量。

④合理地设计窑炉，合理地评估窑炉的生产能力

合理设计窑炉可以有效降低局部高温区域的出现，降低对燃料燃烧需氧量的要求，并可能产生弱氧化气氛或强还原气氛从而抑制或减少 $NO_x$ 的生成量。另外要特别注意的是，合理地评估窑炉的生产能力，在合理的燃料喷入量下组织生产，如过分地为了追求生产能力而加大窑炉内的燃料喷入量，会最终导致 $NO_x$ 的生成量增大。

⑤其他降低 $NO_x$ 的措施

a. 富氧燃烧技术

富氧燃烧技术是利用氧含量大于空气中氧浓度(21%）的富氧空气（一般氧含量在28%以上）作为介质的燃烧技术。一方面，富氧燃烧会大幅提高火焰温度，导致热力型 $NO_x$ 产生速率以几何级数增加，但火焰温度高，熟料烧成所需的时间减少，为减少烟气在高温区的停留时间提供了条件。另一方面，由于燃烧介质中 $N_2$ 浓度大大降低，无谓的能源消耗大幅下降，燃料消耗有所下降，单位单品产量所生成的 $NO_x$ 亦减少。有资料显示，以气、油、煤为燃料进行富氧(23%）燃烧，可节能10%～25%。天山多浪水泥厂4000t/d 生产线采用的窑头加纯氧(300Nm$^3$/h）助燃后，系统产量增加10%，总加煤量没有变化，窑尾烟室 $NO_x$ 浓度与不用富氧的浓度无明显变化，均为700～800ppm，$C_1$ 出口为450～500ppm，即单位质量水泥 $NO_x$ 排放量降低约9%。另外，富氧燃烧产生的烟气中 $CO_2$ 浓度增加，促进了窑内的辐射传热。此外，由于两挡回转窑减少了熟料烧成的停留时间和煤粉在窑内的燃烧停留时间，也可获得较好的传热效果，并提高 $NO_x$ 减排效果。

b. 低氧燃烧技术

低氧燃烧技术也称高温低氧燃烧，是通过将助燃空气预热到燃料自燃点上，并控制燃烧段氧体积浓度（一般氧含量在15%以下）使燃料稳定燃烧的技术。低氧燃烧通常用扩散燃烧为主的燃烧方式，大量的燃料分子扩散到炉膛内较大的空间，与氧分子充分混合接触后发生燃烧，显著扩大火焰体积。这种方式可以延缓、减弱燃料燃烧的释热速率及释热强度，火焰中不存在传统燃烧的局部高温高氧区，火焰峰值温度降低，温度场的分布相对均匀，$NO_x$ 的生成

量极少。

c. 全氧燃烧技术

全氧燃烧技术是使用或部分使用纯氧来作为燃烧介质，该技术可以大大地降低点火温度和燃烧最高温度，同时使燃烧过程中 $N_2$ 含量的大幅降低来降低 $NO_x$ 的生成，纯氧作燃烧介质还可以减少废气量并达到节能的目的。

d. 烟气脱硝技术

脱硝是在烟气中的 $NO_x$ 含量超出规定标准情况下，通过物理的或化学的方法消减烟气内 $NO_x$ 含量的方法，主要有炉膛喷射脱硝和烟气脱硝两种。炉膛喷射代表性方法有选择性非催化还原法(SNCR)，烟气脱硝代表性的有选择性催化还原法(SCR)。此外烟气脱硝还有比较特别的硫化物、硝和粉尘联合控制工艺(SNBR)及湿法烟气脱硝技术。

#### 3.2.4.2　低氮型燃烧器

(1) 概述

凡通过改变燃烧条件来控制燃烧关键参数，以抑制 $NO_x$ 生成或破坏已生成的 $NO_x$ 为目的，从而减少 $NO_x$ 排放的技术称为低氮燃烧技术。低氮燃烧技术主要包括低氧燃烧、分级燃烧、烟气再循环、采用低 $NO_x$ 燃烧器等。通过采用炉内低 $NO_x$ 燃烧技术，能将 $NO_x$ 排放浓度降低20%～30%。

低氮燃烧技术只有初期投资而没有运行费用，是一种较经济的控制氮氧化物的方法，采用这种技术能使 $NO_x$ 的生成量显著降低。若希望达到更高的 $NO_x$ 排放标准的要求，可与燃烧后烟气脱硝技术相结合，以降低燃烧后烟气脱硝的难度和成本。

低氮型燃烧器是指燃料燃烧过程中 $NO_x$ 排放量低的燃烧器，采用低氮型烧器能够降低燃烧过程中氮氧化物的排放。

回转窑中的热力型 $NO_x$ 主要是由窑头燃烧器产生的，提高一次风喷出速度，提高一次风喷出动量，降低一次风用量，可以显著降低回转窑中 $NO_x$ 的生成量。

通过特殊设计的燃烧器结构(LNB)及改变通过燃烧器的风煤比例，以达到在燃烧器着火区空气分级、燃烧分级或烟气再循环法的效果。在保证煤粉着火燃烧的同时，有效地抑制 $NO_x$ 的生成。

(2) 常用低氮型燃烧器的分类

燃烧器是水泥生产中窑、炉配套的重要设备，它是燃料稳定着火燃烧和燃料完全燃烧等过程的重要保证，低氮型燃烧器技术可有效抑制 $NO_x$ 的生成。根据降低 $NO_x$ 的燃烧技术，低氮氧化物燃烧器主要分为以下几类。

①阶段燃烧器

根据分级燃烧原理设计的阶段燃烧器，使燃料与空气分段混合燃烧，由于燃烧偏离理论当量比，形成局部的缺氧环境，故可降低 $NO_x$ 的生成。

②自身再循环燃烧器

利用空气抽力，将部分炉内烟气引入燃烧器，进行再循环的燃烧器，分两种：一种是利用助燃空气的压头，把部分燃烧烟气吸回，进入燃烧器，与空气混合燃烧；另一种自身再循环燃烧器是把部分烟气直接在燃烧器内进入再循环，并加入燃烧过程，此种燃烧器有抑制氧化氮和节能双重效果。

③浓淡型燃烧器

其原理是使一部分燃料作过浓燃烧，另一部分燃料作过淡燃烧，上空气量保持不变。由于两部分都在偏离化学当量比下燃烧，因而很低，这种燃烧又称为偏离燃烧或非化学当量燃烧。

④分割火焰型燃烧器

其原理是把一个火焰分成数个小火焰，由于小火焰散热面积大，火焰温度较低，使热反应 $NO_x$ 有所下降。此外，火焰小，缩短了氧、氮等气体在火焰中的停留时间，对热反应 $NO_x$ 和燃料 $NO_x$ 都有明显的抑制作用。

⑤混合促进型燃烧器

其原理是改善燃料与空气的混合，能够使火焰面的厚度减薄，在燃烧负荷不变的情况下，烟气在火焰面即高温区内停留时间缩短，因而使 $NO_x$ 的生成量降低。

⑥低 $NO_x$ 预燃室燃烧器

预燃室是近 10 年来我国研发的一种高效率、低 $NO_x$ 分级燃烧技术，预燃室一般由一次风（或二次风）和燃料喷射系统等组成，燃料和一次风快速混合，在预燃室内一次燃烧区形成富燃料混合物，由于缺氧，只是部分燃料进行燃烧，燃料在贫氧和火焰温度较低的一次火焰区内析出挥发分，因此减少了 $NO_x$ 的生成。

（3）三种低氮型燃烧器简介

①YZYY 低 $NO_x$ 型 NY 系列煤粉燃烧器

采用低过量空气燃烧（高风压、小风量），也就是利用低氮燃烧技术所描述的“缺氧燃烧，富氧燃尽”来降低 $NO_x$ 的生成。在“缺氧燃烧”阶段，由于氧气浓度较低，燃料的燃烧速度和温度降低，抑制了热力型 $NO_x$ 生成，但燃料不能完全燃烧，中间产物如 HCN 和 $NH_3$ 会将部分已生成的 $NO_x$ 还原成 $N_2$，从而抑制了燃料 $NO_x$ 的排放；然后再将燃烧所需空气的剩余部分以二次风型式送入，即“富氧燃尽”阶段，虽然空气量增多，但此阶段的温度已经降低，新生成的 $NO_x$ 量十分有限，因此总体上 $NO_x$ 的排放量明显减少，可降低 $NO_x$ 排放 20% ~30%。

为实现低过量空气极限燃烧，内外风、风机分道供风，在设计低 $NO_x$ 型燃烧器时，采用了为拉法基、海德堡公司制造加工的新技术，以及完善的成功经验，以低氮燃烧器技术的特定要求，一次风采用双风机结构，即外净风采用一台风机单独供风，内净风、中心风采用一台风机单独供风，二台风机均配有变频调速电机。海拔高度 <800m 的情况下，其风机参数见表 3-21。

**表 3-21　风机参数**

| 产量(t/d) | 外净风机 | | 内净内机 | | 低过量极限用风量 | |
|---|---|---|---|---|---|---|
| | 风量($m^3$/min) | 风压(kPa) | 风量($m^3$ min) | 风压(kPa) | 外净风(%) | 内净风(%) |
| 2500 | 35 | 49 | 45 | 29.4 | 60 ~ 80 | 50 ~ 70 |
| 5000 | 80 | 49 | 70 | 29.4 | 55 ~ 75 | 50 ~ 70 |

两台风机分别向指定的风道送风，使每个风道均能达到理想的出口风速，对火焰开关、长短、粗细真正能达到调节灵活，得心应手。YZYY 低 $NO_x$ 型 NY 系列煤粉燃烧器外型图如图 3-16 所示。

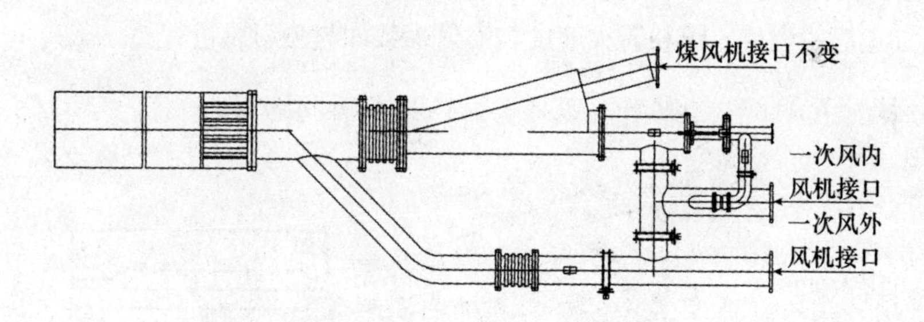


图 3-16　YZYY 低 $NO_x$ 型 NY 系列煤粉燃烧器

低 $NO_x$ 燃烧器采用了“二高二大二低一强”的设计理念。风速、风压对照表见表 3-22。

**表 3-22　风速、风压对照表**

| 各风道风速、风压 | 外净风 | | 煤风 | | 风净风 | | 中心风 | |
|---|---|---|---|---|---|---|---|---|
| | 风速(m/s) | 风压(kPa) | 风速(m/s) | 风压(kPa) | 风速(m/s) | 风压(kPa) | 风速(m/s) | 风压(kPa) |
| 单风机燃烧器 | 180 ~ 200 | 15 ~ 25 | 25 ~ 35 | 58 ~ 68 | 160 ~ 180 | 13 ~ 20 | 40 ~ 60 | 5 ~ 10 |
| 低 $NO_x$ 双风机燃烧器 | 250 ~ 340 | 35 ~ 45 | 25 ~ 35 | 58 ~ 68 | 200 ~ 280 | 25 ~ 35 | 60 ~ 100 | 10 ~ 15 |

“二高”是指端部净风喷嘴出口网速高——其包裹性能好，火焰四周更光滑，有效控制局部高温点和窑衬的使用寿命。内外净风压头高——为高风速提供保障。

“二大”是指端部出口的集体风速与二次风速相比，速差大——有利于动能与热能的交换。抗干扰气流，穿透性能推力大——火焰更强劲。

“二低”是指低过剩空气系数燃烧（占总风量的6%），低 $NO_x$ 排放。

“一强”是指强旋流，强旋流产生强涡流，强涡流吸卷循环二次热风能量强，风煤混合更充分，有效缩短煤粉燃尽时间，对高硫高灰分煤、低挥发分、低热值煤的煅烧，与其他结构型式的燃烧器相比，能起到更好的效果。

②PYROJET 四风道燃烧器

PYROJET 四风道燃烧器可烧劣质褐煤，从其喷嘴断面图（图 3-17）可见，中心装有点火用液体或气体燃料喷嘴，其外部第一环形风道鼓入 0.06$MP_a$ 低压风顶住回流风。而第二层环形风道出口装有螺旋风翅（相当于三风道喷嘴内旋流风）。风量为 2.4%，风速为 160m/s。第三层环形风道是送煤粉风道，其风量 2.3%，风速为 24m/s；最外环不是环形风道，而是一圈环状布置的8 ~ 18个独立喷嘴。由一台旋转活塞风机供以 0.1MPa 左右的高压风，通过这些喷嘴，喷出风速高达 440m/s，风量为 1.6%。喷出高速射流，可将高温二次风卷吸到喷嘴中心，可加速煤粉燃烧。煤粉着火速度与喷射嘴数即与喷射风量有关。

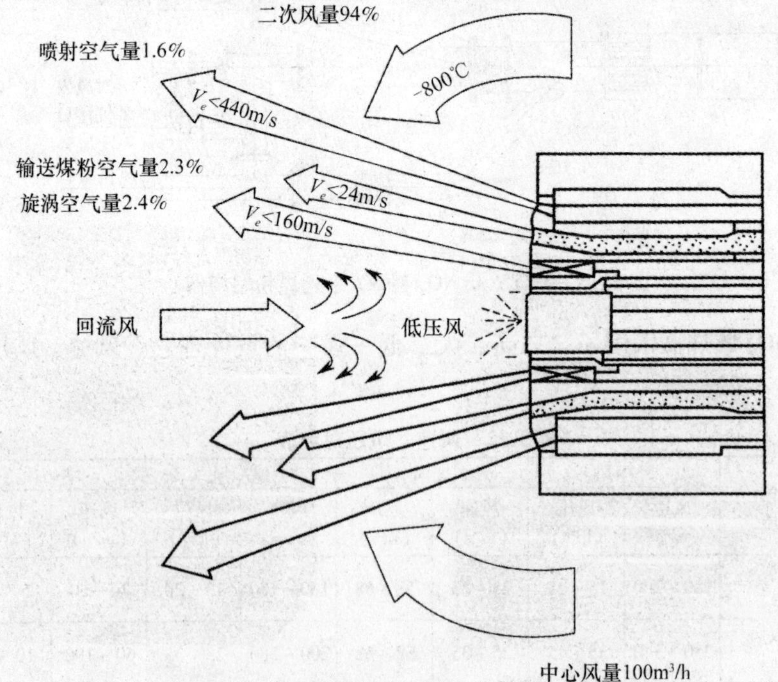


图 3-17　PYROJET 四风道燃烧器喷嘴断面图

一般三风道燃烧器，设计一次风量是燃烧空气总量的10%～15%，而PYROJET喷嘴设计一次风量是6%～9%，大量降低了一次风量，可以增加高温二次风量和热回收率，有利于提高窑系统热效率和窑产量。

采用PYROJET喷嘴的燃烧器，由于喷嘴外风高速喷射卷吸高温二次风进喷嘴中心，使煤粉着火速度加快，使氮和氧来不及化合，可以减少$NO_x$形成。根据实验可使窑尾废气$NO_x$含量降低30%。在严格限制$NO_x$排放量的要求下，PYROJET喷嘴获得了广泛应用。

③Duoflex型燃烧器

1996年推出的新型第三代回转窑用Duoflex燃烧器，利用煤风管的伸缩，改变一次风出口面积调节一次风量（图3-18）。此燃烧器具有以下特点：

a. 保证总的一次风量6%～8%，选择恰当的一次风机风压，以获得要求的喷嘴出口风速，大幅度提高一次风压的冲量达1700N·m/s以上，强化燃料燃烧速率，能满足燃烧各种煤质的燃料。

b. 为降低因提高一次风喷出速度而引起风道阻力损失，在轴向风和涡流风道出口较大空间内使两者预混合，然后再由同一环形风道喷出。

c. 将煤风管置于轴向风和涡旋风管之中，可以提高火焰中部煤粉浓度，使火焰根部$CO_2$浓度增加，$O_2$减少，在不影响燃烧速度条件下维持较低温度水平，可以有效地抑制$NO_x$生成量。

d. 为了抵消高涡旋外部风在火焰根部产生剩余负压，防止未燃尽的煤粉被卷吸而压向喷嘴出口，造成回火，影响火焰稳定燃烧，在风管内增设中心风管，其中心风量约为一次总风量的1%。在中心风管出口处设有多孔板，将中心风均匀地分散成许多风速较高的流束，防止煤粉回火，实为一个功能良好的火焰稳定器。此外，中心风管起保护和冷却点火油管的作用。

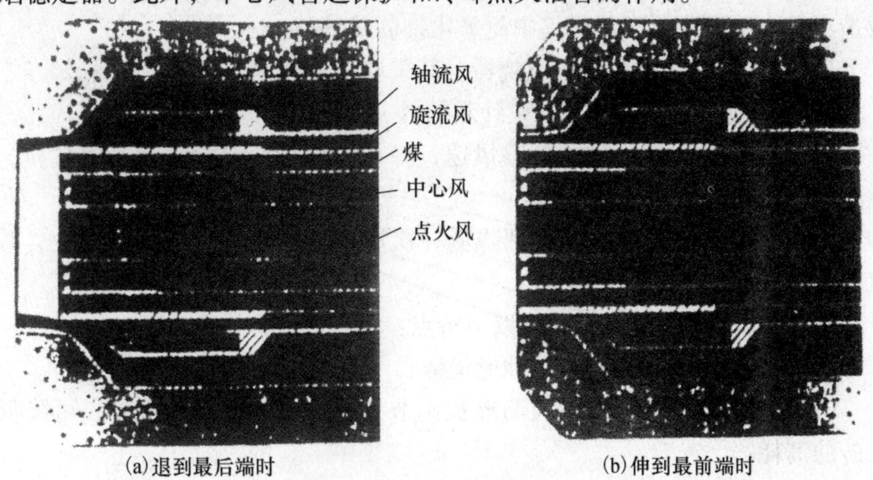


(a)退到最后端时　　(b)伸到最前端时

图3-18　Duoflex型燃烧器

e. 煤风管通过手动涡轮驱动可前后伸缩，有精确刻度指示伸缩位置。只伸缩煤风管可维持轴向风和涡旋风比例不变，使调节一次风出口风道面积达1∶2，即一次风量调节范围为50%～100%，且可以无级调节。另外还设有调节轴回风和涡旋风管的闸门，在窑点火时，需要调节这两个阀门，正常运转时，该两阀门完全打开。

f. 煤风管伸缩处用膨胀节相连，确保密封性能良好，其伸缩距离约为100mm，当其退缩至最后端位置时，喷嘴一次风出口面积最大，其风量也最大，这样喷嘴出口端形成长约100mm的拢焰罩，对火焰根部有聚束作用。相反煤风管伸至最前端，喷嘴一次风出口面积最小，其风量最小，拢焰罩长度等于零，一般生产情况下，拢焰罩长度居中以便前后调节。

g. 在燃烧器结构设计方面，加大各层风管直径，提高了喷煤管强度和刚度。风管后端用法兰连接，前端用定位凸块、恒压弹簧和定位钢珠，具有良好对中、定位和锁定功能，保证各层风道同心度。加大了煤风管进口部位空间，可降低煤风速，减小了煤粉进入角度，以及减小对易磨损部分堆焊耐磨层的磨损，喷嘴用耐热合金钢制成，燃烧器使用寿命可达15年。

Duoflex燃烧器的使用，可降低$NO_x$约30%。

④HP(HPC)型低氮燃烧器

HP(HPC)型低氮燃烧器是合肥水泥研究设计院的最新研究成果，是在“HP强涡流型三通道燃烧器”、“HP20大型强涡流多通道燃烧器”、“HP多种燃料混烧型燃烧器”多项研发成果的基础上研制成功的。近年来，合肥院热工技术装备公司对窑头低氮燃烧器、窑尾分级燃烧技术及装备进行了深入的研究，承担了行业科研项目“水泥窑炉低氮燃烧技术及装备”，取得了具有自主知识产权的成果。近两年，该成果已用于国内十余个窑头燃烧器-窑尾分解炉改造项目，达到降低窑尾烟气中氮氧化物的目的。

HP型低氮燃烧器是窑头燃烧器，其采取以下技术方案：

a. 创新优化燃烧器参数，设计新的风、煤出口方式和排布方式；

b. 合理优化风煤配比，调整风速，降低火焰中心高温区氮、氧含量，减少氮、氧在高温区停留时间；

c. 通过掺入其他介质，合理降低一次风或其他助燃空气的氧浓度，减少氮、氧在高温区生成化合物。

窑头HP型低氮燃烧器具有以下特点：

a. 具有降低$NO_x$生成量的性能优势；

b. 对燃料的适应性强、火焰形状调节方便、有利于保护窑皮、可降低耐火砖的消耗；

c. 耐磨损、耐变形、使用寿命长；

d. 在原燃料成分适宜的情况下能烧出高质量的熟料，热耗低。

HPC 型低氮燃烧器是分解炉专用低氮燃烧器。在其研发过程中，对燃烧过程中喷出煤粉的气体流场、速度场、温度场等进行了模拟和运算，分析比较了出口速度、旋流强度、出口型式等参数对火焰及炉况制度的影响，既考虑到分解炉内燃料系无焰燃烧，炉内温度较回转窑低的因素，又能保证分级燃烧的脱氮效率，还可根据还原区操作温度、C1 出口 $NO_x$ 等系统参数，及时调整各区域用煤量，确保脱氮效果。

#### 3.2.4.3　分级燃烧技术

（1）分级燃烧原理

分级燃烧是将燃料、燃烧空气及生料分别引入，以尽量减少 $NO_x$ 形成并尽可能将 $NO_x$ 还原成 $N_2$。分级燃烧涉及四个燃烧阶段：

①回转窑阶段，可优化水泥熟料煅烧；

②窑进料口，减少烧结过程中 $NO_x$ 产生的条件；

③燃料进入分解炉内煅烧生料，形成还原气氛；

④引入三次风，完成剩余的煅烧过程。

（2）空气分级燃烧

传统的燃烧器要求燃料和空气快速混合，并在过量空气状态下进行充分燃烧。从 $NO_x$ 的形成机理可以知道，反应区内的空燃比对 $NO_x$ 的形成影极大，空气过剩量越多，$NO_x$ 生成量越大。空气分级燃烧降低 $NO_x$ 几乎可用于所有的燃烧方式，其基本的思路是希望避开温度过高和大过剩空气系数同时出现，从而降低 $NO_x$ 的生成。空气分级燃烧工艺流程图如图 3-19 所示。

空气分级燃烧技术是将燃烧所需的空气分级送入炉内，使燃料在炉内分级分段燃烧。把供给燃烧区的空气量减少到全部燃烧所需用空气量的70% ~80%，降低燃烧区的氧浓度，也降低燃烧区的温度水平。第一级燃烧区的主要作用就是抑制 NO 的生成，并将燃烧过程推迟。燃烧所需的其余空气则通过燃烧器上面的燃尽风喷口送入炉膛与第一级所产生的烟气混合，完成整个燃烧过程。

对于新型干法水泥生产线分解炉内空气分级燃烧，所需的空气分两部分送入分解炉。一部分为主三次风，占总三次风量的 70% ~90%；另一部分为燃尽风(OFA)，占总三次风量的 10% ~30%。炉内的燃烧分为 3 个区域，即热解区、贫氧区和富氧区。空气分级燃烧是在与烟气流程图的分解炉截面上组织分级燃烧的。空气分级燃烧存在的问题是二段空气量过大，会使不完全燃烧损失增大；分解炉会因还原性气氛而易结渣、腐蚀；由于燃烧区域的氧含量变化引起燃料的燃烧速度降低，在一定程度上会影响分解炉的总投煤量的最大值，也就是会影响分解炉的最大产量。

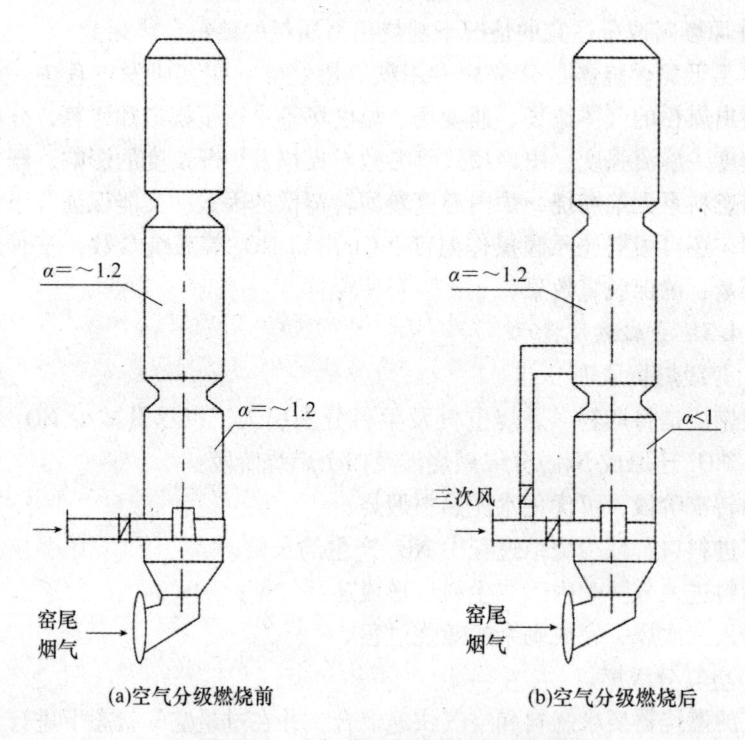


图 3-19　空气分级燃烧工艺流程图

空气分级燃烧是目前普遍使用的低氮氧化物燃烧技术之一。助燃空气分级燃烧技术的基本原理为：将燃烧所需的空气量分成两级送入。使第一级燃烧区内过量空气系数小于1，燃料先在缺氧的条件下燃烧，使得燃烧速度和温度降低，因而抑制了燃料型 $NO_x$ 的生成。同时，燃烧生成的一氧化碳与氮氧化物进行还原反应，以及燃料氮分解成中间产物（如 NH、CN、HCN 和 $NH_x$ 等）相互作用或与氮氧化物还原分解，抑制燃料氮氧化物的生成。

$$2CO + 2NO \longrightarrow 2CO_2 + N_2 \qquad \text{反应式(3-14)}$$

$$NH + NH \longrightarrow N_2 + H_2 \qquad \text{反应式(3-15)}$$

$$H + NO \longrightarrow N_2 + OH \qquad \text{反应式(3-16)}$$

在二级燃烧区（燃尽区）内，将燃烧用空气的剩余部分以二次空气的型式输入，成为富氧燃烧区。此时空气量多，一些中间产物被氧化生成氮氧化物：

$$CN + O_2 \longrightarrow CO + NO \qquad \text{反应式(3-17)}$$

但因为温度相对常规燃烧较低，氮氧化物生成量不大，因而总的氮氧化物生成量是降低的。

（3）燃料分级燃烧

燃料分级，也称为“再燃烧”，是把燃料分成两股或多股燃料流，这些燃料流经过三个燃烧区发生燃烧反应。第一燃烧区为富氧燃烧区；第二燃烧区通常称为再燃烧区，空气过剩系数小于1，为缺氧燃烧区，在此燃烧区，第一燃烧区产生的 $NO_x$ 将被还原，还原作用受过剩空气系数、还原区温度以及停留时间的影响；第三燃烧区为燃尽区，其空气过剩系数大于1。

燃料分级燃烧技术是将分解炉分成主燃区、再燃区和燃尽区。主燃区供给全部燃料的 70% ~90%，采用常规的低过剩空气系数（$\alpha \leqslant 1.2$）燃烧生成 $NO_x$；与主燃区相邻的再燃区，只供给 10% ~30% 的燃料，不供入空气，形成很强的还原性气氛（$\alpha = 0.8 \sim 0.9$），将主燃区中生成的 $NO_x$ 还原成 $N_2$ 分子；燃尽区只供入燃尽风，在正常的过剩空气（$\alpha = 1.1$）条件下，使未燃烧的 CO 和飞灰中的碳燃烧完全。

水泥窑燃料分级燃烧技术是指在窑尾烟室和分解炉之间建立还原燃烧区，将原分解炉用燃料的一部分均布到该区域内，使其缺氧燃烧以便产生 CO、$CH_4$、$H_2$、HCN 和固定碳等还原剂，这些还原剂与窑尾烟气中的 $NO_x$ 发生反应，将 $NO_x$ 还原成 $N_2$ 等无污染的惰性气体。此外，煤粉在缺氧条件下燃烧也抑制了自身燃料型 $NO_x$ 产生，从而实现水泥生产过程中的 $NO_x$ 减排。

（4）低氮型分解炉

①DD 型分解炉

DD 炉是 Dual Combustion and Denitration Process 的缩写，即双重燃烧和脱硝过程。DD 炉是日本水泥公司同神户钢铁公司在总结了许多窑外分解方法和经验基础上研制而成的，其设计目的是降低能耗，优化燃料供给比，以降低 $NO_x$ 排放，同时节省投资和操作费用。DD 炉通过在炉的下部增设还原区段，使窑废气中的 $NO_x$ 有效脱除；又通过在炉内主燃烧区后设立后燃烧区，使燃料进行双重燃烧，从而获得良好的生产效果。DD 型窑工艺流程及 DD 炉结构示意如图 3-20 所示。

根据图 3-20（a）DD 炉的结构可知，DD 炉内可划分为以下 4 个区带。

a. 还原区（Ⅰ区）

它包括咽喉部分和最下部锥体部分。咽侯部分是 DD 炉的底部，直接同窑喂料端烟室连接，窑废气通过咽喉直吹向上，使得生料团被喷腾而进入炉内。窑出口气体速度可以在 30 ~40m/s 之间选择，要保证没有生料降入窑内。这样做取消了窑尾上升烟道，也就不会出现上升烟道结皮堵塞故障，可以保证窑系统稳定运行。

采用 DD 炉系统其总燃料量的 60% 供给分解炉，炉内燃料在较低温度下（900℃以下）燃烧和生料分解，故 $C_4$ 级旋风筒排出气体中 $NO_x$ 较低，大约是 190ppm。

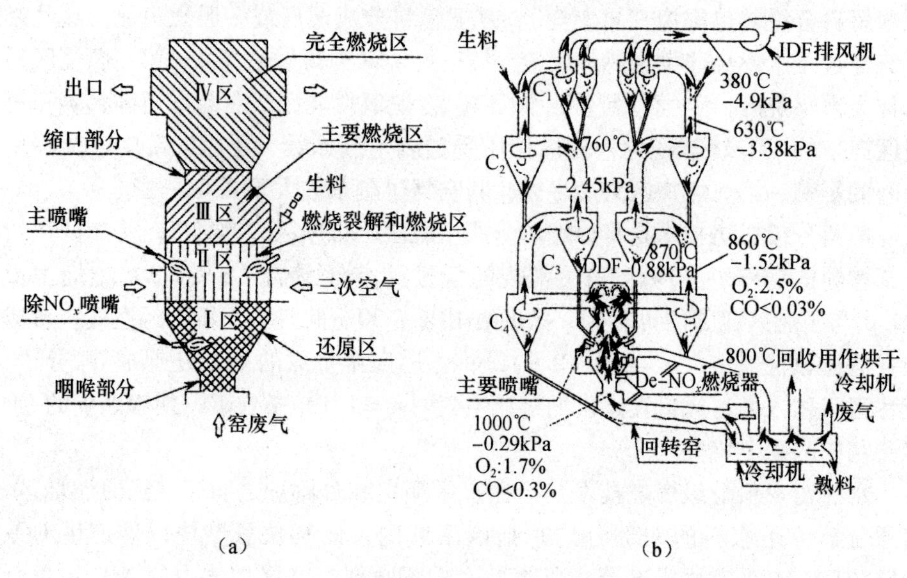


图 3-20　DD 型窑工艺流程及 DD 炉结构示意

(a) DD 炉结构示意；(b) DD 型窑工艺流程示意

为了进一步除去 $NO_x$，在Ⅰ区锥体侧面装几个除 $NO_x$ 的还原性喷嘴，对于 DD 炉系统，大约总燃料量的 10% 由这几个还原性喷嘴喷出（或是 DD 炉燃料量的 15%）。燃料在该处缺氧的窑出口废气中燃烧，产生高浓度还原性气体 CO、$H_2$ 和 $CH_4$，同窑废气中的 $NO_x$ 发生下列化学反应：

$$2CH_4 + 4NO_2 \longrightarrow 2N_2 + 2CO_2 + 4H_2O \qquad \text{反应式(3-18)}$$

$$4H_2 + 2NO_2 \longrightarrow N_2 + 4H_2O \qquad \text{反应式(3-19)}$$

$$4CO + 2NO_2 \longrightarrow N_2 + 4CO_2 \qquad \text{反应式(3-20)}$$

在这些化学反应中，生料中 $Fe_2O_3$ 和 $Al_2O_3$ 起着脱硝的催化剂作用，从而大大降低了 $NO_x$ 含量。故装上除 $NO_x$ 还原喷嘴后，$C_4$ 级旋风筒排出废气中 $NO_x$ 量降低至 110ppm。

由于本区的主要作用是把对环境卫生有害的 $NO_x$ 还原为无害的 $N_2$，故称之为还原区。

b. 燃料裂解和燃烧区（Ⅱ中部偏下区）

冷却机来的高温三次空气，由两个对称风管吹入 DD 炉的Ⅱ区。每个风管吹入风量由风管上装有的流量控制阀来控制，总风量根据 DD 炉系统具体操作情况，由主控制阀来控制。

两个主燃料喷嘴分别装在三次风各自进口的顶部。燃料喷入Ⅱ区富氧区后立即在炉内紊流中蒸发、裂解和燃烧，产生热量立即传给分散的生料粉，气流在这里进行高效热交换，使生料迅速分解。

c. 主燃烧区（Ⅲ区）

主燃烧区位于炉中部偏上到缩口，主要为燃料提供燃烧空间，在空间内把燃料燃烧产生的热量传递给悬浮状态下的生料粉，使生料分解。由于生料分解吸热，炉内温度保持在850～900℃的水平。生料和燃料在该区内分布均匀，混合很好，没有明亮的火焰热点，使该区内的温度分布均匀，并稳定在一定的水平上。

在炉的侧壁附近，由于有生料不断下降，其温度在800～860℃之间，因此生料不会在壁上结皮，也就不会因结皮而造成分解炉断面减小，保证窑系统稳定运行。

用气相色谱法分析气体，观察结果表明，大约90%的燃料在Ⅲ区中燃烧，因此称该区为主燃烧区。

d. 完全燃烧区（Ⅳ区）

完全燃烧区位于炉顶圆柱体，主要作用是使未燃烧的10%左右的燃料继续燃烧，并促进生料分解。气体和生料通过Ⅲ区和Ⅳ区间的缩口向上喷腾直接冲击到炉顶棚，翻转向下后到出口，使气料产生搅拌和混合，达到完全燃烧和改善热交换。

DD炉下部对称的三次风进风管和顶部两根出风管，都向炉中心径向方向安装。这样做可以防止气流产生切向圆周的旋流运行，有利于炉内生料和气流产生良好的喷腾混合运动，使分解炉压损降低到0.6kPa，保证整个DD炉NSP系统静压仅为5$kP_a$。

DD炉的二次喷腾及气流直冲炉顶翻转而下，改善了气料的搅拌和混合，也增加了生料和燃料在分解炉内停留时间（达10s以上），使燃料在DD炉内达到完全燃烧，不会因为未燃烧的燃料进入$C_4$级旋风筒燃烧结皮而造成堵塞。这可从$C_4$级旋风筒出口气体中CO含量保持在0.05%以下得到证明。另外，由于DD炉内气体与生料热交换很好，DD炉出口温度控制在870～880℃之间，可使入窑生料分解率保持在90%以上。

天津院在设计SY水泥厂时，采用了引进的2000t/d熟料DD炉窑系统。该厂于1993年6月建成，随后，该院在消化引进技术的基础上，开发了1000t/d的DD炉窑系统，并用于CT水泥厂，1995年8月投产。

DD炉吸取了其他分解炉的优点，尤其是在N-KSV炉研究的基础上进行改进开发，主要改进处如下：Ⅰ. 炉顶设置气料反弹室，有利于气料产生搅拌和混合，增加气料在炉内停留时间，达到燃料完全燃烧和改善热交换，防止N-KSV炉内的偏流现象。Ⅱ. DD炉下部对称的三次风进风管和顶部两根出风管，都是向炉中心径向方向安装，而N-KSV是切线方向安装，有利于产生良好喷腾效应的同时和降低炉子的操作压损。III. 四个主喷嘴从三次风管上部两侧，直接喷入三次风管富氧气流中，点火燃烧条件较好。

②Pyroclon—R—Low $NO_x$ 分解炉

Pyroclon—R—Low $NO_x$ 分解炉是在 R 型分解炉基础上改进的，目的是降低 $NO_x$ 排放浓度，如图 3-21 所示，其工艺流程示意图如图 3-22 所示。

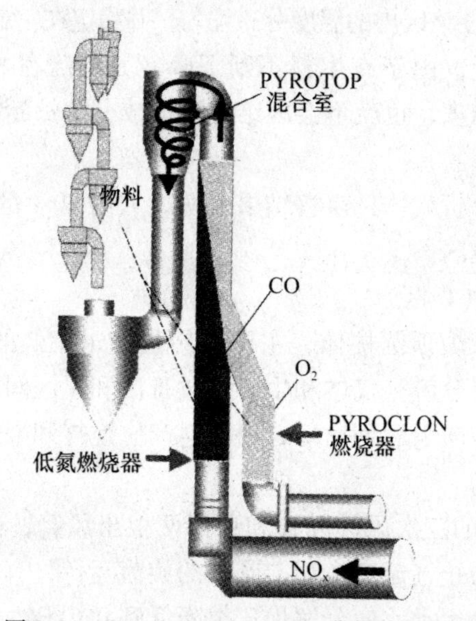


图 3-21　Pyroclon-R-Low $NO_x$ 分解炉原理图

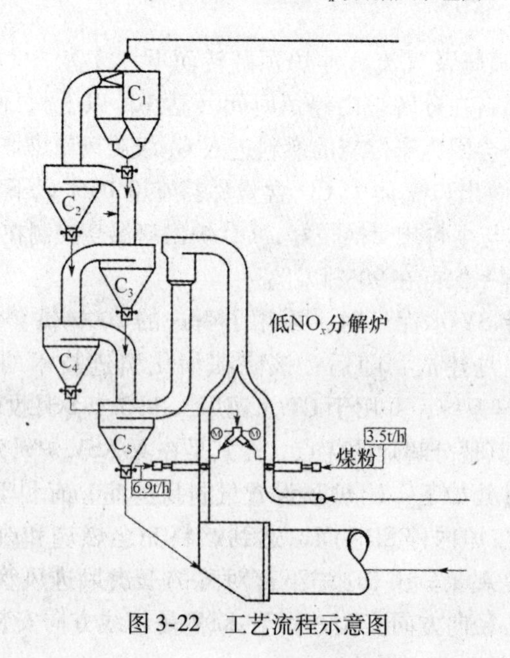


图 3-22　工艺流程示意图

由冷却机来的三次空气成锐角方向导入管道式分解炉，使三次空气与窑尾废气在管道分解炉底部的一段时间内平行向上流动。在分解炉下部的窑尾废气区和分解炉稍高处三次空气区各设一个燃烧器。其目的是在窑尾废气区内，利用窑尾废气中过剩 $O_2$ 燃烧小部分燃料，形成含 CO 还原气氛，在生料和煤粉的催化作用下，使 CO 与 $NO_x$ 发生还原反应生成 $CO_2$ 和 $N_2$，达到降低 $NO_x$ 的目的，可使窑内产生的 $NO_x$ 降低35% ~50%。另一股位于炉内稍高处的燃料，在纯三次空气中起火燃烧，两股料气在180°弯头处合成一股气料混合流进入预热器。

③KSF-LN 分解炉（低氮）

KSF-LN 预分解系统一共有三种型式的分解炉，其一是常规燃料的在线分解炉 KSF，其二是无烟煤或劣质煤的离线型分解炉 KSF-W，其三就是低氮型分解炉 KSF-LN。

$NO_x$ 可分为热力型（主要在1500℃以上时大量生成）、燃料型（燃料中的氮化物燃烧时产生）及快速型（燃料中的碳氢化合物快速燃烧时同空气中的氮气反应后再被氧化而产生）。还原气氛可以抑制燃料型 $NO_x$ 和快速反应型 $NO_x$ 的生成，对已生成的 $NO_x$ 在合适的还原气氛下也可以被还原为 $N_2$。为了适应环境保护要求，四川卡森公司设计的 KSF 分解炉对 $NO_x$ 排放的控制措施从两方面同时着手，一是还原在窑中产生的热力型 $NO_x$ 及燃料 $NO_x$；二是控制高温富氧环境，减少分解炉中燃料型 $NO_x$ 的合成。

还原热力型 $NO_x$ 及燃料 $NO_x$ 方面，KSF 采用燃料分级技术，在上升烟道处设一燃烧器。加入的燃料在窑气中不完全燃烧，生成 CO、$H_2$ 等还原气体，形成一个强的还原气氛，在物料的催化作用（此处物料还有控制上升烟道温度的作用）下，使在窑内产生的热力型和燃料型 $NO_x$ 被快速还原成 $N_2$。为满足还原 $NO_x$ 所需的时间，在上升烟道上部设有一定的脱氮空间，控制脱氮时间在0.22s 左右就可以有效地减排 $NO_x$。

分解炉内燃烧生成的 $NO_x$ 主要是燃料型。KSF 分解炉设计中，采用了空气分级技术，在三次风管上设置了一个支管用以控制分解炉内的氧含量，从而使分解炉内产生弱的还原气氛，抑制大部分燃料型和快速型 $NO_x$ 的产生，保证 $NO_x$ 排放量控制在合理的范围内。

通过以上措施，可使 $C_1$ 出口 $NO_x$ 含量控制在400ppm 以下。

现有的分解炉，诸如 RSP、CDC、KSV、MFC、管道式分解炉，都可以按照 KSF—LN 分解炉的原理进行改造，增加分级燃烧技术、空气分级技术、多喷腾技术等，可以有效地降低系统中的 NO 排放量。

### 3.2.4.4 选择性非催化还原技术（SNCR）

（1）概述

目前，开发的 $NO_x$ 控制技术中，除低 $NO_x$ 燃烧器、分级燃烧技术、添加矿化剂、工艺优化控制（系统均衡稳定运行）等一次措施，还包括选择性非催化还原技术(SNCR)、选择性催化还原技术(SCR)等二次措施。

国际上把燃烧后 $NO_x$ 的所有控制措施统称为二次措施，又称为烟气脱硝技术，比较通用的烟气脱硝技术主要分为干法和湿法两大类。干法脱硝技术主要包括选择性还原法、吸附法、电子束照射法、脉冲电晕等离子体法、等离子体活化法等。其中，选择性还原法是国家环境保护部重点推荐的水泥行业烟气脱硝技术。选择性还原法根据其使用机理不同又可分为选择性非催化还原法(SNCR)和选择性催化还原法(SCR)，SCR 适用于水泥行业的所有窑型，而 SNCR 仅适用于新型干法预分解窑。

选择性非催化还原脱硝(Selective Non-Catalytic Reduction，SNCR)于 20 世纪 70 年代中期首先在日本的燃气、燃油电厂得到广泛应用，并逐步推广到欧盟和美国，从电力行业推广到冶金钢铁、建材水泥和玻璃等行业。SNCR 现阶段在国内电力、冶金钢铁广泛应用，建材水泥玻璃行业正逐步推广使用。

（2）SNCR 脱硝原理

选择性非催化还原(SNCR)脱硝($NO_x$)技术是烟气中 $NO_x$ 的末端处理技术，将氨基还原剂（氨水或尿素）喷入水泥窑烟室缩口、分解炉炉内温度为 800～1100℃的区域，喷入的还原剂迅速热解分解为 $NH_3$ 和 $NH_2$，在特定的温度、氧存在的条件下，氨基还原剂选择性地还原 $NO_x$，生成 $N_2$ 和 $H_2O$，而不与烟气中的 $O_2$ 作用。整个反应未使用催化剂，因而称之为选择性非催化还原脱硝。采用氨水和尿素作为还原剂的 SNCR 发生的反应如下。

采用氨水作为还原剂的反应温度窗口为 900～1100℃，还原 $NO_x$ 的主要反应为：

$$4NH_3 + 4NO + O_2 \longrightarrow 4N_2 + 6H_2O \qquad \text{反应式(3-21)}$$

$$4NH_3 + 2NO_2 + O_2 \longrightarrow 3N_2 + 6H_2O \qquad \text{反应式(3-22)}$$

采用尿素作为还原剂的反应温度窗口为 950～1100℃，还原 $NO_x$ 的主要反应为：

$$2CO(NH_2)_2 + 4NO + O_2 \longrightarrow 3N_2 + 2CO_2 + 4H_2O \qquad \text{反应式(3-23)}$$

$$6CO(NH_2)_2 + 8NO_2 + O_2 \longrightarrow 10N_2 + 6CO_2 + 12H_2O \qquad \text{反应式(3-24)}$$

还原剂喷入水泥窑烟室缩口、分解炉内发生了上述主要反应。由于没有催化剂提高 $NO_x$ 还原反应速率，SNCR 还原 $NO_x$ 的反应对还原剂喷入点的选择，也就是所谓的脱硝温度窗口的选择，是关系 SNCR 对水泥窑烟气脱硝效率高低的关键。

（3）SNCR 脱硝影响因素

影响 SNCR 运行过程中的关键因素有：水泥窑分解炉内 $NO_x$ 的初始浓度、还原剂喷入的温度窗口、氨氮比 Normalized Stoichiometric Ratio（NSR）、停留时间、还原剂和烟气的混合程度、烟气中氧含量、氨逃逸率和添加剂。

①还原剂的温度窗口

SNCR 脱硝技术对于还原剂的反应温度条件非常敏感，分解炉上喷入点的选择，可在一定程度上决定 $NO_x$ 的脱除效率。不同的还原剂的最佳温度范围与具体的分解炉内烟气环境有关。从目前掌握的水泥窑 SNCR 实际经验来看，氨水作为还原剂的反应温度窗口为 900～1100℃，尿素作为还原剂的反应温度窗口为 950～1150℃，温度窗口是一个非常窄的范围，水泥窑窑尾烟室至分解炉的控制温度刚好在这两个反应温度窗口内，因为分解炉内温度场比较复杂，选择合适的喷入点尤为重要。当温度低于反应窗口下限时，还原反应速度减慢以至于还原失效，大部分 $NH_3$ 仍未反应，造成氨逃逸；而温度高于温度窗口上限时，会发生 $NH_3$ 的氧化竞争反应，产生额外的 $NO_x$。当把带有 CO、$H_2$、$CH_4$、钠盐和一些醇类有机化合物的添加剂加入分解炉内，可以有效地改变反应温度窗口，使反应在温度较低时有较高的脱硝效率。微量的添加剂就能起到很好的效果。这些添加剂是通过改变反应历程，促进某些关键基元的生成，从而提高了脱硝效率。

由于分解炉运行中烟气含有大量生料，且烟气流具有多样性，需要通过 CFD 流场模拟和现场反复测定后确定还原剂的喷入点数量及位置。为了提高脱硝效率和降低氨逃逸量，SNCR 采用多层喷射系统（一般采用两层），一般根据运行情况确定各层喷枪系统的投运。

采用氨水和尿素作为脱硝剂的反应温度与脱硝效率对应关系如图 3-23 所示。

②氨氮比

所谓氨氮摩尔比是指反应中氨与 NO 的摩尔比值。按照 SNCR 反应，还原 1molNO 需要 1mol 氨气或 0.5mol 尿素。但在实际应用中还原剂的量要比这个量大，因为实际反应比较复杂且气体混合不均匀，要想达到较好的脱硝效果，需要增大还原剂的量。随着氨氮比的增加，脱硝效率增加，但同时氨逃逸增加，成本也较高。当氨氮比小于 2 时，随着氨氮比增加，脱硝效率有明显提高。在此基础上若增加氨氮比，脱硝效率不再有明显增加。目前，水泥窑 SNCR 系统的 NSR 一般控制在 1.3 左右。氨氮比与脱硝效率对应关系如图 3-24 所示。

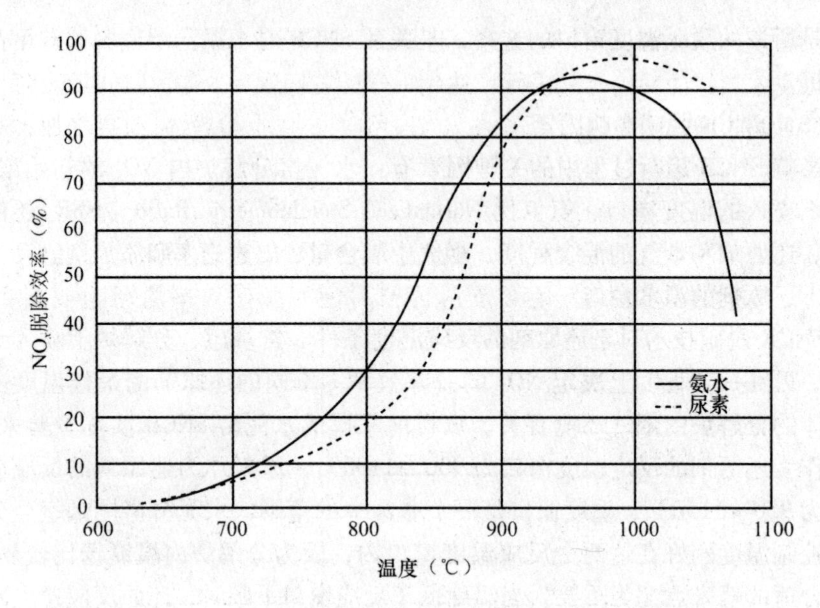


图 3-23　采用氨水和尿素作为脱硝剂的反应温度与脱硝效率对应关系

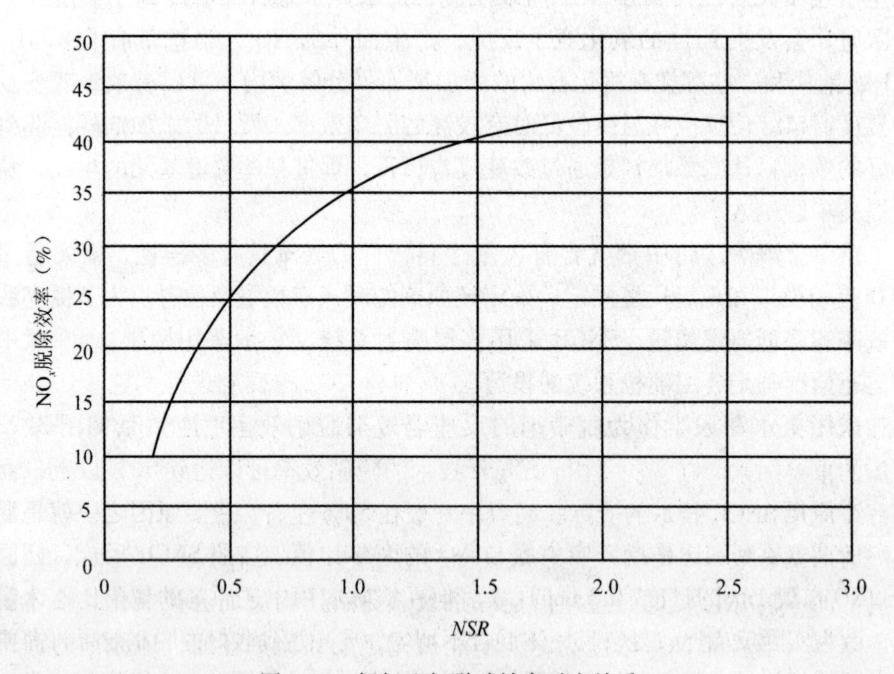


图 3-24　氨氮比与脱硝效率对应关系

③停留时间

任何化学反应都需要经历一段时间才能完成，反应完成情况随反应时间的不同是有差异的。对于SNCR反应，还原剂和$NO_x$在合适的反应区域有足够的停留时间才能保证反应充分进行，达到良好的脱硝效果。停留时间较短时，随着停留时间的增加，脱硝效率增加，当停留时间达到一定尺度时再增加，对脱硝效率的影响就不明显了。

停留时间与分解炉的尺寸、内部结构型式及烟气的流动状况有关。还原反应在分解炉内的停留时间取决于分解炉的尺寸和反应窗口内烟气路径的尺寸和速度，一般控制在0.25s。脱硝反应停留时间对脱硝效率的影响如图3-25所示。

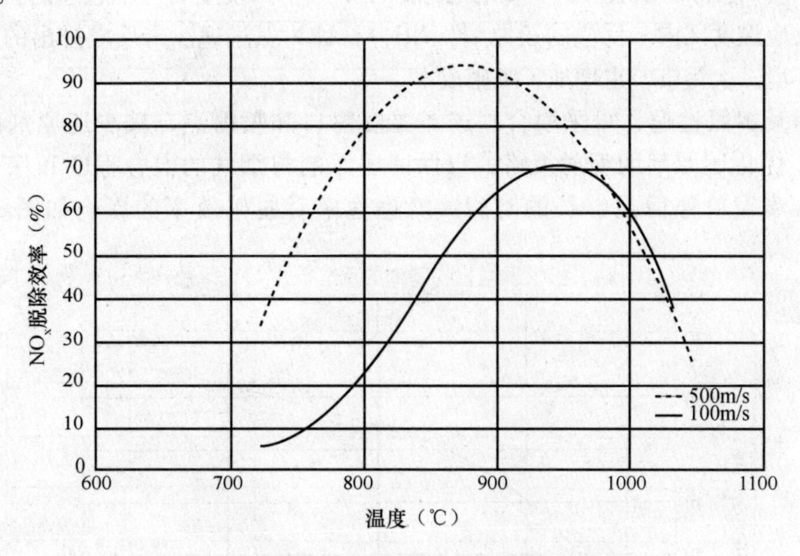


图3-25　脱硝反应停留时间对脱硝效率的影响

④还原剂与烟气的混合程度

还原剂与烟气的混合程度影响了还原剂与$NO_x$的反应进程和速度，还原剂和烟气在分解炉内是边混合边反应，混合效果的好坏是决定SNCR脱硝效率高低的重要因素。在实验室内，SNCR技术的脱硝效率可以达到80%以上，而水泥厂应用SNCR技术的实际脱硝效率一般在50%左右，主要原因之一就是混合问题。混合效果不好会严重影响反应物的接触，导致某一反应分布不均匀。当局部的$NO_x$浓度低时，过量的还原剂及其分解产物反而会被氧化，整体脱硝率降低；当局部$NO_x$浓度高时，不能被充足的还原剂还原，还原剂的利用率降低。在不改变现有分解炉结构型式的基础上，可以调整不同位置还原剂的喷入量及雾化效果，来提高还原剂与烟气的混合程度，使脱硝效率升高、氨逃逸率降低。

⑤烟气中氧含量

从上述 SNCR 技术脱硝原理的主反应式可知，SNCR 需要氧气的参与。没有氧气的条件下不发生 $NO_x$ 的还原反应，微量的氧有利于 SNCR 反应的进行，并且降低了适合的反应温度，提高了脱硝效率。氧浓度的上升使反应温度窗口向低温方向移动，但也使最大脱硝效率下降。为提高脱硝效率，分解炉中 $O_2$ 浓度控制范围为 1% ~4%。

⑥氨逃逸的影响

在 SNCR 脱硝技术中，还原剂雾化颗粒进入分解炉后，大部分与烟气中的 NO 和 $NO_2$ 进行还原反应，少量的还原剂在烟气中未发生反应就逃逸出去，这些在反应温度区内未反应的还原剂（$NH_3$），称为氨逃逸。未反应排出的氨会造成环境二次污染，也增加了脱硝成本。

为减少氨逃逸，可采取合理选择温度窗口和喷射点，减少还原剂的喷入量，优化还原剂的喷射策略，以保证还原剂与烟气的混合程度和保证反应在温度窗口停留足够长的时间。氨逃逸率对脱硝效率的影响如图 3-26 所示。

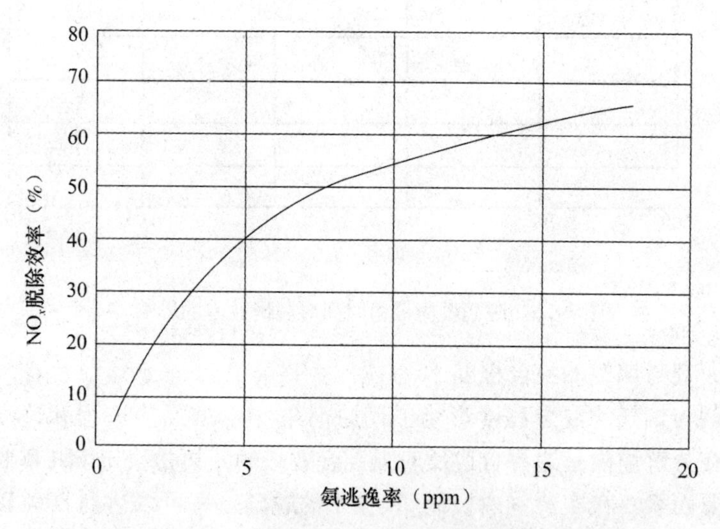


图 3-26　氨逃逸率对脱硝效率的影响

（4）SNCR 脱硝系统

SNCR 脱硝系统随选用还原剂的不同而略有不同。采用氨水作为还原剂时，SNCR 系统包括氨水卸车及储存单元、氨水输送单元、分配控制单元、喷射控制单元、混合喷射单元、供配电单元及 PLC 控制单元；采用尿素作为还原剂时，SNCR 系统包括尿素溶液制备单元、尿素溶液储存单元、尿素溶液输送单元、分配控制单元、喷射控制单元、混合喷射单元、供配电单元及 PLC

控制单元。

①SNCR 脱硝系统流程

a. 还原剂氨水 SNCR 系统流程

还原剂氨水 SNCR 系统流程图如图 3-27 所示。

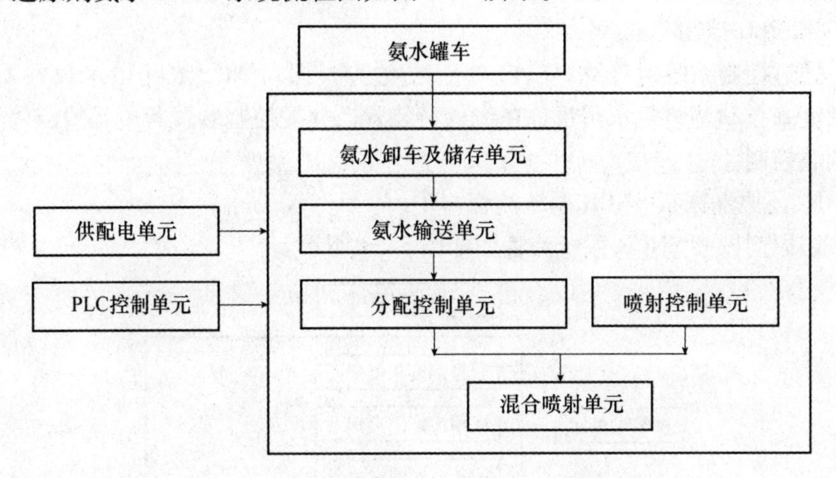


图 3-27　还原剂氨水 SNCR 系统流程图

其系统流程简述如下：

Ⅰ. 氨水卸车及存储单元

由氨水专用罐车运输进厂的氨水（浓度一般为 20%），经卸氨泵输送入氨水储存罐中储存；氨水储存罐需要设置相应的防护措施，以满足氨水储存防护。

Ⅱ. 氨水输送单元

从氨水储存罐出来的氨水经控制阀、流量泵及在线稀释装置（是否需要根据水泥窑生产情况等来确定），送至氨水分配控制单元，在线稀释是通过调整稀释用软水和氨水流量控制阀来控制。稀释用软水可以从生产线余热发电系统提供或是单独设软化处理装置。

Ⅲ. 分配控制单元

从氨水运送单元来的氨水进入缓冲稳压分配器，经控制阀、流量计等由管道送至混合喷射单元的氨水入口。

Ⅳ. 喷射控制单元

压缩空气作为氨水喷射雾化介质，从现有生产线来的压缩空气经储气罐、分气缸、控制阀及连接管道接至喷射单元的压缩空气入口。

Ⅴ. 混合喷射单元

从分配控制单元来的氨水和喷射控制单元来的压缩空气进入双流体雾化喷

枪，雾化的氨水与烟气中的 $NO_X$ 进行 SNCR 反应。双流体喷枪有可伸缩式和风冷式两种。

Ⅵ. 供配电单元

为 SNCR 系统各用电设备供电和控制起停。

Ⅶ. PLC 控制单元

通过控制系统对分解炉出口 $NO_x$ 浓度、$C_1$ 出口 $NO_x$ 浓度和 $NH_3$ 在 $C_1$ 出口浓度来自动调整氨水用量、在线稀释装置、分配控制装置等单元的启停及自动调整控制。

b. 还原剂尿素 SNCR 系统流程

还原剂尿素 SNCR 系统流程图如图 3-28 所示。

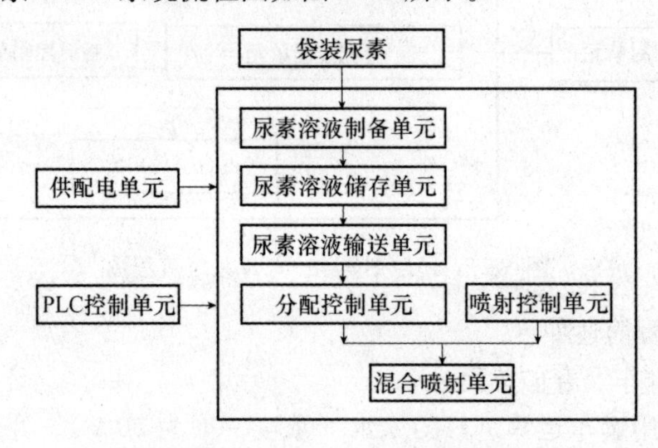


图 3-28　还原剂尿素 SNCR 系统流程图

其系统流程简述如下：

Ⅰ. 尿素溶液制备单元

汽车运输进厂的袋装尿素储存在尿素溶液制备单元的袋装尿素存储间，通过人工或机械装置将尿素经计量与相应比例的热水加入尿素溶液搅拌罐内进行溶解。溶解搅拌罐带有加热装置，用来控制溶液温度；溶解好并满足溶液浓度要求的尿素溶液经尿素泵送入尿素储存单元存储，尿素溶解所用热水可采用水泥窑系统余热锅炉省煤器出来的热水。

Ⅱ. 尿素溶液储存单元

从尿素溶液制备来的尿素溶液进入尿素溶液储存罐储存，尿素储存罐设有电加热装置，用于控制溶液温度，防止尿素重结晶；同时储存罐设有保温层用于溶液保温。

Ⅲ. 尿素输送单元

从尿素溶液储存罐出来的尿素溶液经控制阀、流量泵及在线稀释装置（是否需要配置根据水泥窑生产情况等来确定），送至尿素溶液分配控制单元。

在线稀释是通过调整稀释用软水和尿素溶液流量控制阀来控制。稀释用软水可以从生产线余热发电系统提供或是单独设软化处理装置。

Ⅳ. 分配控制单元

从尿素溶液输送单元来的尿素溶液进入缓冲稳压分配器，经控制阀、流量计等由管道送至混合喷射单元的尿素溶液入口。

Ⅴ. 喷射控制单元

压缩空气可作为尿素溶液喷射雾化介质，从现有生产线来的压缩空气经储气罐、分气缸、控制阀及连接管道接至喷射单元的压缩空气入口。

Ⅵ. 混合喷射单元

从分配控制单元来的尿素溶液和喷射控制单元来的压缩空气进入双流体雾化喷枪，雾化的尿素溶液与烟气中的 $NO_X$ 进行 SNCR 反应。双流体喷枪有可伸缩式和风冷式两种。

Ⅶ. 供配电单元

为 SNCR 系统各用电设备供电和控制起停。

Ⅷ. PLC 控制单元

通过控制系统对分解炉出口 $NO_x$ 浓度、C1 出口 $NO_x$ 浓度和 $NH_3$ 在 C1 出口浓度来自调整尿素溶液用量、在线稀释装置、分配控制装置等单元的启停及自动调整控制。

若水泥生产线所在地能既能采购一定浓度的尿素溶液，又能采购到一定浓度的氨水作为脱硝用还原剂，SNCR 系统只需在氨水储存装置增加电加热装置和外保温装置即可满足两种不同还原剂的使用要求。

②SNCR 脱硝系统的主要设备

采用氨水和尿素作为还原剂的 SNCR 系统主要设备见表 3-23。

**表 3-23　SNCR 系统主要设备**

| 序号 | 还原剂氨水 SNCR 系统 | 还原剂尿素溶液 SNCR 系统 |
|---|---|---|
| 1 | — | 尿素溶解罐（含电加热装置） |
| 2 | 氨水卸车泵 | 尿素溶液输送泵（用于配置好的尿素溶液输送入尿素储存罐） |
| 3 | 氨水储存罐 | 尿素储存罐（含电加热装置） |
| 4 | 氨水输送泵 | 尿素溶液输送泵（用于还原剂输送入分解炉） |
| 5 | 在线稀释装置 | 在线稀释装置 |
| 6 | 氨水流量调节控置装置 | 尿素溶液流量调节控制装置 |
| 7 | 压缩空气储气罐 | 压缩空气储气罐 |
| 8 | 压缩空气调节控置装置 | 压缩空气调节控制装置 |

续表

| 序号 | 还原剂氨水 SNCR 系统 | 还原剂尿素溶液 SNCR 系统 |
|---|---|---|
| 9 | 喷枪带伸缩装置的需配套分解炉安装喷枪开孔自动关闭阀（用于喷枪退出时的关闭开孔，减少分几路系统外漏风）；<br>风冷喷枪需配套冷却风机 | 喷枪带伸缩装置的需配套分解炉安装喷枪开孔自动关闭阀（用于喷枪退出时的关闭开孔，减少分解炉系统外漏风）；<br>风冷喷枪需配套冷却风机 |
| 10 | $NO_x$、$NH_3$ 测量仪（可采用水泥线现有的测量仪，现有生产线没有的需要增加气体分析仪） | $NO_x$、$NH_3$ 测量仪（可采用水泥线现有的测量仪，现有生产线没有的需要增加气体分析仪） |

a. 氨水和尿素溶液储存罐

SNCR 系统的氨水和尿素溶液储存罐要求基本上一致。为保证尿素不结晶，必须保证一定的温度，在尿素溶液储存罐需设电加热并做保温。

b. 氨水、尿素溶液输送泵站

输送泵采用一用一备或是二用一备来配置，输送泵站由输送泵和控制阀组组成。

c. 在线稀释装置（混合罐）

在线稀释装置主要用于脱硝剂与软水的在线稀释，可以通过在线检测装置来调整脱硝剂输送泵和软水输送泵的流量，以获得脱硝控制所需的脱硝溶液，通过该装置和脱硝系统的自动控制可以提高脱硝效率和脱硝剂利用率。

d. 稀释软水输送泵站

稀释软水输送泵站起脱硝剂稀释用软水输送和脱硝喷枪停用时清洗供软水两个方面的作用，输送泵采用一用一备或是二用一备来配置，输送泵站由输送泵和控制阀组组成。

e. 脱硝剂和压缩空气调节控制装置

脱硝剂和压缩空气调节控制装置是用于脱硝剂和压缩空气入喷枪前的流量控制，包括调节阀、流量计、压力表等。

f. 喷枪

SNCR 系统用喷枪采用双流体喷枪，按安装型式分为可伸缩式和带风冷套两种型式的喷枪。

可伸缩式喷枪在不运行的时候，通过伸缩装置将喷枪从分解炉退出，一方面可以保护喷枪，同时也方便喷枪的更换。在喷枪退出后，为防止外漏风，通过自动开关门来关闭喷枪的开孔。

带风冷套喷枪在运行中或脱硝剂停喷时，采用外置风机鼓风进行冷却。喷枪更换需整体拆卸下来。

g. 中控操作

中控控制系统在水泥生产线现有的控制系统上完善，形成单独的脱硝控制界面。

③氨水和尿素用于SNCR脱硝系统的比较

水泥窑SNCR脱硝系统采用的还原剂有氨水和尿素，结合两种还原剂的物理化学性质及SNCR脱硝流程配置、脱硝效率等方面进行归纳比较，具体见表3-24。

**表3-24　氨水和尿素用于SNCR系统的比较**

| 序号 | 对比项 | 还原剂氨水SNCR系统 | 还原剂尿素溶液SNCR系统 | 备　注 |
| --- | --- | --- | --- | --- |
| 1 | 还原剂物理化学性质 | | | |
| 1.1 | 市场供应状态 | 25%溶液 | 粉状或粒状（袋装） | 尿素需要配套溶解装置的尿素溶液制备单元，配置尿素溶液浓度控制在30%～50%，以及溶解加热保温等装置，增加了投资成本和操作难度 |
| 1.2 | 化学式 | $NH_3 \cdot N_2O$ | $CO(NH_2)_2$ | |
| 1.3 | 分子量 | 35 | 60.06 | |
| 1.4 | 常压下沸点 | 分解 | 38℃ | 氨水易于挥发，在氨水卸车及储存单元需要考虑氨挥发或泄露的安全防护措施，安全防护措施投资比较高 |
| 1.5 | 溶液结晶温度 | 不适用 | 17.7℃（40%） | 尿素溶液在低温下容易结晶，所以在配置和配置好的尿素溶液储存中需要增加电加热装置，增加了投资成本和运行成本 |
| 1.6 | 可燃性 | 不可燃，氨气挥发体积浓度爆炸极限为15%～25% | 不可燃 | 脱硝使用20%氨水属于轻度碱性腐蚀品，在系统布置时需考虑适当的安全防火间距，同时需要设储存罐隔热降温的构筑物 |
| 1.7 | 车间卫生浓度限制 | 25ppm | 不适用 | 在氨水卸车及储存单元需要考虑氨气泄露防护措施，并保证空气流通 |
| 1.8 | 气味 | >5ppm后氨味非常刺鼻 | 轻微氨味 | 系统布置时厂房应保持通风，尿素溶液制备需考虑除尘，防止刺鼻性气味弥漫 |
| 1.9 | 储存盒输送可用材料 | 玻璃钢、不锈钢（不能含有铜或铜合金等） | 塑料，不锈钢（不能有铜、铜合金或锌铝等金属） | |
| 2 | 脱硝反应指标 | | | |

（续）

| 序号 | 对比项 | 还原剂氨水 SNCR 系统 | 还原剂尿素溶液 SNCR 系统 | 备 注 |
|---|---|---|---|---|
| 2.1 | 脱硝效率 | 50% ~70%（通常在60%） | 30% ~50%（通常在40%） | 采用氨水脱硝效率比尿素高 |
| 2.2 | 氨逃逸 | 低 | 高 | 采用水解尿素溶液脱硝还原反应温度高，造成氨逃逸量比氨水大 |
| 3 | 系统投资成本 | 低 | 高 | 尿素作为脱硝还原剂需要增加尿素溶解装置、加热装置及保温装置，系统投资比氨水作为还原剂要高得多 |
| 4 | 系统运行成本 | 低 | 高 | 还原剂尿素价格比氨水高得多；还原剂喷入增加了系统的热耗，氨水比尿素高；尿素溶液需加热保温，系统电耗比氨水高；据相关统计资料介绍氨水的年运行成本为尿素年运行成本的63%左右 |
| 5 | 系统操作和维护 | 系统操作简单，维护方便 | 系统操作困难，维护量大 | 尿素喷枪在高温区域，喷枪更换频率高；在尿素溶液制备过程中容易出现结晶而造成管道、仪表堵塞，造成维修工作量大等 |
| 6 | 系统安全要求 | 系统安全防护措施 | 不需要设安全防护措施 | 由于氨水属于轻度腐蚀品，氨水沸点较低，气味非常刺鼻，系统设计时需要做好防泄漏，并配套相应的监测和防护措施 |

从上述比较来看，还原剂氨水 SNCR 系统比还原剂尿素溶液 SNCR 系统流程简单、投资运行费用低、脱硝效率高、氨逃逸低等诸多优势，水泥窑 SNCR 脱硝还原剂首选氨水。

（5）SNCR 脱硝计算

以一条2500t/d 水泥生产线采用25%氨水（密度为0.9070g/mL）溶液作为脱硝剂为例进行 SNCR 脱硝计算。脱硝效率60%，氨逃逸率为10ppm。生产线产量为2750t/d 时，分解炉出口 $NO_2$ 浓度 $C_{NO_x}$ 为1050ppm（其中 NO 占95%，$NO_2$ 占5%），分解炉出口烟气量 $V_0$ 为162660$Nm^3/h$；窑尾烟囱出口烟气量为生料磨停时205456$Nm^3/h$，生料磨运行时209506$Nm^3/h$；生料磨停时氧含量为7.66%，生料磨运行时7.74%。

按照氨水作为还原剂的主反应式（3-21）、（3-22）进行反应，不考虑氨水输送过程的损失，氨水全部汽化。理论用氨水量按化学方程式法计算：

①$NO_x$ 排放量计算

$$M_{NO_x} = V_0 \times C_{No_x} \times \left(30.0057 \times \frac{0.95}{22.4} + 46.0047 \times \frac{0.05}{22.4}\right)$$

$$= 162660 \times 1050 \times \left(30.0057 \times \frac{0.95}{22.4} + 46.0047 \times \frac{0.05}{22.4}\right)$$

$$= 2.35 \times 10^8 \ (\text{mg/h})$$

每小时 $NO_x$ 排放量为235kg。

式中　30.0057——NO 的分子量；

46.0047——$NO_2$ 的分子量；

22.4——摩尔气体体积。

其中：

NO 排放量 $M_{NO} = 235 \times 95\% = 223.5$（kg/h）

$NO_2$ 排放量 $M_{NO_2} = 235 \times 5\% = 11.75$（kg/h）

②$NO_x$ 处理量计算

NO 处理量 $M'_{NO} = M_{NO}\eta = 223.25 \times 60\% = 133.95$（kg/h）

$NO_2$ 处理量 $M'_{NO_2} = M_{NO_2}\eta = 11.75 \times 60\% = 7.05$（kg/h）

③氨用量计算

参与 NO 反应氨用量计算：

$$4NH_3 \quad + \quad 4NO \quad + \quad O_2 \longrightarrow 4H_2 + 6H_2O$$

$$4 \times 17.031 \qquad 4 \times 30.0057$$

$$m_1 \qquad 133.95\text{kg/h}$$

$$m_1 = \frac{4 \times 17.031 \times 133.95}{4 \times 30.0057} = 76.03 \ (\text{kg/h})$$

参与 $NO_2$ 反应氨用量计算：

$$4NH_3 \quad + \quad 2NO_2 \quad + \quad O_2 \longrightarrow 3N_2 + 6H_2O$$

$$4 \times 17.031 \qquad 2 \times 46.0047$$

$$m_2 \qquad 7.05\text{kg/h}$$

$$m_2 = \frac{4 \times 17.031 \times 7.05}{2 \times 46.0047} = 5.22 \ (\text{kg/h})$$

氨逃逸量计算：

$$m_3 = 162660 \times 10 \times 17.031 \div 22.4 \times 10^{-6} = 1.24 \ (\text{kg/h})$$

理论氨用量：

$$m = m_1 + m_2 + m_3 = 76.03 + 7.05 + 1.24 = 84.32 \ (\text{kg/h})$$

考虑实际运行中，总会伴随着主反应以外的副反应发生，假定副反应的氨损失在 5%，实际氨用量为 88.76kg/h. 25% 氨水用量为 355.04kg/h，合

0.39m³/h。在氨水脱硝设备选型时要考虑一定的富裕量，以满足脱硝用氨水的需求。

④脱硝后烟囱出口 $NO_x$ 浓度（换算成国家标准规定的烟囱出口 $O_2$ 含量为10%时 $NO_2$ 的排放量 mg/m³）

生料磨停机时：

$$C_{NO_2}=\frac{[(223.25+11.75)-(133.95+7.05)]\times10^6\times10.9}{205456\times(20.9-7.66)}$$

$$=376.66\ (mg/Nm^2)$$

生料磨运行时：

$$C_{NO_2}=\frac{[(223.25+11.75)-(133.95+7.05)]\times10^6\times10.9}{209506\times(20.9-7.74)}$$

$$=371.62\ (mg/Nm^2)$$

按照上述计算，窑尾烟囱出口 $NO_x$ 排放浓度能满足国家新的排放标准（GB 4915—2013）规定的 400mg/Nm³ 排放限值要求。

#### 3.2.4.5 选择性催化还原（SCR）技术

(1) 概述

选择性催化还原（Selective Catalytic Reduction，SCR）脱硝工艺是目前最好的固定源 $NO_x$ 治理技术，已广泛应用于电站锅炉、城市垃圾焚烧、化学处理厂等的烟气处理。欧洲、日本、美国等对 $NO_x$ 排放控制严格的国家和地区，已大量使用 SCR 烟气脱硝工艺来脱除燃煤电厂废气中的氮氧化物。SCR 脱硝工艺发明于 1959 年，20 世纪 70 年代日本率先将 SCR 方法用于控制电站锅炉 $NO_x$ 的排放。欧洲在 20 世纪 80 年代引进 SCR 脱硝工艺，并在多座电厂上采用不同的脱硝方法进行试验，结果表明 SCR 脱硝工艺是最好的脱除固定源 $NO_x$ 的方法。我国在 SCR 工艺的研究方面起步较晚，20 世纪 90 年代在福建后石电厂 6×600MW 火电机组上建成了第一个 SCR 烟气脱硝装置，投产后运行效果良好，$NO_x$ 排放浓度只有85mg/Nm³。此后通过不断地研发与实践，国内第一家有自主知识产权的 SCR 核心技术设计建设的脱硝工程——国华太仓发电有限公司 7 号机组（600MW）烟气脱硝工程于 2006 年 1 月成功投入运行。

但由于 SCR 的有效温度区为 300～420℃，略高于出一级筒的废气温度，催化剂载体易被高含尘的废气堵塞。除此之外，SCR 投资成本远高于 SNCR 等诸多原因，使得 SCR 在水泥行业应用非常缓慢，至 2012 年底国内外运用 SCR 的水泥厂仅有 3 家，其脱硝效果非常显著。

(2) SCR 脱硝原理

选择性催化还原（SCR）也是烟气中 $NO_x$ 的末端处理技术，即在一定温度和催化剂条件下，以 $NH_3$ 或尿素为还原剂，有选择性地催化还原烟气中 $NO_x$ 为无害的 $N_2$ 和 $H_2O$，而不是还原剂被 $O_2$ 氧化。工业上还原剂主要是氨、尿素，也有少量用碳氢化合物（如甲烷、丙烯等）。SCR 脱硝原理如图 3-29 所示。

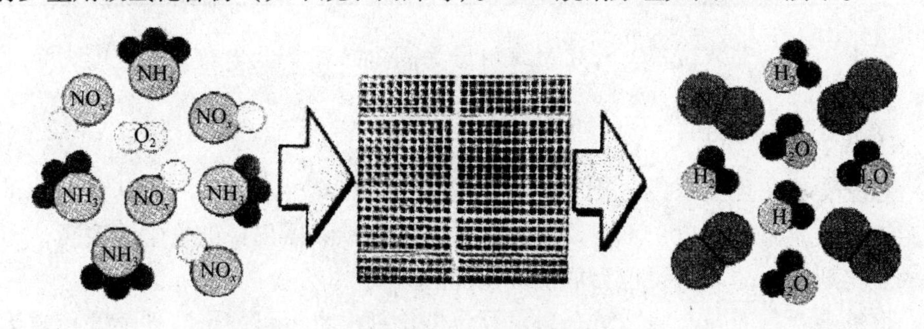


图 3-29　SCR 脱硝原理

在有氧环境下，SCR 脱硝反应式与 SNCR 类似，见上节。无氧时，反应如下：

$$NO_2 + NO + 2NH_3 \longrightarrow 2N_2 + 3H_2O \qquad 反应式(3\text{-}25)$$

$$2(NH_2)_2CO + 6NO \longrightarrow 5N_2 + 4H_2O + 2CO_2 \qquad 反应式(3\text{-}26)$$

（3）SCR 脱硝系统

SCR 工艺是在窑尾预热器和增湿塔之间增设一个 SCR 反应塔，将 $C_1$ 预热器的废气由该反应塔上部导入，与喷入塔内的氨水等还原剂相混合，通过塔内多层催化剂的催化，使脱硝反应充分完成。催化塔体积较大，烟气进入后流速变缓，延长了停留时间，塔上游均匀布置的还原剂喷射网络和混合器使烟气与还原剂混合均匀，在这种理想环境下脱硝效率可稳定保持在 80% ~90%，最高可达 99%。

SCR 系统主要由反应器/催化剂系统、烟气/还原剂的混合系统、还原剂的储备与供应系统、烟道系统、SCR 的控制系统组成。还原剂可用带压的无水液氨，常压下的氨水溶液（质量分数约 25%）或尿素溶液（质量分数约 40%）。当采用氨水溶液或尿素溶液时，通常将其通过位于导管或滑流的雾化喷嘴直接注入到烟气通道中。液氨则是通过蒸发器中的蒸汽、热水或电来减压蒸发，然后经空气稀释，通过注入系统注入烟气中。

从使用催化剂的催化反应温度上分类，SCR 工艺分为高温、中温、低温。一般高温大于 400℃，中温 300 ~400℃，低温低于 300℃。水泥企业比较适合中、低温工艺。欧洲已投产的 3 套水泥厂 SCR 系统均采用了中温工艺，我国日产 2500t/d 以上的生产线几乎全部配备了纯低温余热发电系统，比较适合低温工艺。表 3-25 为已开发应用的适合不同温度的催化剂。

表3-25　催化剂及其使用温度

| 催化剂 | 沸石催化剂 | 氧化钛基催化剂 | 氧化铁基催化剂 | 活性炭催化剂 |
|---|---|---|---|---|
| 使用温度（℃） | 345~590 | 300~400 | 380~430 | 100~150 |

根据不同的安装位置，SCR系统可分为高尘布置、低尘布置。在电力企业中，还有末端布置方式。

①高尘布置

系统安装在预热器废气出口处，气体温度在300~350℃，可以满足SCR所需要的反应温度窗口，不需要再加热系统。但预热器出口处粉尘浓度高，有堵塞催化剂格栅的风险，也会加快催化剂的磨损。

烟气中含有的碱金属、重金属可导致催化剂中毒，可能影响到窑的稳定运行。SCR高尘布置工艺图如图3-30所示。

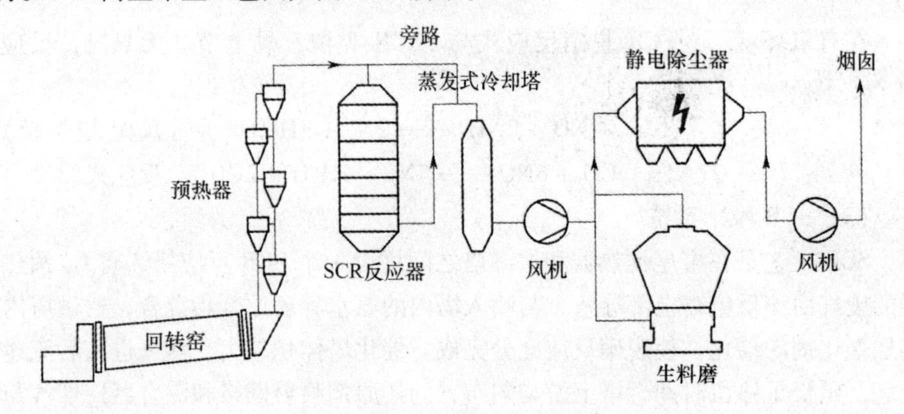


图3-30　SCR高尘布置工艺图

②低尘布置

系统安装在高温电除尘之后，烟气含尘少浓度低，减轻了催化剂堵塞的风险。但使用常规催化剂（工作温度300~420℃）时，需要二次加热装置，才能保证处于SCR的有效温度区。相比高尘布置，低尘布置的投资过高。

③末端布置

SCR反应塔布置在静电除尘器和脱硫装置后端，这种布置方式的最大优势在于降低催化剂的消耗量。烟气进入反应塔前，经过除尘、脱硫，已去除了大部分飞灰、$SO_2$、卤代有机化合物、重金属等，催化剂在近似无尘、无$SO_2$的洁净烟气中工作，有效解决了反应塔的堵塞腐蚀、催化剂中毒等问题。这种布置方式有效延长了催化剂的使用时间，减少了清理催化剂和空气预热器的费用。

受催化剂、温度窗口和恶劣工况条件的限制，SCR用于水泥行业的实例非常少，全球仅有3套装置投产。

第一套 SCR 系统于德国 Solnhofen 水泥厂投产。该厂为预热器窑，设计年产 555000t；SCR 系统为高尘布置，催化剂层为三备三用，采用 25% 氨水溶液做还原剂，氨逃逸率小于 $1mg/Nm^3$，进入 SCR 的烟气温度在 320 ~ 340℃；当初始 $NO_x$ 浓度小于 $3000mg/Nm^3$，脱硝率高于 80%，初始 $NO_x$ 浓度在 1000 ~ $1600mg/Nm^3$，脱硝后浓度为 400 ~ $550mg/Nm^3$。该厂 SCR 系统可靠运行了 40000h。

第二套 SCR 系统于 2006 年在意大利 Monselice 水泥厂投试，该厂采用了高尘布置。该 SCR 系统最初六个月的运行参数和结果显示：SCR 系统有高达 95% 的脱硝效果，烟道排放气中的 $NO_x$ 浓度低至 $75mg/Nm^3$，系统的压降小于 500Pa，氨逃逸仅有 $1mg/Nm^3$。该催化剂系统，采用五备一用的床层设计，催化剂为 $V_2O_5$ ~ $TiO_2$ 整体蜂窝结构，蜂窝孔道直径为 11.9mm，催化剂体积为 $105.3m^3$，$NO_x$ 催化净化反应空间速度约为 $1000h^{-1}$。该厂 SCR 法的生产成本为 1 欧元/t 熟料，约为 SNCR 法的两倍。

第三套 SCR 系统是意大利 Calavino 水泥厂安装的 SCR 系统。

（4）SCR 催化剂

催化剂是 SCR 技术的核心，它的主要有效成分为 $V_2O_5$，此外还有少量的 $MoO_3$ 或 $WO_3$、$TiO_2$。催化剂的活性主要与反应温度、$V_2O_5$ 含量有关。

目前，工业上应用较广泛的是以锐钛型 $TiO_2$ 作为载体、$V_2O_5$ 作为活性成分，加入 $WO_3$ 和 $MoO_3$ 等的催化剂。

①催化剂的选取和床层设计

催化剂的载体外形有蜂窝式、板式和波纹板式。蜂窝式一般以高通透性的陶瓷作为基材，以 $TiO_2$ 作为载体，单位体积的有效面积大，所需催化剂量较少，但抗飞灰磨损、抗堵塞能力不如其他两种催化剂。平板式采用不锈钢金属丝网作为基材，$TiO_2$ 作为载体，压力损失小，抗腐蚀性高，不易被粉尘污染。波纹板式用成型的玻璃纤维或陶瓷加固的 $TiO_2$ 基板，放入催化剂活性液中浸泡而制成，具有质量轻，运输、吊装方便，比表面积大，孔隙大小分布多样，能较好地抵抗催化剂中毒等特点。催化剂及其载体的选择需根据烟气参数、煤/灰的性质、系统要求的性能等作整体把握后确定。目前，蜂窝式催化剂载体占据了一半以上的市场分额。

在电力行业中，燃煤锅炉催化剂床层一般按 2 + 1 层布置方式，初始安装两层，若脱硝效率达不到要求再加装备用层，同时运行第三层，直到脱硝效率不能满足要求再更换第一层，如此可有效提高催化剂的利用率。具体的床层布置还需考虑现场的实际空间、系统阻力等因素。意大利 Monselice 水泥厂采用五备一用的布置方式，德国 Solnhofen 水泥厂采用三备三用。

②影响催化活性的因素

催化剂的活性随着运行时间的增长而有所降低，主要因素为中毒、堵塞、高温烧结和磨损。

正常情况下，中毒是催化剂失效的主要原因。烟气中的$SO_2$，飞灰中的碱金属（主要是K、Na），砷元素可促使催化剂中毒，其中砷的影响最大。如果煤中砷的质量分数超过$3\times10^{-6}$，催化剂寿命将降低30%左右。对高砷煤，可在催化剂中加入$MoO_3$（还可以提高硬度），与$V_2O_5$构成复合型氧化物来降低砷的毒化。在德国，液体排渣锅炉为减少砷中毒，常采用SCR末端布置方式。烟气中的碱金属化合物易与$V_2O_5$发生反应导致催化剂中毒。

当烟气中灰尘浓度过高（窑尾的粉尘含量可高达80~100g/Nm$^3$），烟气流速低于3m/s时，灰尘可能附着在载体上，阻止$NO_x$与催化剂接触。一旦催化剂孔隙堵塞严重，使系统压降迅速增加，给引风机的正常运行造成严重威胁，会影响到水泥窑生产线的稳定运行。$V_2O_5$催化还原$NO_x$时也催化氧化$SO_2$，当温度低于230℃，$SO_3$与氨反应形成黏性极强的硫酸氢铵，吸附灰尘造成堵塞，并腐蚀下一级设备。同时，水泥窑炉烟气中CaO含量较高，与$SO_3$反应生成$CaSO_4$，覆盖在催化剂表面，降低催化剂活性。因此，SCR系统对催化剂活性和氨的逃逸率有一定要求。火电厂烟气脱硝工程技术规范中要求，$SO_2/SO_3$转化率应不大于1%，氨逃逸浓度宜小于2.5mg/m$^3$。

当催化剂长时间暴露于高温（420~450℃以上），可引起活性位置（表面）烧结，导致催化剂颗粒变大，表面积减小，部分活性组分挥发损失，活性降低。

此外，飞灰碰撞催化剂表面，会造成催化剂局部堵塞。SCR反应室设计不合理引起的机械磨损也对催化剂活性也有一定影响。防磨损措施主要有：合理设计脱硝反应器流场，催化剂硬化处理，合适的孔道设计与节距选择，合理的清灰措施与周期等。

③催化剂寿命、失效与处理

催化剂运行过程中，既要经受烟气的冲刷，还要保持较高的活性，这就要求催化剂具有较长的机械寿命和化学寿命。机械寿命是指催化剂的结构和强度能保证催化剂活性的运行时间，一般由其结构特点（壁厚、添加材料等）和烟气条件决定。灰尘颗粒的冲刷、有害物质的腐蚀降低机械寿命且不可逆转，一般采用顶端硬化、增加壁厚、转角加强等来增加机械寿命。目前，国内普遍要求保证催化剂的机械寿命大于9年。化学寿命是指在保证脱硝系统的脱硝效率、氨逃逸率等性能指标时，催化剂的连续使用时间。在日常维护（吹灰清洁等）下，脱硝率维持在80%~90%，催化剂的化学寿命一般不小于24000h。

催化剂的主要成分中，$TiO_2$ 属于无毒物质；$V_2O_5$ 为微毒物质，吸入有害；$MoO_3$ 也是微毒物质，长期吸入有严重危害。催化剂失效后需进行专门的无害化处理，如蜂窝式催化剂一般先压碎，再按微毒化学物质处理后填埋。

催化剂失效是其化学寿命结束，而机械寿命并未达到限制。催化剂本身非常昂贵，失效后无害化处理费用也很高，从经济方面考虑，一般会对其进行再生处理。目前的方法有水洗再生、热再生、热还原再生、酸液处理、$SO_2$ 酸化热再生等。经处理后，重新加入一些活性物质，其催化效率可基本恢复（活性可恢复至原来的90%以上），再生的成本约为购买新催化剂成本的40%，甚至更低。当催化剂机械寿命结束或大部分催化剂由于高温烧结失活而不具备再生的条件，就需要更换新催化剂。

（5）SCR脱硝效率的影响因素

脱硝效率的主要影响因素有系统运行的SV值、氨氮比（NSR）、烟气温度等。

SV（$h^{-1}$）指烟气流量与催化剂体积之比。$NO_x$ 的脱硝效率随着SV值的增大而降低。意大利Monselice水泥厂SCR系统SV值为1000$h^{-1}$，我国在北京某水泥厂的SCR试验SV值约3800$h^{-1}$，都达到了80%以上的脱硝效率。

氨氮比：理论上，1mol $NO_x$ 需要1mol $NH_3$ 去脱除，$NH_3$ 量不足会导致 $NO_x$ 脱硝效率降低，而过量又会带来对环境的二次污染。据资料显示，氨氮比在1.05～1.10，脱硝效率可稳定在80%～90%。

烟气温度是脱硝效率的重要因素，一般应尽可能使烟气温度处于所选催化型的反应温度窗口内。

（6）SCR与SNCR比较

SNCR的优点：

①一次投资少；

②系统简单，占地面积小，维护成本较低；

③现有设备改造工作量小，施工周期短（1～3月）；

④适应现阶段水泥脱硝要求。

SNCR的缺点：

①脱硝效率中等（30%～75%），对更高的脱硝要求（<200mg/$m^3$）力不从心；

②要求有较高的氨氮比，还原剂利用率低，SNCR脱硝的经济运行效率在50%左右，超过60%时，还原剂利用率降低，运行成本大幅上升；

③分解炉燃烧控制的波动导致脱硝效率不稳定；

④氨的逃逸率较大（10～15ppm），产生二次污染；

⑤给水泥窑热工系统增加了干扰因素。

SCR 的优点：

①脱硝效率高（80%～95%）；

②还原剂利用率高（可达99%）；

③氨的逃逸率低（2～3ppm），几乎无二次污染；

④不干扰水泥生产的制造过程，也不受水泥窑规格大型化的影响。

SCR 的缺点：

①一次投资大，占地面积较大，施工周期长（4～6 月）；

②系统复杂，操作繁琐；

③催化剂易中毒，载体易堵塞，催化剂昂贵；

④副反应对设备的腐蚀和催化剂的堵塞，降低还原剂的利用率。

⑤造成较大系统压力损失，一般为 500～1000P，如果现有的风机没有富裕的全压，就需要更换风机。

当前，国内已开发出过渡金属复合氧化物的新型催化剂，最佳反应温度放宽至 160～410℃，非常适合窑尾高温风机入口的废气，在设备选型和能量利用等方面具有明显的优势。相比现今的 $V_2O_5-TiO_2$ 催化剂，具有无毒、防水、抗压性好的优点。如果进一步研究其应用于水泥窑 $NO_x$ 排放的控制，在今后的 SCR 系统用于国内水泥行业，将有良好的表现。

总之，SCR 技术为水泥炉窑的脱硝工艺提供了多样性，但在水泥工业的实践尚处于起步阶段，低温 SCR 技术也不够成熟，所以还有很大的改进空间。相信通过对 SCR 技术的进一步研究，有可能成为满足未来更严格水泥炉窑排放标准的主流技术。

#### 3.2.4.6 SNCR 与其他低 $NO_x$ 的组合技术

(1) SNCR 与 SCR 的组合工艺

SNCR 方法由于不需要催化剂及催化反应器，工艺简单、投资低，但反应需要在 850～1050℃的高温条件下才能脱硝反应，要求较高的 $NH_3/NO$，脱硝效率仅有 60% 左右，$NH_3$ 的逃逸浓度高，对于新型干法水泥厂窑炉系统难以满足更高的环保标准要求。

SCR 工艺在反应体系中加入催化剂，降低 $NH_3$ 还原 NO 和 $NO_2$ 温度，反应可以在烟道的低温区（300～420℃）进行，可以减少 $NH_3$ 的氧化，能够保证较高的脱硝率（85% 以上），技术成熟，但投资和运行成本高。

SNCR 与 SCR 的联合脱硝系统结合了 SCR 技术高效、SNCR 技术投资省的特点。在提高 $NO_x$ 脱除率的情况下，可以降低脱硝投资成本并减少氨的泄漏。在联合脱硝系统中，SNCR 脱硝过程氨的泄漏为 SCR 提供了所需的还原剂，通过 SCR 过程可以脱除更多的 $NO_x$，同时进一步减少氨泄漏的机会。因此，SNCR 阶段可无需考虑氨逃逸的问题。相对于独立的 SNCR 系统，联合脱硝系统的氨喷射系统可布置在适宜的反应温度区域稍前的位置，延长了还原剂的停留时间，有助于提高 SNCR 阶段的脱硝效率。联合脱硝系统所使用的催化剂比起单独使用 SCR 脱硝系统要少得多，在总脱硝效率为 75% 时，催化剂可省约 50%。该系统的 $NO_x$ 脱除效率可达 70% ~92%。

（2）SNCR 与低氮燃烧技术组合工艺

目前，采用各种低 $NO_x$ 燃烧技术一般可以使 $NO_x$ 的排放量降低 0 ~30%，但若要使烟气中 $NO_x$ 的含量有更大程度的降低，还需要采用烟气脱硝技术。

低氮燃烧技术与 SNCR 结合的脱硝工艺，一是通过改进工艺和设备，改进燃烧来降低燃烧过程中 $NO_x$ 的生成，减少 $NO_x$ 排放量；二是通过添加还原剂，进一步降低 $NO_x$ 的排放，具有明显的经济性和高效特点。它的运行和建设成本约为 SCR 的一半，但 $NO_x$ 的排放可达到 SCR 的标准。

3.2.4.7　高温除尘 + SCR 脱硝一体技术

这是根据机组具体情况，采用两种以上的技术，以较低的投入，获得比较高的脱硝效果。如新型高温除尘 + SCR 脱硝一体技术，在 SCR 脱硝前（具体位置为 C1 或 C2 出口）利用高效 LP 过滤元件将烟气中粉尘过滤，再进行脱硝，如下图 3-31 所示。

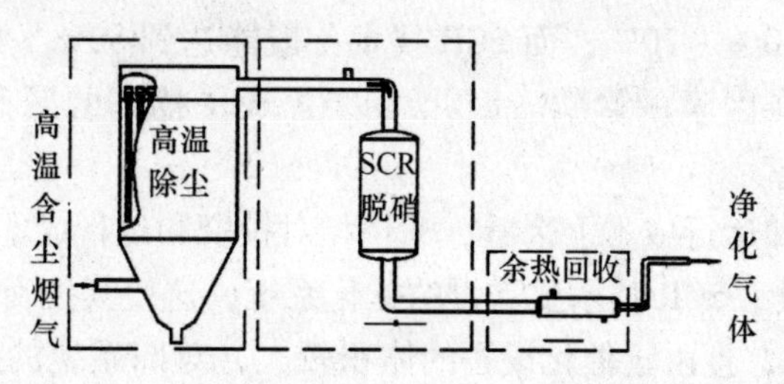


图 3-31　高温除尘 + SCR 脱硝一体化工艺

3.2.4.8　水泥窑烟气脱硝技术比较

从目前市场上的反映，包括其他行业的应用实例来看，除了采用低氮燃烧器、分解炉分级燃烧技术外，现有的能应用于水泥窑系统的烟气脱硝技术主要有 SNCR 和 SCR 技术，这也是目前市场上公认的比较成熟的两种技术，应用范围也最广，和水泥窑系统的工况联系得比较紧密，这里从技术成熟度和应用实例的情况、工艺难易程度、脱硝效率、投资和运行成本等几个方面对二者进行对比。

（1）从技术成熟度来看，SNCR 在水泥行业应用范围较广，国内外水泥行业中 SNCR 的成功范例很多，而 SCR 在水泥行业的应用实例极少，只是在化工、电力等行业有广泛的应用。但国外水泥、电力行业的中温 SCR 工艺的成功范例，却很难在我国水泥行业复制。其原因主要有：SCR 带来的成本压力过大；催化剂的堵塞可能影响到窑的稳定运行；窑尾框架周边基本上没有布置 SCR 反应器的空间；出 $C_1$ 的烟气通常用于余热发电等。我国研制的低温 SCR 尚处工业试验阶段，还不具备广泛使用的条件。

（2）从工艺的难易程度上来看，二者各有优劣。

在工艺装置和布置上，SNCR 技术由于没有催化装置，只要选取合适的温度区域就可以达到目标，因此设计和维护都相对简单。而 SCR 技术由于需要一个专门装置，因此布置和运行后的维护上要复杂一些。

而从操作上来说，由于 SNCR 对脱硝区域的温度场比较敏感，反应区间比较窄，反应区域大部分与预分解区域重合，受到窑况和原燃料特性的影响的可能性较大，因此在操作和控制上较为难以把握，现场条件对脱硝效率和氨逃逸率的影响较大，容易造成还原剂成本的上升；而 SCR 温度要求较低，低温 SCR 系统甚至在 150～200℃（余热锅炉出口温度）下仍能保持 80% 以上的脱硝效率，SCR 与烧成系统的关联性要小，在控制上更容易，但增大了系统压降。

（3）从脱硝效率上来看，SCR 技术要占有优势。

SNCR 脱硝效率目前基本宣传上都能达到 60% 以上，也有宣传其能达到 80% 以上，但由于其对工况的依赖性较大，这个值基本上是在一个较大的范围内波动，一般为 30%～70%；而 SCR 技术一般能达到 80%～90%，一般不易受到特别大的外在因素的影响。因此可以说 SCR 技术的脱硝效率要相对高一些。

（4）从投资和运行成本上来看，SCR 相对投资和运行成本远高于 SNCR。

从投资上来看，SCR 技术要增设的催化系统，这使其投资的设备和土建成本要远高于 SNCR，且由于催化设备的体积较大，对旧系统的改造时的工艺比较复杂，因此更容易造成额外的投资成本。而 SNCR 土建少，系统投资成本仅 300 万元。SCR 系统投资估计不少于 1500 万。

运行成本上，SCR 催化剂价格昂贵，SNCR 无需催化剂。还原剂方面，SCR 氨逃逸率较低，还原剂利用率也高于 SNCR。每吨熟料运行成本 SNCR 大致在 2～5 元，而国外 SCR 运行成本在 10 元以上。

综上所述，在 $NO_x$ 排放标准不低于 300～400mg/Nm$^3$，SNCR 或分级燃烧+SNCR 具有技术成熟、投资成本少、运行成本低的优势，且兼顾了环境保护。但 SNCR 技术对于远期标准规定的小于 200mg/Nm$^3$ 范围力不从心，将来可能只有采用 SCR 技术，或投资运行成本稍低的 SNCR 与 SCR 的联合脱硝技术。

# 第4章　颗粒物治理技术方案和工程实例

## 4.1　新建水泥生产线的颗粒物治理技术方案

### 4.1.1　总体原则和要求

（1）掌握标准内容和要求，严格贯彻执行新标准

按照新颁布的《水泥工业大气污染物排放标准》（GB 4915—2013）的要求，新标准进一步降低了颗粒物的排放水平，按照新标准要求，新建企业自2014年3月1日起，现有企业自2015年7月1日起，颗粒物排放控制执行新标准的排放限值要求：水泥窑及窑尾余热利用系统、烘干机、烘干磨、煤磨及冷却机等热力设备排放限值为30mg/Nm$^3$，破碎机、磨机、包装机等通风设备排放限值为20mg/Nm$^3$。另外，重点地区企业执行大气污染物特别排放限值：热力设备排放限值为20mg/Nm$^3$，通风设备排放限值为10mg/Nm$^3$。

建设单位、工程设计单位、除尘设备供应单位、设备安装单位以及除尘设备配件供应单位等都应学习掌握标准和内容的要求，在各自的工作范围内严格贯彻执行新标准，只有各方共同努力，才能为新建项目提供技术先进、经济合理、环保和社会效益高的除尘工艺、技术和装备，使污染物排放达标。

（2）工程设计单位做好设计规范修订和工艺设计工作

按照新标准确定的排放限值要求，对现存的工程设计规范进行修订，在新建生产线工程工艺设计时，注重对新工艺、新技术、新装备的采用，对设计方案和重要参数选型需要结合新标准，并考虑后续标准的再加严，避免短期改造、重复建设、增加投资的现象。根据新型干法水泥生产工艺情况和袋、电除尘器的各自性能特点，对各除尘设备进行优化选型，

（3）环保装备企业提供先进成熟的治理技术及装备

按照新标准确定的排放限值要求，环保研究和装备制造企业，应提供先进成熟的治理技术及装备，为设计院和水泥企业提供先进、可靠、排放达标的除尘技术和装备，水泥厂目前主要采用高效袋除尘器和高效电除尘器作为终处理设备。在提供除尘技术和装备的方案时，要详细提供所供除尘设备的准确可靠

的选型参数。例如，对于袋除尘器，要提供合适的除尘器类型、滤料材质和准确的过滤风速值等。

（4）水泥企业选取技术可靠、经济合理的达标方案

在遵守国家相关产业政策的前提下，遵循工艺优先的原则，充分听取工程设计单位的工艺方案，确定工艺类型和生产规模，选用先进的新型干法水泥生产工艺。在除尘技术和设备选择方面，应对国内主要除尘环保企业进行充分调研，综合考虑技术的先进可靠性、除尘器产品的质量、除尘器的运行参数、工程应用效果、主要配件的使用寿命、售后服务的质量、投资成本等。水泥企业可组织专家对除尘方案进行技术和经济比较，最终确定一个技术可靠、经济合理的除尘达标方案。

### 4.1.2　袋式除尘器的规格和性能

自20世纪80年代中期以来，我国研究和设计单位先后引进了美国富乐公司的气箱脉冲、反吹风等系列袋除尘技术和欧洲的脉冲袋除尘器技术。目前我国用于水泥工业的袋除尘器种类很多，按清灰机理可分为反吹风袋除尘器、气箱脉冲袋除尘器、在线脉冲喷吹袋除尘器、低压长袋脉冲袋除尘器。按使用用途分为普通袋除尘器、用于烘干机的防结露袋除尘器、用于煤磨的抗静电防燃防爆袋除尘器、回转窑尾专用袋除尘器、立窑专用袋除尘器、高温袋除尘器。按处理风量的多少可分为单机袋除尘器、中型袋除尘器、大型袋除尘器。其型号和规格更是不胜枚举，可以说，袋除尘器在我国已达到量体裁衣、按用户要求制作的程度。

因国内从事袋式除尘器研究和制造的单位较多，对于不同单位，其除尘器的型号、名称和代号有所不同，下面就以惯用的型号名称对常用类型袋式除尘器的规格和性能进行介绍。

4.1.2.1　单机袋式除尘器

DMC型共有两种型式：DMC(A)型、DMC(B)型。其中，DMC(A)型是带灰斗型，DMC(B)型是不带灰斗型。DMC型脉冲喷吹单机袋式除尘器规格和性能详见表4-1。

4.1.2.2　气箱脉冲袋式除尘器

①FGM(PPW)气箱脉冲袋式除尘器

FGM(PPW)气箱脉冲袋式除尘器规格和性能，见表4-2和表4-3。

②气箱脉冲煤磨袋式除尘器

气箱脉冲煤磨袋式除尘器规格和性能，见表4-4和表4-5。

表 4-1　DMC 型脉冲喷吹单机袋式除尘器规格和性能

| 性能 \ 型号 | | DMC (A) -32 | DMC (A) -48 | DMC (A) -64 | DMC (A) -80 | DMC (A) -96 | DMC (A) -112 | DMC (B) -32 | DMC (B) -48 | DMC (B) -64 | DMC (B) -80 | DMC (B) -96 | DMC (B) -112 |
|---|---|---|---|---|---|---|---|---|---|---|---|---|---|
| 处理风量（$m^3/h$） | | 1730 ~2160 | 2590 ~3240 | 3450 ~4320 | 3450 ~4320 | 5040 ~6480 | 6050 ~7560 | 1730 ~2160 | 2590 ~3240 | 3450 ~4320 | 3450 ~4320 | 5040 ~6480 | 6050 ~7560 |
| 过滤风速（m/min） | | 1. 2 ~ 1. 5 | | | | | | | | | | | |
| 总过滤面积（$m^2$） | | 24 | 36 | 48 | 60 | 72 | 84 | 24 | 36 | 48 | 60 | 72 | 84 |
| 滤袋数量（条） | | 32 | 48 | 64 | 80 | 96 | 112 | 32 | 48 | 64 | 80 | 96 | 112 |
| 入口浓度（$g/m^3$） | | <200 | | | | | | | | | | | |
| 出口排放浓度（$mg/Nm^3$） | | <20 | | | | | | | | | | | |
| 设备阻力（Pa） | | ≤1200 | | | | | | | | | | | |
| 承受负压（Pa） | | 5000 | | | | | | | | | | | |
| 清灰压缩空气 | 压力（MPa） | 0. 5 ~ 0. 7 | | | | | | | | | | | |
| | 耗气量（$Nm^3/min$） | 0. 032 | 0. 048 | 0. 064 | 0. 080 | 0. 096 | 0. 112 | 0. 032 | 0. 048 | 0. 064 | 0. 080 | 0. 096 | 0. 112 |
| 脉冲阀 | 型号 | 1" | 1" | 1" | 1" | 1" | 1" | 1" | 1" | 1" | 1" | 1" | 1" |
| | 数量（只） | 4 | 6 | 8 | 10 | 12 | 14 | 4 | 6 | 8 | 10 | 12 | 14 |
| 风机型号 | | 4-72 No. 2. 8A | 4-72 No. 3. 2A | 4-72 No. 3. 6A | 4-72 No. 4A | 4-72 No. 4A | 4-72 No. 4A | 4-72 No. 2. 8A | 4-72 No. 3. 2A | 4-72 No. 3. 6A | 4-72 No. 4A | 4-72 No. 4A | 4-72 No. 4A |
| 风机电机 | 型号 | Y90S-2 | Y90L-2 | Y100L-2 | $Y132S_1$-2 | $Y132S_1$-2 | $Y132S_2$-2 | Y90S-2 | Y90L-2 | Y100L-2 | $Y132S_1$-2 | $Y132S_1$-2 | $Y132S_2$-2 |
| | 功率（kW） | 1. 5 | 1. 5 | 3 | 5. 5 | 5. 5 | 7. 5 | 1. 5 | 1. 5 | 3 | 5. 5 | 5. 5 | 7. 5 |
| 设备质量（kg） | | 1450 | 1720 | 1950 | 2460 | 2900 | 3300 | 1250 | 1500 | 1700 | 2200 | 2650 | 2950 |
| 所耗功率（kW） | | 1. 5 | 1. 5 | 3 | 5. 5 | 5. 5 | 7. 5 | 1. 5 | 1. 5 | 3 | 5. 5 | 5. 5 | 7. 5 |

**表 4-2　FGM（PPW）型气箱脉冲袋式除尘器规格和性能（一）**

| 性能参数 \ 规格型号 | | 32-3 | 32-4 | 32-5 | 32-6 | 64-4 | 64-5 | 64-6 | 64-7 | 96-5 | 96-6 | 96-7 | 96-8 | 96-9 | 128-6 | 128-7 | 128-8 |
|---|---|---|---|---|---|---|---|---|---|---|---|---|---|---|---|---|---|
| 处理风量（$m^3/h$） | | 6912 | 9216 | 11520 | 13824 | 18432 | 23040 | 27648 | 32256 | 28800 | 34560 | 40320 | 46000 | 51840 | 57360 | 66900 | 76440 |
| 过滤风速（m/min） | | 1.2 | 1.2 | 1.2 | 1.2 | 1.2 | 1.2 | 1.2 | 1.2 | 1.0 | 1.0 | 1.0 | 1.0 | 1.0 | 1.0 | 1.0 | 1.0 |
| 总过滤面积（$m^2$） | | 96 | 128 | 160 | 192 | 256 | 320 | 384 | 448 | 480 | 576 | 672 | 768 | 864 | 956 | 1115 | 1274 |
| 净过滤面积（$m^2$） | | 64 | 96 | 128 | 160 | 192 | 256 | 320 | 384 | 384 | 480 | 576 | 672 | 768 | 796 | 956 | 1115 |
| 滤袋总数（条） | | 32×3 | 32×4 | 32×5 | 32×6 | 64×4 | 64×5 | 64×6 | 64×7 | 96×5 | 96×6 | 96×7 | 96×8 | 96×9 | 128×6 | 128×7 | 128×8 |
| 入口浓度（$g/Nm^3$） | | <200 | | | | | | | | <1000 | | | | | | | |
| 出口排放浓度（$mg/Nm^3$） | | <20 | | | | | | | | | | | | | | | |
| 阻力（Pa） | | 1470~1770 | | | | | | | | | | | | | | | |
| 收尘器承受负压（Pa） | | 6000 | | | | | | | | 9000 | | | | | | | |
| 清灰压缩空气 | 压力（MPa） | 0.5~0.7 | | | | | | | | | | | | | | | |
| | 耗气量（$Nm^3/min$） | 0.3 | 0.4 | 0.5 | 0.6 | 0.8 | 1.0 | 1.2 | 1.4 | 1.0（1.5） | 1.2（1.8） | 1.4（2.1） | 1.6（2.4） | 1.8（2.7） | 1.2（1.8） | 1.4（2.1） | 1.6（2.1） |
| 保温面积（$m^2$） | | 26.5 | 36.5 | 41 | 48.5 | 70 | 94 | 118 | 142 | 120 | 130 | 140 | 150 | 160 | 180 | 210 | 240 |
| 设备质量（kg） | | 2400 | 3400 | 4400 | 5400 | 6900 | 8800 | 9700 | 11800 | 11800 | 13500 | 15200 | 18000 | 19600 | 21000 | 24500 | 28000 |
| 所耗功率（kW） | | 1.5 | 1.5 | 1.5 | 1.5 | 2.2+1.5 | 2.2+1.5 | 2.2+1.5 | 2.2+1.5 | 2.2+2.2 | 2.2+2.2 | 4+2.2 | 4+2.2 | 4+2.2 | 4.0 | 4.0 | 4.0 |

注：1. 过滤风速应根据实际工况，如进口浓度来选取。

2. 压缩空气耗量具体应根据后面的公式计算得出，表格内为参考值，其中括号内为高浓度时的压缩空气耗量。

表 4-3 FGM（PPW）型气箱脉冲袋式除尘器规格和性能（二）

| 性能参数 \ 规格型号 | | 128-9 | 128-10 | 96-2×5 | 96-2×6 | 96-2×7 | 96-2×8 | 96-2×9 | 128-2×6 | 128-2×7 | 128-2×8 | 128-2×9 | 128-2×10 | 128-2×11 | 128-2×12 |
|---|---|---|---|---|---|---|---|---|---|---|---|---|---|---|---|
| 处理风量（$m^3/h$） | | 76440 | 76440 | 57600 | 69120 | 80640 | 92160 | 103680 | 114740 | 133860 | 152980 | 172080 | 191220 | 152980 | 152980 |
| 过滤风速（m/min） | | 1.0 | 1.0 | 1.0 | 1.0 | 1.0 | 1.0 | 1.0 | 1.0 | 1.0 | 1.0 | 1.0 | 1.0 | 1.0 | 1.0 |
| 总过滤面积（$m^2$） | | 1434 | 1593 | 960 | 1152 | 1344 | 1536 | 1728 | 1912 | 2231 | 2550 | 2868 | 3187 | 3506 | 3824 |
| 净过滤面积（$m^2$） | | 1274 | 1434 | 864 | 1056 | 1248 | 1440 | 1632 | 1752 | 2063 | 2390 | 2710 | 3027 | 3346 | 3665 |
| 滤袋总数（条） | | 128×9 | 128×10 | 96×10 | 96×12 | 96×14 | 96×16 | 96×18 | 128×12 | 128×14 | 128×16 | 128×18 | 128×20 | 128×22 | 128×24 |
| 入口浓度（$g/Nm^3$） | | <1000 | | | | | | | | | | | | | |
| 出口排放浓度（$mg/Nm^3$） | | <20 | | | | | | | | | | | | | |
| 阻力（Pa） | | 1470～1770 | | | | | | | | | | | | | |
| 收尘器承受负压（Pa） | | 9000 | | | | | | | | | | | | | |
| 清灰压缩空气 | 压力（MPa） | 0.5～0.7 | | | | | | | | | | | | | |
| | 耗气量（$Nm^3/min$） | 1.8 (2.7) | 2.0 (3.0) | 2.0 (3.0) | 2.4 (3.6) | 2.8 (4.2) | 3.2 (4.8) | 3.6 (5.4) | 2.4 (3.6) | 2.8 (4.2) | 3.2 (4.8) | 3.6 (5.4) | 4.0 (6.0) | 4.4 (6.6) | 4.8 (7.2) |
| 保温面积（$m^2$） | | 270 | 300 | 230 | 250 | 270 | 290 | 310 | 345 | 400 | 460 | 510 | 555 | 610 | 660 |
| 设备质量（kg） | | 31000 | 34000 | 21000 | 25500 | 29500 | 35500 | 37800 | 37000 | 44000 | 50000 | 55500 | 60000 | 62500 | 72000 |
| 所耗功率（kW） | | 4.0 | 4.0 | 2×(2.2+2.2) | 2×(2.2+2.2) | 2×(4+2.2) | 2×(4+2.2) | 2×(4+2.2) | 2×4.0 | 2×4.0 | 2×4.0 | 2×4.0 | 2×4.0 | 2×4.0 | 2×4.0 |

注：1. 过滤风速应根据实际工况，如进口浓度来选取。

2. 压缩空气耗量具体应根据后面的公式计算得出，表格内为参考值，其中括号内为高浓度时的压缩空气耗量。

**表 4-4　气箱脉冲煤磨袋式收尘器规格和性能（一）**

| 参数 \ 型号 | 32-3M | 32-4M | 32-5M | 32-6M | 64-4M | 64-5M | 64-6M | 64-7M | 96-5M | 96-6M | 96-7M | 96-8M | 96-9M | 128-6M | 128-7M |
|---|---|---|---|---|---|---|---|---|---|---|---|---|---|---|---|
| 处理风量（$m^3/h$） | 6912 | 9216 | 11520 | 13824 | 18432 | 23040 | 27648 | 32256 | 28800 | 34560 | 40320 | 46000 | 51840 | 57360 | 66900 |
| 过滤风速（m/min） | 1.2 | 1.2 | 1.2 | 1.2 | 1.2 | 1.2 | 1.2 | 1.2 | 1.0 | 1.0 | 1.0 | 1.0 | 1.0 | 1.0 | 1.0 |
| 总过滤面积（$m^2$） | 96 | 128 | 160 | 192 | 256 | 320 | 384 | 448 | 480 | 576 | 672 | 768 | 864 | 956 | 1115 |
| 净过滤面积（$m^2$） | 64 | 96 | 128 | 160 | 192 | 256 | 320 | 384 | 384 | 480 | 576 | 672 | 768 | 796 | 956 |
| 滤袋总数（个） | 32×3 | 32×4 | 32×5 | 32×6 | 64×4 | 64×5 | 64×6 | 64×7 | 96×5 | 96×6 | 96×7 | 96×8 | 96×9 | 128×6 | 128×7 |
| 进口浓度（$g/Nm^3$） | <200 | | | | | | | | <1000 | | | | | | |
| 出口排放浓度（$mg/Nm^3$） | <20 | | | | | | | | | | | | | | |
| 阻力（Pa） | 1470~1770 | | | | | | | | | | | | | | |
| 收尘器承受负压（Pa） | 6000 | | | | | | | | 9000 | | | | | | |
| 清灰压缩空气 压力（MPa） | 0.5~0.7 | | | | | | | | | | | | | | |
| 清灰压缩空气 耗量（Nm/min） | 0.3 | 0.4 | 0.5 | 0.6 | 0.8 | 1.0 | 1.2 | 1.4 | 1.0 (1.5) | 1.2 (1.8) | 1.4 (2.1) | 1.6 (2.4) | 1.8 (2.7) | 1.2 (1.8) | 1.4 (2.1) |
| 保温面积（$m^2$） | 26.5 | 36.5 | 41 | 48.5 | 70 | 94 | 118 | 142 | 120 | 130 | 140 | 150 | 160 | 180 | 210 |
| 设备质量（kg） | 3000 | 4300 | 5500 | 6750 | 8650 | 11000 | 12100 | 14750 | 14750 | 16900 | 19000 | 22500 | 24500 | 25000 | 29000 |
| 所耗功率（kW） | 1.5 | 1.5 | 1.5 | 1.5 | 1.5×2 | 1.5×2 | 1.5×2 | 1.5×3 | 1.5×2 | 1.5×2 | 1.5×3 | 1.5×3 | 1.5×4 | 2.2×2 | 2.2×3 |

注：1. 过滤风速应根据实际工况，如进口浓度来选取。

2. 压缩空气耗量具体应根据后面的公式计算得出，表格内为参考值，其中括号内为高浓度时的压缩空气耗量。

**表 4-5　气箱脉冲煤磨袋式收尘器规格和性能（二）**

| 参数 \ 型号 | | 128-8M | 128-9M | 128-10M | 96-2×5M | 96-2×6M | 96-2×7M | 96-2×8M | 96-2×9M | 128-2×6M | 128-2×7M | 128-2×8M | 128-2×9M | 128-2×10M |
|---|---|---|---|---|---|---|---|---|---|---|---|---|---|---|
| 处理风量（$m^3/h$） | | 76440 | 86040 | 95580 | 57600 | 69120 | 80640 | 92160 | 103680 | 114740 | 133860 | 152980 | 172080 | 191220 |
| 过滤风速（m/min） | | 1.0 | 1.0 | 1.0 | 1.0 | 1.0 | 1.0 | 1.0 | 1.0 | 1.0 | 1.0 | 1.0 | 1.0 | 1.0 |
| 总过滤面积（$m^2$） | | 1274 | 1434 | 1593 | 960 | 1152 | 1344 | 1536 | 1728 | 1912 | 2231 | 2550 | 2868 | 3187 |
| 净过滤面积（$m^2$） | | 1115 | 1274 | 1434 | 864 | 1056 | 1248 | 1440 | 1632 | 1752 | 2063 | 2390 | 2710 | 3027 |
| 滤袋总数（个） | | 128×8 | 128×9 | 128×10 | 96×10 | 96×12 | 96×14 | 96×16 | 96×18 | 128×12 | 128×14 | 128×16 | 128×18 | 128×20 |
| 进口浓度（$g/Nm^3$） | | <1000 | | | | | | | | | | | | |
| 出口排放浓度（$mg/Nm^3$） | | <30 | | | | | | | | | | | | |
| 阻力（Pa） | | 1470~1770 | | | | | | | | | | | | |
| 收尘器承受负压（Pa） | | 9000 | | | | | | | | | | | | |
| 清灰压缩空气 | 压力（MPa） | 0.5~0.7 | | | | | | | | | | | | |
| | 耗量（Nm/min） | 1.6 (2.1) | 1.8 (2.7) | 2.0 (3.0) | 2.0 (3.0) | 2.4 (3.6) | 2.8 (4.2) | 3.2 (4.8) | 3.6 (5.4) | 2.4 (3.6) | 2.8 (4.2) | 3.2 (4.8) | 3.6 (5.4) | 4.0 (6.0) |
| 保温面积（$m^2$） | | 240 | 270 | 300 | 230 | 250 | 270 | 290 | 310 | 345 | 400 | 460 | 510 | 555 |
| 设备质量（kg） | | 33000 | 37000 | 41000 | 26500 | 31900 | 36900 | 44000 | 47000 | 47000 | 55000 | 63000 | 71500 | 78000 |
| 所耗功率（kW） | | 2.2×3 | 2.2×4 | 2.2×4 | 1.5×4 | 1.5×4 | 1.5×6 | 1.5×6 | 1.5×8 | 2.2×4 | 2.2×6 | 2.2×6 | 2.2×8 | 2.2×8 |

注：1. 过滤风速应根据实际工况，如进口浓度来选取。

2. 压缩空气耗量具体应根据后面的公式计算得出，表格内为参考值，其中括号内为高浓度时的压缩空气耗量。

**表 4-6　XMC 脉冲喷吹袋式除尘器规格和性能（一）**

| 性能＼型号 | | XMC60-2 | XMC60-3 | XMC60-4 | XMC60-5 | XMC60-6 | XMC70-5 | XMC70-6 | XMC70-7 | XMC70-8 | XMC70-9 | XMC75-5 | XMC75-6 | XMC75-7 |
|---|---|---|---|---|---|---|---|---|---|---|---|---|---|---|
| 处理风量（$m^3/h$） | | 6850 ~8250 | 10000 ~12500 | 13500 ~16500 | 17000 ~20500 | 20500 ~25000 | 20000 ~24000 | 24000 ~29000 | 28000 ~34000 | 32000 ~38500 | 36000 ~43500 | 21400 ~25875 | 25650 ~31050 | 29950 ~36250 |
| 过滤风速（m/min） | | 0.95 ~1.15 | | | | | | | | | | | | |
| 总过滤面积（$m^2$） | | 120 | 180 | 240 | 300 | 360 | 350 | 420 | 490 | 560 | 630 | 375 | 450 | 525 |
| 滤袋数量（条） | | 120 | 180 | 240 | 300 | 360 | 350 | 420 | 490 | 560 | 630 | 375 | 450 | 525 |
| 入口浓度（$g/m^3$） | | <1300 | | | | | | | | | | | | |
| 出口排放浓度（$mg/Nm^3$） | | <20 | | | | | | | | | | | | |
| 设备阻力（Pa） | | ≤1500 | | | | | | | | | | | | |
| 承受负压（Pa） | | <5000 | | | | | <9000 | | | | | | | |
| 清灰压缩空气 | 压力（MPa） | 0.5 ~0.7 | | | | | | | | | | | | |
| | 耗气量（$Nm^3/min$） | 0.4 | 0.5 | 0.6 | 0.8 | 1.0 | 1.0 | 1.2 | 1.4 | 1.6 | 1.8 | 1.0 | 1.2 | 1.4 |
| 电磁脉冲阀 | 型号 | 1.5″ | 1.5″ | 1.5″ | 1.5″ | 1.5″ | 1.5″ | 1.5″ | 1.5″ | 1.5″ | 1.5″ | 1.5″ | 1.5″ | 1.5″ |
| | 数量（只） | 10 | 15 | 20 | 25 | 30 | 25 | 30 | 35 | 40 | 45 | 25 | 30 | 35 |
| 保温面积（$m^2$） | | 35 | 40 | 65 | 77 | 88 | 90 | 98 | 110 | 122 | 140 | 100 | 120 | 138 |
| 设备质量（kg） | | 5300 | 6600 | 8450 | 10600 | 12400 | 12600 | 14500 | 16800 | 19500 | 22500 | 13000 | 15600 | 18000 |
| 所耗功率（kW） | | 1.5 | 1.5 | 2.2 +1.5 | 2.2 +1.5 | 2.2 +1.5 | 2.2 +1.5 | 3 +2.2 | 3 +2.2 | 3 +2.2 | 4 +2.2 | 3 +2.2 | 3 +2.2 | 3 +2.2 |

表4-7　XMC脉冲喷吹袋式除尘器规格和性能（二）

| 性能＼型号 | | XMC75-8 | XMC75-9 | XMC70-2×5 | XMC70-2×6 | XMC70-2×7 | XMC70-2×8 | XMC70-2×9 | XMC75-2×5 | XMC75-2×6 | XMC75-2×7 | XMC75-2×8 | XMC75-2×9 |
|---|---|---|---|---|---|---|---|---|---|---|---|---|---|
| 处理风量（$m^3/h$） | | 34200~41400 | 38500~46600 | 39900~48300 | 47900~57960 | 55900~67600 | 63850~77300 | 71800~86950 | 42750~51750 | 51300~62100 | 59850~72450 | 68400~82800 | 76950~93150 |
| 过滤风速（m/min） | | 0.95~1.15 | | | | | | | | | | | |
| 总过滤面积（$m^2$） | | 600 | 675 | 700 | 840 | 980 | 1120 | 1260 | 750 | 900 | 1050 | 1200 | 1350 |
| 滤袋数量（条） | | 600 | 675 | 700 | 840 | 980 | 1120 | 1260 | 750 | 900 | 1050 | 1200 | 1350 |
| 入口浓度（$g/m^3$） | | <1300 | | | | | | | | | | | |
| 出口排放浓度（$mg/Nm^3$） | | <20 | | | | | | | | | | | |
| 设备阻力（Pa） | | ≤1500 | | | | | | | | | | | |
| 承受负压（Pa） | | <9000 | | | | | | | | | | | |
| 清灰压缩空气 | 压力（MPa） | 0.5~0.7 | | | | | | | | | | | |
| | 耗气量（$Nm^3/min$） | 1.6 | 1.8 | 2.0 | 2.4 | 2.8 | 3.2 | 3.6 | 2.0 | 2.4 | 2.8 | 3.2 | 3.6 |
| 电磁脉冲阀 | 型号 | 1.5″ | 1.5″ | 1.5″ | 1.5″ | 1.5″ | 1.5″ | 1.5″ | 1.5″ | 1.5″ | 1.5″ | 1.5″ | 1.5″ |
| | 数量（只） | 40 | 45 | 50 | 60 | 70 | 80 | 90 | 50 | 60 | 70 | 80 | 90 |
| 保温面积（$m^2$） | | 156 | 175 | 180 | 215 | 250 | 285 | 320 | 195 | 230 | 270 | 310 | 345 |
| 设备质量（kg） | | 20500 | 23400 | 24500 | 29000 | 34000 | 39000 | 43500 | 26000 | 31000 | 36000 | 41000 | 46500 |
| 所耗功率（kW） | | 3+2.2 | 4+2.2 | 2×(2.2+1.5) | 2×(3+2.2) | 2×(3+2.2) | 2×(3+2.2) | 2×(4+2.2) | 2×(2.2+2.2) | 2×(3+2.2) | 2×(3+2.2) | 2×(4+2.2) | 2×(4+2.2) |

**表 4-8 LMC84 系列低压长袋脉冲袋式除尘器规格和性能**

| 性能 \ 型号 | | LMC84-6 | LMC84-7 | LMC84-8 | LMC84-9 | LMC84-2×5 | LMC84-2×6 | LMC84-2×7 | LMC84-2×8 | LMC84-2×9 | LMC84-2×10 |
|---|---|---|---|---|---|---|---|---|---|---|---|
| 处理风量（$m^3/h$） | | 59300~88920 | 69100~10500 | 77000~116000 | 89000~133000 | 96000~145000 | 118000~177000 | 138000~207000 | 154000~232000 | 178000~266000 | 192000~290000 |
| 过滤风速（m/min） | | 0.8~1.2（根据工况和滤材的不同选取参数） | | | | | | | | | |
| 总过滤面积（$m^2$） | | 1235 | 1440 | 1613 | 1850 | 2015 | 2460 | 2880 | 3226 | 3700 | 4030 |
| 滤袋数量（条） | | 504 | 588 | 672 | 756 | 840 | 924 | 1176 | 1344 | 1415 | 1680 |
| 入口浓度（$g/m^3$） | | <1000 | | | | | | | | | |
| 出口排放浓度（$mg/Nm^3$） | | <30 | | | | | | | | | |
| 设备阻力（Pa） | | <1500 | | | | | | | | | |
| 承受负压（Pa） | | 8000 | | | | | | | | | |
| 清灰压缩空气 | 压力（MPa） | 0.2~0.4 | | | | | | | | | |
| | 耗气量（$Nm^3/min$） | 1.5 | 1.5 | 1.5 | 1.5 | 1.8 | 1.8 | 1.8 | 2.0 | 2.2 | 2.5 |
| 电磁脉冲阀 | 型号 | 3″ | 3″ | 3″ | 3″ | 3″ | 3″ | 3″ | 3″ | 3″ | 3″ |
| | 数量（只） | | | | | | | | | | |
| 保温面积（$m^2$） | | 130 | 165 | 200 | 220 | 250 | 280 | 350 | 400 | 450 | 560 |
| 设备质量（kg） | | 30000 | 35000 | 40000 | 45000 | 50000 | 60000 | 70000 | 80000 | 90000 | 100000 |
| 所耗功率（kW） | | 6 | 8.5 | 8.5 | 10.5 | 12 | 12 | 17 | 17 | 17 | 21 |

**表 4-9 CDMC154 系列低压长袋脉冲袋式除尘器规格和性能**

| 性能 \ 型号 | | 154-2×5 | 154-2×6 | 154-2×7 | 154-2×8 | 154-2×9 | 154-2×10 | 154-2×11 | 154-2×12 | 154-2×13 | 154-2×14 | 154-2×15 |
|---|---|---|---|---|---|---|---|---|---|---|---|---|
| 处理风量（$m^3/h$） | | 222000 ~333000 | 266000 ~399000 | 310000 ~466000 | 355000 ~532000 | 399000 ~600000 | 444000 ~665000 | 488000 ~732000 | 532000 ~798000 | 577000 ~865000 | 621000 ~931000 | 665000 ~1000000 |
| 过滤风速（m/min） | | 0.8~1.2（根据工况和滤材的不同选取参数） | | | | | | | | | | |
| 总过滤面积（$m^2$） | | 4640 | 5568 | 6496 | 7424 | 8352 | 9280 | 10208 | 11136 | 12064 | 12992 | 13920 |
| 滤袋数量（条） | | 1540 | 1848 | 2156 | 2464 | 2772 | 3080 | 3388 | 3696 | 4004 | 4312 | 4620 |
| 入口浓度（$g/m^3$） | | <1000 | | | | | | | | | | |
| 出口排放浓度（$mg/Nm^3$） | | <30 | | | | | | | | | | |
| 设备阻力（Pa） | | <1500 | | | | | | | | | | |
| 承受负压（Pa） | | 8000 | | | | | | | | | | |
| 清灰压缩空气 | 压力（MPa） | 0.4~0.6 | | | | | | | | | | |
| | 耗气量（$Nm^3/min$） | 4.0 | 4.0 | 4.0 | 4.5 | 4.5 | 4.5 | 5.0 | 5.0 | 5.5 | 6.0 | 6.0 |
| 电磁脉冲阀 | 型号 | 3″ | 3″ | 3″ | 3″ | 3″ | 3″ | 3″ | 3″ | 3″ | 3″ | 3″ |
| | 数量（只） | | | | | | | | | | | |
| 保温面积（$m^2$） | | 450 | 540 | 630 | 720 | 810 | 900 | 990 | 1080 | 1170 | 1260 | 1350 |
| 设备质量（kg） | | 142000 | 175000 | 200000 | 228000 | 260000 | 290000 | 315000 | 345000 | 370000 | 400000 | 425000 |
| 所耗功率（kW） | | 15 | 15 | 22 | 22 | 22 | 30 | 30 | 30 | 30 | 30 | 30 |

表 4-10　CDMC220 系列低压长袋脉冲袋式除尘器规格和性能

| 性能＼型号 | | 220-2×5 | 220-2×6 | 220-2×7 | 220-2×8 | 220-2×9 | 220-2×10 | 220-2×11 | 220-2×12 | 220-2×13 | 220-2×14 | 220-2×15 | 220-2×16 |
|---|---|---|---|---|---|---|---|---|---|---|---|---|---|
| 处理风量（$m^3$/h） | | 317000<br>475000 | 380000<br>570000 | 444000<br>665000 | 507000<br>760000 | 570000<br>855000 | 634000<br>950000 | 697000<br>1050000 | 760000<br>1140000 | 824000<br>1240000 | 887000<br>1330000 | 950000<br>1430000 | 1010000<br>1520000 |
| 过滤风速（m/min） | | | | | | | | | | | | | |
| 总过滤面积（$m^2$） | | 6635 | 7962 | 9289 | 10616 | 11943 | 13270 | 14597 | 15924 | 17251 | 18578 | 19905 | 21232 |
| 滤袋数量（条） | | 2200 | 2640 | 3080 | 3520 | 3960 | 4400 | 4840 | 5280 | 5720 | 6160 | 6600 | 7040 |
| 入口浓度（g/$m^3$） | | <1000 | | | | | | | | | | | |
| 出口排放浓度（mg/$Nm^3$） | | <30 | | | | | | | | | | | |
| 设备阻力（Pa） | | <1500 | | | | | | | | | | | |
| 承受负压（Pa） | | 8000 | | | | | | | | | | | |
| 清灰压缩空气 | 压力（MPa） | 0.4～0.6 | | | | | | | | | | | |
| | 耗气量（$Nm^3$/min） | 4.5 | 4.5 | 4.5 | 5.0 | 6.0 | 6.0 | 7.0 | 7.0 | 8.0 | 8.0 | 9.0 | 9.0 |
| 电磁脉冲阀 | 型号 | 3″ | 3″ | 3″ | 3″ | 3″ | 3″ | 3″ | 3″ | 3″ | 3″ | 3″ | 3″ |
| | 数量（只） | | | | | | | | | | | | |
| 保温面积（$m^2$） | | | | | | | | | | | | | |
| 设备质量（kg） | | 640 | 750 | 880 | 1000 | 1150 | 1250 | 1380 | 1500 | 1600 | 1740 | 1850 | 1980 |
| 所耗功率（kW） | | 30 | 36 | 42 | 48 | 54 | 60 | 66 | 72 | 78 | 84 | 90 | 96 |

表 4-11 GMC 高温脉冲喷吹袋式除尘器规格和性能（一）

| 性能＼型号 | GMC60-2 | GMC60-3 | GMC60-4 | GMC60-5 | GMC60-6 | GMC70-5 | GMC70-6 | GMC70-7 | GMC70-8 | GMC70-9 | GMC75-5 | GMC75-6 | GMC75-7 |
|---|---|---|---|---|---|---|---|---|---|---|---|---|---|
| 处理风量（$m^3/h$） | 5760 ~8250 | 8420 ~12500 | 9600 ~16500 | 14300 ~20500 | 17250 ~25000 | 16840 ~24000 | 20200 ~29000 | 23500 ~34000 | 27000 ~38500 | 30300 ~43500 | 18000 ~25875 | 21600 ~31050 | 25200 ~36250 |
| 过滤风速（m/min） | 0.8 ~1.15（根据工况和滤材的不同选取参数） | | | | | | | | | | | | |
| 总过滤面积（$m^2$） | 120 | 180 | 240 | 300 | 360 | 350 | 420 | 490 | 560 | 630 | 375 | 450 | 525 |
| 滤袋数量（条） | 120 | 180 | 240 | 300 | 360 | 350 | 420 | 490 | 560 | 630 | 375 | 450 | 525 |
| 入口浓度（$g/m^3$） | <1300 | | | | | | | | | | | | |
| 出口排放浓度（$mg/Nm^3$） | <30 | | | | | | | | | | | | |
| 设备阻力（Pa） | ≤1500 | | | | | | | | | | | | |
| 承受负压（Pa） | <5000 | | | | | <9000 | | | | | | | |
| 清灰压缩空气 压力（MPa） | 0.5 ~0.7 | | | | | | | | | | | | |
| 清灰压缩空气 耗气量（$Nm^3/min$） | 0.4 | 0.5 | 0.6 | 0.8 | 1.0 | 1.0 | 1.2 | 1.4 | 1.6 | 1.8 | 1.0 | 1.2 | 1.4 |
| 电磁脉冲阀 型号 | 1.5″ | 1.5″ | 1.5″ | 1.5″ | 1.5″ | 1.5″ | 1.5″ | 1.5″ | 1.5″ | 1.5″ | 1.5″ | 1.5″ | 1.5″ |
| 电磁脉冲阀 数量（只） | 10 | 15 | 20 | 25 | 30 | 25 | 30 | 35 | 40 | 45 | 25 | 30 | 35 |
| 保温面积（$m^2$） | 35 | 40 | 65 | 77 | 88 | 90 | 98 | 110 | 122 | 140 | 100 | 120 | 138 |
| 设备质量（kg） | 5300 | 6600 | 8450 | 10600 | 12400 | 12600 | 14500 | 16800 | 19500 | 22500 | 13000 | 15600 | 18000 |
| 所耗功率（kW） | 1.5 | 1.5 | 2.2 +1.5 | 2.2 +1.5 | 2.2 +1.5 | 2.2 +1.5 | 3 +2.2 | 3 +2.2 | 3 +2.2 | 4 +2.2 | 3 +2.2 | 3 +2.2 | 3 +2.2 |

注：表中数值为滤袋采用$\phi$130 ×2450 时数据，根据需要滤袋可设计成$\phi$130 ×3050，$\phi$130 ×3750，$\phi$130 ×4250 等系列。

**表 4-12 GMC 高温脉冲喷吹袋式除尘器规格和性能（二）**

| 性能 \ 型号 | | GMC75-8 | GMC75-9 | GMC70-2×5 | GMC70-2×6 | GMC70-2×7 | GMC70-2×8 | GMC70-2×9 | GMC75-2×5 | GMC75-2×6 | GMC75-2×7 | GMC75-2×8 | GMC75-2×9 |
|---|---|---|---|---|---|---|---|---|---|---|---|---|---|
| 处理风量（$m^3/h$） | | 28800~41400 | 32400~46600 | 33600~48300 | 40300~57960 | 47050~67600 | 53800~77300 | 60500~86950 | 36000~51750 | 51300~62100 | 43200~72450 | 57600~82800 | 64800~93150 |
| 过滤风速（m/min） | | 0.8~1.15（根据工况和滤材的不同选取参数） | | | | | | | | | | | |
| 总过滤面积（$m^2$） | | 600 | 675 | 700 | 840 | 980 | 1120 | 1260 | 750 | 900 | 1050 | 1200 | 1350 |
| 滤袋数量（条） | | 600 | 675 | 700 | 840 | 980 | 1120 | 1260 | 750 | 900 | 1050 | 1200 | 1350 |
| 入口浓度（$g/m^3$） | | <1300 | | | | | | | | | | | |
| 出口排放浓度（$mg/Nm^3$） | | <30 | | | | | | | | | | | |
| 设备阻力（Pa） | | ≤1500 | | | | | | | | | | | |
| 承受负压（Pa） | | <9000 | | | | | | | | | | | |
| 清灰压缩空气 | 压力（MPa） | 0.5~0.7 | | | | | | | | | | | |
| | 耗气量（$Nm^3/min$） | 1.6 | 1.8 | 2.0 | 2.4 | 2.8 | 3.2 | 3.6 | 2.0 | 2.4 | 2.8 | 3.2 | 3.6 |
| 电磁脉冲阀 | 型号 | 1.5″ | 1.5″ | 1.5″ | 1.5″ | 1.5″ | 1.5″ | 1.5″ | 1.5″ | 1.5″ | 1.5″ | 1.5″ | 1.5″ |
| | 数量（只） | 40 | 45 | 50 | 60 | 70 | 80 | 90 | 50 | 60 | 70 | 80 | 90 |
| 保温面积（$m^2$） | | 156 | 175 | 180 | 215 | 250 | 285 | 320 | 195 | 230 | 270 | 310 | 345 |
| 设备质量（kg） | | 20500 | 23400 | 24500 | 29000 | 34000 | 39000 | 43500 | 26000 | 31000 | 36000 | 41000 | 46500 |
| 所耗功率（kW） | | 3+2.2 | 4+2.2 | 2×(2.2+1.5) | 2×(3+2.2) | 2×(3+2.2) | 2×(3+2.2) | 2×(4+2.2) | 2×(2.2+2.2) | 2×(3+2.2) | 2×(3+2.2) | 2×(4+2.2) | 2×(4+2.2) |

注：表中数值为滤袋采用$\phi$130×2450 时数据，根据需要滤袋可设计成$\phi$130×3050，$\phi$130×3750，$\phi$130×4250 等系列。

**表4-13 MMC脉冲喷吹煤磨袋式除尘器规格和性能（一）**

| 性能 \ 型号 | | MMC60-2 | MMC60-3 | MMC60-4 | MMC60-5 | MMC60-6 | MMC70-5 | MMC70-6 | MMC70-7 | MMC70-8 | MMC70-9 | MMC75-5 | MMC75-6 | MMC75-7 |
|---|---|---|---|---|---|---|---|---|---|---|---|---|---|---|
| 处理风量（$m^3/h$） | | 6850~8250 | 10000~12500 | 13500~16500 | 17000~20500 | 20500~25000 | 20000~24000 | 24000~29000 | 28000~34000 | 32000~38500 | 36000~43500 | 21400~25875 | 25650~31050 | 29950~36250 |
| 过滤风速（m/min） | | 0.95~1.15 | | | | | | | | | | | | |
| 总过滤面积（$m^2$） | | 120 | 180 | 240 | 300 | 360 | 350 | 420 | 490 | 560 | 630 | 375 | 450 | 525 |
| 滤袋数量（条） | | 120 | 180 | 240 | 300 | 360 | 350 | 420 | 490 | 560 | 630 | 375 | 450 | 525 |
| 入口浓度（$g/m^3$） | | <1300 | | | | | | | | | | | | |
| 出口排放浓度（$mg/Nm^3$） | | <30 | | | | | | | | | | | | |
| 设备阻力（Pa） | | ≤1500 | | | | | | | | | | | | |
| 承受负压（Pa） | | <5000 | | | | | <9000 | | | | | | | |
| 清灰压缩空气 | 压力（MPa） | 0.5~0.7 | | | | | | | | | | | | |
| | 耗气量（$Nm^3/min$） | 0.4 | 0.5 | 0.6 | 0.8 | 1.0 | 1.0 | 1.2 | 1.4 | 1.6 | 1.8 | 1.0 | 1.2 | 1.4 |
| 电磁脉冲阀 | 型号 | 1.5″ | 1.5″ | 1.5″ | 1.5″ | 1.5″ | 1.5″ | 1.5″ | 1.5″ | 1.5″ | 1.5″ | 1.5″ | 1.5″ | 1.5″ |
| | 数量（只） | 10 | 15 | 20 | 25 | 30 | 25 | 30 | 35 | 40 | 45 | 25 | 30 | 35 |
| 保温面积（$m^2$） | | 35 | 40 | 65 | 77 | 88 | 90 | 98 | 110 | 122 | 140 | 100 | 120 | 138 |
| 设备质量（kg） | | 5300 | 6600 | 8450 | 10600 | 12400 | 12600 | 14500 | 16800 | 19500 | 22500 | 13000 | 15600 | 18000 |
| 所耗功率（kW） | | 1.5 | 1.5 | 2.2 | 2×1.5 | 2×1.5 | 2×1.5 | 2×1.5 | 2×1.5 | 3×1.5 | 3×1.5 | 2×1.5 | 2×1.5 | 2×1.5 |

**表 4-14　MMC 脉冲喷吹煤磨袋式除尘器规格和性能（二）**

| 性能 \ 型号 | | MMC75-8 | MMC75-9 | MMC70-2×5 | MMC70-2×6 | MMC70-2×7 | MMC70-2×8 | MMC70-2×9 | MMC75-2×5 | MMC75-2×6 | MMC75-2×7 | MMC75-2×8 | MMC75-2×9 |
|---|---|---|---|---|---|---|---|---|---|---|---|---|---|
| 处理风量（$m^3/h$） | | 34200~41400 | 38500~46600 | 39900~48300 | 47900~57960 | 55900~67600 | 63850~77300 | 71800~86950 | 42750~51750 | 51300~62100 | 59850~72450 | 68400~82800 | 76950~93150 |
| 过滤风速（m/min） | | 0.95~1.15 | | | | | | | | | | | |
| 总过滤面积（$m^2$） | | 600 | 675 | 700 | 840 | 980 | 1120 | 1260 | 750 | 900 | 1050 | 1200 | 1350 |
| 滤袋数量（条） | | 600 | 675 | 700 | 840 | 980 | 1120 | 1260 | 750 | 900 | 1050 | 1200 | 1350 |
| 入口浓度（$g/m^3$） | | <1300 | | | | | | | | | | | |
| 出口排放浓度（$mg/Nm^3$） | | <30 | | | | | | | | | | | |
| 设备阻力（Pa） | | ≤1500 | | | | | | | | | | | |
| 承受负压（Pa） | | <9000 | | | | | | | | | | | |
| 清灰压缩空气 | 压力（MPa） | 0.5~0.7 | | | | | | | | | | | |
| | 耗气量（$Nm^3/min$） | 1.6 | 1.8 | 2.0 | 2.4 | 2.8 | 3.2 | 3.6 | 2.0 | 2.4 | 2.8 | 3.2 | 3.6 |
| 电磁脉冲阀 | 型号 | 1.5″ | 1.5″ | 1.5″ | 1.5″ | 1.5″ | 1.5″ | 1.5″ | 1.5″ | 1.5″ | 1.5″ | 1.5″ | 1.5″ |
| | 数量（只） | 40 | 45 | 50 | 60 | 70 | 80 | 90 | 50 | 60 | 70 | 80 | 90 |
| 保温面积（$m^2$） | | 156 | 175 | 180 | 215 | 250 | 285 | 320 | 195 | 230 | 270 | 310 | 345 |
| 设备质量（kg） | | 20500 | 23400 | 24500 | 29000 | 34000 | 39000 | 43500 | 26000 | 31000 | 36000 | 41000 | 46500 |
| 所耗功率（kW） | | 3×1.5 | 3×1.5 | 4×1.5 | 4×1.5 | 4×1.5 | 4×1.5 | 6×1.5 | 4×1.5 | 4×1.5 | 4×1.5 | 6×1.5 | 6×1.5 |

4.1.2.3　脉冲喷吹袋式除尘器

①高压脉冲喷吹袋式除尘器

XMC 脉冲喷吹袋式除尘器规格和性能，见表4-6和表4-7。

②低压长袋脉冲袋式除尘器

LMC(CDMC) 低压长袋脉冲袋式除尘器规格和性能，见表4-8、表4-9和表4-10。

③高温脉冲喷吹袋式除尘器

GMC 高温脉冲喷吹袋式除尘器规格和性能，见表4-11和表4-12。

④脉冲喷吹煤磨袋式除尘器

MMC 脉冲喷吹煤磨袋式除尘器规格和性能，见表4-13和表4-14。

4.1.2.4　反吹风袋式除尘器

①CXS(Ⅱ) 系列玻纤袋式除尘器

CXS(Ⅱ) 系列玻纤袋式除尘器规格和性能，见表4-15。

**表4-15　CXS(Ⅱ) 系列玻纤袋式除尘器的规格和性能**

| 规格型号＼性能参数 | 处理风量($m^3$/h) | 单元 | 过滤面积($m^2$) | 过滤风速(m/min) | 滤袋规格 直径×长度 | 总质量(kg) |
|---|---|---|---|---|---|---|
| CXS(Ⅱ) 238-3 | 20000 | 3 | 714 | 0.46 | 120×5000 | 30000 |
| CXS(Ⅱ) 238-4 | 25000 | 4 | 945 | 0.48 | 120×5000 | 35000 |
| CXS(Ⅱ) 238-5 | 33000 | 5 | 1190 | 0.45 | 120×5000 | 40000 |
| CXS(Ⅱ) 238-2×3 | 43000 | 6 | 1428 | 0.46 | 120×5000 | 45000 |
| CXS(Ⅱ) 430-4 | 50000 | 4 | 1720 | 0.48 | 120×5000 | 50000 |
| CXS(Ⅱ) 430-4 | 80000 | 4 | 1720 | 0.80 | 120×5000 | 50000 |
| CXS(Ⅱ) 238-2×4 | 55000 | 8 | 1904 | 0.48 | 120×5000 | 55000 |
| CXS(Ⅱ) 238-2×4 | 91000 | 8 | 1904 | 0.80 | 120×5000 | 55000 |
| CXS(Ⅱ) 430-2×3 | 70000 | 6 | 2580 | 0.45 | 120×5000 | 70000 |
| CXS(Ⅱ) 560-2×3 | 880000 | 6 | 3342 | 0.40 | 120×5000 | 75000 |
| CXS(Ⅱ) 560-2×3 | 1200000 | 6 | 3342 | 0.60 | 120×5000 | 75000 |
| CXS(Ⅱ) 560-2×4 | 1100000 | 8 | 4452 | 0.41 | 120×5000 | 100000 |
| CXS(Ⅱ) 560-2×4 | 1600000 | 8 | 4452 | 0.60 | 120×5000 | 100000 |
| CXS(Ⅱ) 700-2×4 | 1400000 | 8 | 5568 | 0.42 | 200×8000 | 110000 |
| CXS(Ⅱ) 700-2×5 | 1800000 | 10 | 6960 | 0.43 | 200×8000 | 140000 |
| CXS(Ⅱ) 700-2×6 | 2000000 | 12 | 8352 | 0.40 | 200×8000 | 170000 |
| CXS(Ⅱ) 700-2×7 | 2300000 | 14 | 9744 | 0.40 | 200×8000 | 196000 |

续表

| 性能参数 / 规格型号 | 处理风量（m³/h） | 单元 | 过滤面积（m²） | 过滤风速（m/min） | 滤袋规格 直径×长度 | 总质量（kg） |
|---|---|---|---|---|---|---|
| CXS(Ⅱ) 1000-2×5 | 2600000 | 10 | 10000 | 0.43 | 300×9000 | 220000 |
| CXS(Ⅱ) 1000-2×6 | 3200000 | 12 | 12000 | 0.44 | 300×9000 | 260000 |
| CXS(Ⅱ) 1000-2×7 | 3700000 | 14 | 14000 | 0.44 | 300×9000 | 300000 |
| CXS(Ⅱ) 1000-2×8 | 4300000 | 16 | 16000 | 0.44 | 300×9000 | 350000 |
| CXS(Ⅱ) 1000-2×9（F） | 4800000 | 18 | 20000 | 0.45 | 300×9000 | 540000 |

②LFEF(Ⅲ) 系列立窑袋式除尘器

LFEF(Ⅲ) 系列立窑袋式除尘器规格和性能，见表4-16。

**表4-16 LFEF(Ⅲ) 系列立窑袋式除尘器规格和性能**

| 规格型号 / 性能参数 | LFEF(Ⅲ) 8×358 | LFEF(Ⅲ) 7×358 | LFEF(Ⅲ) 6×358 | LFEF(Ⅲ) 5×358 | LFEF(Ⅲ) 4×358 |
|---|---|---|---|---|---|
| 处理风量（m³/h） | 85000 | 75000 | 64000 | 53000 | 43000 |
| 过滤面积（m²） | 2864 | 2506 | 2148 | 1790 | 1432 |
| 单元数（室） | 8 | 7 | 6 | 5 | 4 |
| 滤袋数（条） | 704 | 616 | 528 | 440 | 352 |
| 过滤风速（m/min） | <0.5 | | | | |
| 设备阻力（Pa） | 800~1500 | | | | |
| 除尘效率（%） | >99.8 | | | | |
| 最高处理温度（℃） | 280 | | | | |
| 入口浓度（g/m³） | ≤200 | | | | |
| 出口排放浓度（mg/Nm³） | ≤30（覆膜滤料） | | | | |

③LFEF(Ⅲ) 系列烘干机袋式除尘器

LFEF(Ⅲ) 系列烘干机袋式除尘器规格和性能，见表4-17。

**表4-17 LFEF(Ⅲ) 系列烘干机袋式除尘器规格和性能**

| 规格型号 / 性能参数 | LFEF(Ⅲ) 4×173/H | LFEF(Ⅲ) 5×173/H | LFEF(Ⅲ) 4×230/H | LFEF(Ⅲ) 5×230/H | LFEF(Ⅲ) 4×358/H |
|---|---|---|---|---|---|
| 处理风量（m³/h） | 15000~20000 | 20000~26000 | 20000~27000 | 30000~34000 | 40000~43000 |
| 过滤面积（m²） | 692 | 865 | 927 | 1150 | 1432 |

续表

| 规格型号 / 性能参数 | LFEF(Ⅲ) 4×173/H | LFEF(Ⅲ) 5×173/H | LFEF(Ⅲ) 4×230/H | LFEF(Ⅲ) 5×230/H | LFEF(Ⅲ) 4×358/H |
|---|---|---|---|---|---|
| 单元数（室） | 4 | 5 | 4 | 4 | 4 |
| 滤袋数（条） | 280 | 350 | 328 | 410 | 352 |
| 过滤风速（m/min） | <0.5 | | | | |
| 设备阻力（Pa） | 980～1570 | | | | |
| 除尘效率（%） | >99.8 | | | | |
| 适用温度（℃） | <280 | | | | |
| 入口浓度（$g/m^3$） | ≤200 | | | | |
| 出口排放浓度（$mg/Nm^3$） | ≤30（覆膜滤料） | | | | |
| 配用的烘干机规格型号（m） | φ1.5×12 | φ1.5×15<br>φ2.2×12 | φ1.5×15<br>φ2.2×12 | φ2.2×12<br>φ1.5×18 | φ2.4×18 |

## 4.1.3　常用电除尘器的规格和性能

针对新标准的排放限值，从事水泥厂电除尘器的研究和制造单位都应积极地做好技术准备工作，有关电除尘器的规格和性能需要与电除尘器单位咨询。

## 4.1.4　水泥窑窑尾及窑尾余热利用系统的除尘技术方案

### 4.1.4.1　回转窑窑尾废气的特性

回转窑的废气是由燃料燃烧后的烟气、水泥原料在分解反应中生成的$CO_2$、生料干燥过程中放出的水蒸气以及过剩空气等组成。废气中的粉尘主要是已经干燥的和部分分解的入窑生料，少量的熟料微粒、未完全燃烧颗粒和燃料的灰分。此外还有少量钾、钠、硫的氧化物结晶。新型干法水泥回转窑窑尾废气具有如下特点：

（1）含尘浓度高，窑外分解窑窑尾废气含尘浓度为40～80$g/m^3$；

（2）温度高，新型干法窑外分解窑窑尾废气温度为320～350℃左右；

（3）含尘颗粒细，<10μm的细颗粒占90%～97%，小于2～3μm的细颗粒占50%；

（4）粉尘中有一定的碱含量，剥离性较差；

（5）风量较大，且随着窑系统工况变化时风量不稳定；

（6）粉尘比电阻高，正常高达1012～1013Ω·cm。

为响应节能、降耗、减排等政策要求，新型干法水泥生产线积极利用窑尾废气的余热，主要用于物料烘干（窑磨一体机）和余热发电等，经过余热利用后的废气的特性发生较大的变化，如废气温度得到降低、粉尘浓度提高等。

4.1.4.2　窑尾废气除尘工艺

新型干法水泥窑窑尾废气治理可采用电除尘和袋除尘两种工艺路线，不论采用电除尘还是袋除尘，又分不带余热发电和带余热发电两种工艺。

采用电除尘的两种除尘工艺流程，如图4-1、图4-2所示。

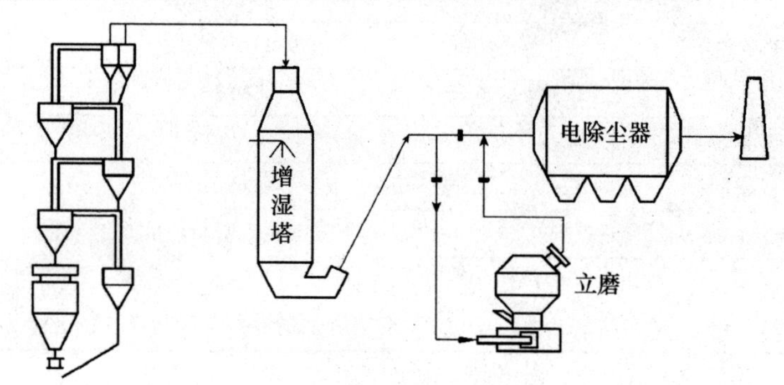


图4-1　窑尾不带余热发电的电除尘工艺流程

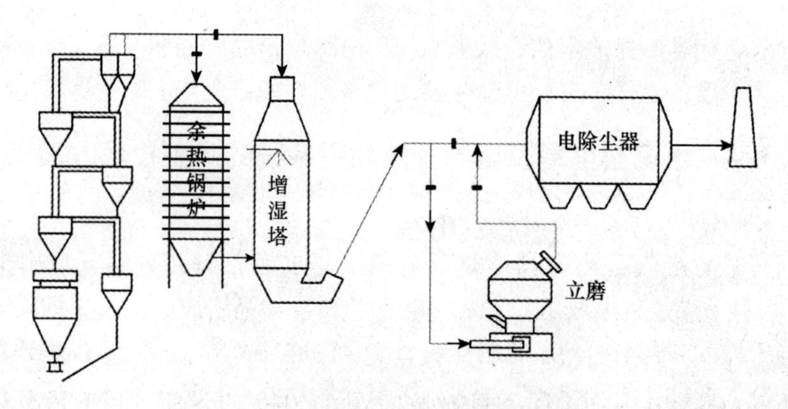


图4-2　窑尾带余热发电的电除尘工艺流程

对于窑尾袋除尘工艺与电除尘工艺基本相同，主要区别是：对于窑尾不带余热发电的袋除尘工艺，调质降温设备除增湿塔外，还可采用管道增湿、多管冷却器等。

4.1.4.3　水泥窑窑尾袋除尘器的选型

(1) 窑尾袋除尘器介绍

目前，窑尾袋除尘器有反吹风高温玻纤袋除尘器、高压脉喷高温袋除尘器和低压长袋脉喷高温袋除尘器三种类型。不同除尘器供应商研发和生产的除尘器的型号名称不同，但对于同类型除尘器，其主要结构、工作原理和性能特点基本相同。

①反吹风高温玻纤袋除尘器

反吹风高温玻纤袋除尘器是一种窑尾用高温袋除尘器，该除尘器采用三状态清灰工艺，同时在钢结构本体设计方面，采用了标准箱体式和用户型板块结构，在 260℃以下高含尘浓度烟气条件下，能长期高效运行，收尘效率可稳定在 99.99%以上，如采用引进技术生产的玻纤膨体纱滤袋，可提高滤袋性能和降低阻力。

a. 结构：CXS(Ⅱ）型袋除尘器的主体结构由箱体、袋室、灰斗、进出风管四大部分组成，并配有基础支柱、爬梯、栏杆、检修门、滤袋及吊挂装置、压缩空气气路系统、清灰系统、控制系统、卸灰输送系统等。

b. 工作原理：CXS 型反吹风高温玻纤袋除尘器的工作原理是：正常工作时，含尘气体在通风机作用下压入进气管，通过各进气支管，进入各个灰斗，均匀地通过花板，然后涌入滤袋，大量粉尘就被滞留在滤袋上，部分直接掉入灰斗，而气流则透过滤袋达到净化，净化后的气流通过排气管排入大气。随着滤袋织物表面附着粉尘层的增厚，收尘器的阻力不断上升，通过反吹风机的抽吸作用，改变了滤袋内外的压差进行清灰。大量粉尘掉入灰斗，由排灰阀卸出。清灰工作完成后，进行正常过滤工作。收尘器整个运行、清灰过程是由 PLC 自动控制来完成的。

c. 性能特点：采用内滤式，如清灰不彻底会造成袋内积灰；过滤风速选取值偏低，设计过滤风速正常取 0.45m/min 以下，因此设备钢耗较高、体积较大；采用反吹风清灰，清灰动能较低，很难清灰彻底，清灰时引入大量新鲜冷空气，不利于防结露；排放浓度正常能达 $50mg/Nm^3$ 以下，如保证设备制作质量和严格控制滤袋与扎袋圈的配合精度，也能实现 $30mg/Nm^3$ 以下。

随着节材、节能和环保意识的逐步提高，尤其《水泥工业大气污染物排放标准》（GB 4915—2013）的排放浓度限值的进一步降低，反吹风高温玻纤袋除尘器将会逐步被脉冲类高温袋除尘器取代。

②高压脉喷高温袋除尘器

a. 结构：该袋除尘器主要由灰斗、袋室、净气室、喷吹管路系统、排灰装置、卸灰阀和电控柜等组成。

b. 工作原理：含尘气体经过风道进入除尘器已扩大的灰斗进行预收尘，通过导流板均布于各条滤袋之间，粉尘阻留于滤袋表面，为使设备阻力不超过 1500pa，高压气体经电磁脉冲阀产生脉冲，使气包内压缩空气由喷吹管孔眼喷吹（称一次风），通过文丘里管诱导数倍于一次风的周围空气（称二次风）进入滤袋使滤袋瞬时急剧膨胀，并伴随着气流的反作用抖落粉尘，达到清灰的目的，使用PLC自动控制装置实现定时清灰，可根据粉尘浓度随意调节清灰周期和脉喷时间，使除尘器在较低的阻力范围内运行。

c. 性能特点：高压脉喷高温袋除尘器是在普通高压脉冲袋除尘器基础上研制的，其具有以下显著的性能特点：采用外滤式，设计过滤风速可取1.0~1.2m/min，设备钢耗较低；能处理窑尾高浓度含尘气体，只要一级收尘；采用高压脉冲清灰，清灰气源压力控制在0.5~0.7MPa，清灰动能大，清灰彻底；除尘效率高，出口排放浓度可控制在30mg/Nm$^3$以下，采用覆膜滤料出口排放浓度控制在10mg/Nm$^3$以下。

③低压长袋脉喷高温袋除尘器

由于低压长袋脉冲袋除尘器具有除尘效率高、节约能耗、占地面积小、运行稳定、性能可靠等特点，低压长袋脉喷高温袋除尘器已成为水泥窑尾除尘的首选类型。随着脉冲阀和滤料技术的发展，再加上低压长袋脉冲袋除尘器具有的显著优点，在新建水泥生产线或老厂窑尾除尘器改造中，低压长袋脉喷高温袋除尘器技术将得到越来越广泛的应用。目前，国内研究和制造低压长袋脉喷高温袋除尘器的单位较多，主要研究制造单位对此做了大量工作，该系列技术和产品已在国内水泥厂广泛推广应用，可为12000t/d及其以下不同规模的水泥生产线窑尾、窑头除尘提供配套。

下面以合肥水泥研究设计院的CDMC型低压长袋脉喷高温袋除尘器为例进行介绍。

a. 结构：该袋除尘器主要由进气管路、进气室、灰斗、袋室、净气室、出口管道、喷吹管路系统、排灰装置、卸灰阀和电气控制系统组成。

b. 工作原理：含尘烟气经烟道进入尘气通道，然后折入灰斗。当气流撞击导流板，部分粗粒由惯性而落入灰斗，其余含尘烟气的粉尘被阻留在滤袋表面，净气相继经净气室、出风蝶阀和排风道最终排入大气。除尘器运行一段时间后，滤袋外表面捕集的粉尘层增厚，除尘器的运行阻力上升，当增加一定值后，就需要对滤袋进行清灰，整个清灰过程主要是通过脉冲阀来进行的，首先关闭排风阀打开脉冲阀，压缩空气通过喷管向本排每条滤袋喷射气流，使滤袋产生变形、震动以达到清灰的目的。清灰结束后，排风阀再次打开，收尘器又进入过滤状态，互不干扰，实现了长期连续运行，提高了清灰效果。

c. 特点：CDMC系列低压长袋脉喷高温袋除尘器综合了分室反吹和脉冲清灰两类除尘器的优点，克服了分室反吹清灰强度不足和一般脉冲清灰粉尘再吸附等缺点，使清灰效率提高，喷吹频率大为降低。与以上两类除尘器相比，该除尘器具有以下明显优点：清灰气源压力为0.2~0.4MPa，清灰周期比一般脉冲除尘器长，清灰能耗低；因清灰频率低，故提高了滤袋和脉冲阀的寿命；

因采用了6m以上长度的滤袋，钢耗低，占地面积小，节约设备和土建等投资；与反吹风袋除尘器相比，采用上部抽袋方式，改善了换袋的操作环境。

（2）袋除尘器选型的要点

根据工艺设计方案和原始参数，按照袋除尘器选型步骤进行选型，这里重点要把握以下四个方面内容：处理风量的确定、滤料的选择、过滤风速的选取、过滤面积的计算。

①处理风量的确定

水泥窑尾袋除尘器的处理风量应根据工艺计算再结合经验数据，按生产时产生的最大废气量选取。新型干法水泥生产线都将窑尾烟气用于原料烘干，窑尾工艺系统实际上包括了原料粉磨烘干系统。当原料磨运行时，除尘系统要同时处理窑尾废气和原料磨废气，称为联合操作。当原料磨停运时，除尘系统只处理窑尾废气，称为直接操作。对水泥窑尾袋除尘器来说，直接操作时由于废气量和粉尘浓度较联合操作低，所以应考虑联合操作时的废气量。

②滤料的选择

滤料是袋除尘器的核心部件，滤料的性能和寿命直接决定了袋除尘系统的使用性能和经济效果。在进行窑尾袋除尘器用滤料选择时，首先要分析废气特性对滤料性能的影响，主要考虑废气的温度、湿度、腐蚀性以及氧化剂等因素，除了废气特性外，粉尘浓度、除尘效率、阻力、粉尘剥离率、清灰方式也影响着滤料的选择；同时，滤料经向纬向断裂强力和断裂伸长率也是需要考虑的重要因素。目前，水泥厂窑尾袋除尘器常用滤料主要有玻璃纤维膨体纱、玻纤覆膜、P84和高温复合滤料四大类，窑尾袋除尘器常用四种滤料的具体性能特点，见表4-18。

**表4-18 窑尾袋除尘器常用滤料的性能特点和过滤风速选取表**

| 滤料名称 | 建议过滤风速（m/min） | | 正常使用温度（℃） | 允许瞬间温度（℃） | 性能特点 |
|---|---|---|---|---|---|
| | 反吹风袋除尘器 | 脉冲喷吹袋除尘器 | | | |
| 玻璃纤维膨体纱 | ≤0.45 | - | 260 | 280 | 耐温高，抗拉、抗酸碱性好，憎水和憎油性能优良。耐磨和抗折性差 |
| 玻纤覆膜 | ≤0.6 | ≤1.0 | 260 | 280 | 耐温高，抗拉、抗酸碱性好，憎水性，抗折性差，易损坏，对袋笼的要求高 |
| P84 | - | ≤1.1 | 240 | 260 | 过滤性能好，化学稳定性优良（抗酸碱性强，可用于pH值为2～12的场合），耐磨、抗折性能好 |
| 高温复合滤料 | - | ≤0.9 | 220～240 | 240～260 | 不同材质的复合材料有不同的特点，能满足窑尾废气除尘用 |

③过滤风速的选取

为使袋除尘器高效稳定运行，应根据水泥窑尾废气的性质、工艺状况、滤料的种类、清灰方式等选取合适的过滤风速。对于 CXS 型反吹风高温玻纤袋除尘器，滤袋选用玻璃纤维膨体纱滤料和玻纤覆膜滤料，滤料可以在 260℃连续使用，允许瞬间耐温为 280℃，具有耐温高，抗拉、抗酸碱性好，憎水和憎油性能优良等特点。对于 GMC 型高温高压脉冲喷吹袋除尘器和 CDMC 型低压长袋脉喷高温袋除尘器，滤袋可以选用玻纤覆膜、P84 和高温复合滤料，该三种滤料各具特点。综合考虑各因素，对于 CXS 型反吹风高温玻纤袋除尘器，当选用玻璃纤维膨体纱滤料时，过滤风速选≤0.45m/min，当选用玻纤覆膜滤料时，过滤风速选≤0.6m/min，对于脉冲喷吹类袋除尘器，当选用玻纤覆膜滤料时，过滤风速选≤1.0m/min，当选用 P84 滤料时，过滤风速选≤1.1m/min，当选用高温复合滤料时，过滤风速选≤0.90m/min。具体详见表 4-18。这里所提的过滤风速是净过滤风速，其过滤风速数值为一般建议，在具体选择时要充分考虑工艺参数、滤料的技术性能、经济性、目标使用寿命、滤料供应商等因素。尤其要注意的是，即使是相同种类的滤料，不同的滤料生产供应商所提供的滤料质量有较大的差异，在选取过滤风速时，这种差异要给予充分的考虑。

④过滤面积的计算

$$S = Q/(60 \times \omega)$$

式中 $S$——过滤面积，$m^2$；

$Q$——废气量，$m^3/h$；

$\omega$——过滤风速，m/min。

要说明的是，对于离线清灰的袋除尘器，采用以上公式计算出来的过滤面积为净过滤面积，净过滤面积是指扣除离线清灰室以后的过滤面积，在具体选型时，根据推算的总过滤面积选择相应规格。对于在线清灰的袋除尘器，计算出来的净过滤面积就是总过滤面积。

根据计算的过滤面积，对照相应袋除尘器的规格和性能表选择一种规格。根据回转窑的规格、熟料产量、处理风量、气体工况等工艺参数，除尘器供应单位可以为业主设计非标型产品。

4.1.4.4 水泥窑窑尾电除尘器的选型

(1) 常用电除尘器的介绍

窑尾可以选用静电除尘器，通常为四级电场以上，主要有 BS 系列电除尘器或 CDPK-E 系列电除尘器。

①BS 系列电除尘器介绍

原西安西矿和河南平顶山除尘器厂是建材行业的电除尘器制造生产的专业

厂家，为 1000 ~ 10000t/d 新型干法水泥生产线配套。

a. 性能特点

Ⅰ. 应用计算机进行全套设计、准确可靠，设计软件由 Lurgi 公司提供；

Ⅱ. 壳体采用组合式梁柱结构，强度高、质量轻、稳定性好。根据压力和耐温的不同要求进行设计；

Ⅲ. 四种分布板型式：方孔、圆孔、X 形、百叶形供选择，作到好的气流均匀分布；

Ⅳ. 采用 ZT-24 极板，配置 B5、V0、V15 阴极线，放电性能好，极板表面的电流密度分布和场分布均匀。

Ⅴ. 根据工艺布置和烟气特点设计进口烟箱有水平进气、上进气和下进气等不同型式；

Ⅵ. 整个电除尘器采用模块化组合设计，可根据不同的工况条件方便进行组合，共 9000 种不同规格。最大规格达 80 个气体通道，有效断面积 390m$^2$，为日产 10000t/a 新法水泥窑尾和窑头配套。

b. BS930 技术的改进

Ⅰ. 对电场长度 $h \leqslant 7.5$m 的小型结构，原顶梁宽度 800/1150mm 改为 750mm，缩小占地面积；

Ⅱ. 收尘极板的悬吊采用整体挂板单点中心吊挂，便于传递振打力和清灰，加速度也分布均匀；撞击杆改为圆管加焊连接板，提高刚度加大振打力；

Ⅲ. 阳极振打锤改为带双滑套的整体切割仿形锤(豆芽形)；阴极振打锤亦改为整体切割仿形锤(葫芦形) 带滑套轴承；

Ⅳ. 用 V15、V25、V40 阴极线取代 B5 和 V0 线(V25 和 V40 适合高浓度场合)；

Ⅴ. 阴极框架钢管由$\phi$33.5mm 加大到$\phi$38mm。

Ⅵ. 阴极传动振打方式新增侧向传动腰部振打，增设电瓷转轴系统和热风清扫装置。传动电机改为 15 ~ 30W 微型减速电机。

Ⅶ. 绝缘套管降低高度 700mm 为 500mm，从而顶部箱形大梁高度由 1900mm 降至 1700mm。

Ⅷ. 处理高含尘浓度采用预收尘装置。即扩散器加下进气口并设预灰斗。扩散器设有气流导向板；进气口内设有气体折流板和分布板；电场内增设截流墙，等等。

②CDPK-E 电除尘器介绍

CDPK-E 电除尘器是在 CDPK 型和引进电除尘技术基础上自主开发的 10 ~ 320m$^2$ 系列卧式宽间距电除尘器，是在执行国家新排放标准后，首个具有自主品牌的电除尘器产品。通过对内部结构的优化设计，提升了设备运行的可靠性，提高了除尘效率，满足了日益严格的烟尘排放标准。

具有以下主要特点：

a. 独特的、具有完全自主知识产权的HFCDS系统电除尘器设计软件，实现了设备选型和设计的自动化、信息化（属国内首创，目前专为水泥行业新型干法窑用）；

b. 独立悬挂式电场，具有更佳的抗高温变形能力，保证除尘过程的稳定和高效（原引进产品为整体啮合电场）；

c. 可选择的组合振打清灰方式。可以根据烟尘特性、含尘浓度等参数确定各自单一振打方式或组合振打方式，无须改变设备本身的外型尺寸以及内部结构尺寸（原引进产品均为单一的顶部电磁振打）；

d. 不同电场配置不同的新型电极，实现最佳配置，充分发挥各电场效能，提高了除尘效率（原引进产品各电场均为相同电极配置）；

e. 采用有限元分析技术进行结构计算，优化了设备结构，提高了设备性能（原引进产品中没有引进结构分析技术）；

f. 配置了性能更加稳定和突出的低压控制系统和高压供电设备，保证了设备长久、稳定、高效运行。

（2）窑尾电除尘器的选型

针对水泥生产线的通用规模，电除尘器单位基本都能做到标准化和系列化，都有基本定型的水泥窑窑尾用电除尘器，在设计时可直接选型，如规模有变化，可提交工艺设计参数给电除尘器单位进行非标设计。

### 4.1.5 窑头冷却机的除尘技术方案

#### 4.1.5.1 窑头冷却机余风的特性

目前新型干法水泥生产线窑头主要选用篦冷机，其余风具有以下工况特性：

（1）风量变化大。篦冷机的余风量随进入篦冷机内熟料量的增加而增大，尤其是当窑内出现结圈、窑中生料大量堆积的恶劣工况时，一旦窑圈崩塌使窑内黄料在极短时间内进入篦冷机，导致余风量增大到正常余风量的1.5倍。

（2）温度变化大。正常情况下，出篦冷机余风温度约为200～250℃左右，随着篦冷机内熟料量的增加余风温度相应增高，一旦窑内出现上述恶劣工况，余风温度就可能会高达450℃以上。

（3）含尘浓度变化大。正常情况下，出篦冷机余风含尘浓度为2～30g/$Nm^3$左右，含尘浓度随篦冷机内细粉料的多少作相应的波动，一旦窑内出现上述恶劣工况，余风含尘浓度可能会增加到50g/$Nm^3$以上。

（4）粉尘粒度较粗且磨琢性强。其中≥50μm 的粉尘约占 50%，又因余风中夹杂的粉尘是熟料粉尘，故其磨琢性较强。

（5）粉尘比电阻高。因余风干燥，含湿量约为 1% ~2% 左右，故粉尘比电阻高达 $10^{11}\Omega \cdot cm$ 以上。

（6）粉尘密度大，密度约为 3.2g/cm³ 左右。

#### 4.1.5.2　窑头冷却机余风除尘工艺

根据以上对冷却机余风特性的分析，窑头篦冷机烟气具有风量变化大、温度变化大、含尘浓度变化大、粉尘粒度粗、磨琢性强等特性，在除尘工艺设计和设备选型时须充分考虑。尤其是温度特性，因为在不正常工况时温度有时可达 450℃，在此烟气温度下，就目前环保除尘技术，无论是电除尘器还是袋除尘器，均无法对此类烟气直接进行高效收尘，只有通过改变含尘气体的温度和湿度，或粉尘的电性质，才能使除尘设备对此类粉尘有高效收尘能力，净化后的气体才能达到新标准的限值要求。

水泥厂窑头烟气治理常采用两种工艺方案：烟气调质降温（或余热利用）+袋除尘器；增湿塔+静电除尘器。

（1）烟气调质降温（或余热利用）+袋除尘器

近几年，对于新建生产线和环保改造，绝大部分都选用高效高温袋除尘器，烟气调质的主要目的是使烟气温度冷却到 250℃以下，以达到高温袋除尘器的进气温度要求，窑头烟气调质降温设备主要有多管冷却器、预热锅炉和增湿塔等，且以多管冷却器、预热锅炉居多。

窑头烟气袋除尘工艺流程如图 4-3 所示。

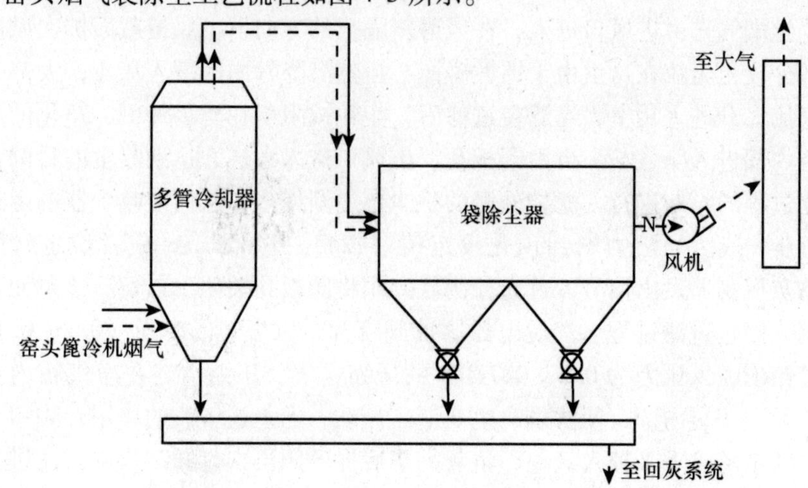


图 4-3　水泥厂窑头烟气袋除尘工艺

（2）增湿塔（或余热利用）+静电除尘器

该工艺流程与窑尾除尘基本相同，窑头烟气调质降温可采用单独增湿塔，或余热锅炉利用后，经增湿塔二次增湿再通过电除尘器进行除尘。

4.1.5.3 窑头袋除尘器的选型

目前，国内水泥厂窑头篦冷机烟气治理主要采用电除尘器和袋除尘器两大类。国内生产的袋收尘器、电收尘器均能够达标处理窑头含尘烟气，进口浓度允许超过100g/Nm$^3$，出口排放浓度可控制在30mg/Nm$^3$以下。随着新标准的颁布实施，袋式除尘器的优越性更加明显。

（1）窑头袋除尘器介绍

针对窑头工艺系统和含尘烟气的特性，国内先后研制和应用的典型技术和产品有四种：反吹风高温玻纤袋除尘器、高压脉喷高温袋除尘器、气箱脉冲高温袋除尘器、低压长袋脉冲高温袋除尘器。除气箱脉冲高温袋除尘器外，其他三类高温袋除尘器的相关内容见上述窑尾袋除尘器部分的介绍，主要区别就是选用的滤料不同。

下面简单介绍气箱脉冲高温袋除尘器。

①结构

气箱脉冲袋除尘器主要由箱体、袋室、灰斗、进出风口、滤袋、袋笼、支柱、爬梯、栏杆、气路系统、提升阀系统、卸灰装置、清灰控制器等部分组成。其进出风口连接成一体形成风道，进出风口分别布置在袋室相对的两侧面，中间用斜隔板隔成互不透气的两部分，使气流分布均匀且预收尘效果好。

②工作原理

含尘烟气先由进风口进入，在风道斜隔板的导向下，风道截面扩大风速降低，部分较粗尘粒在这里由于惯性碰撞、自然沉降等原因落入灰斗，大部分尘粒随气流上升进入袋室，经滤袋过滤后，尘粒被阻留在滤袋外侧，净化的烟气由滤袋内部进入净气箱，再由阀板孔、出风口排入大气，达到收尘的目的，随着过滤过程的不断进行，滤袋外侧的积尘也逐渐增多，从而使收尘器的运行阻力也逐步增高。当阻力增到预先设定值（1245～1470Pa），或者设定时间到时，清灰控制器发出信号，首先控制提升阀将阀板孔关闭，以切断该单元过滤烟气流，停止过滤过程，然后电磁脉冲阀打开，以极短的时间（0.1～0.15s）向净气箱内喷入压力为0.5～0.7MPa的压缩空气，压缩空气在净气箱内迅速膨胀，涌入滤袋内部，使滤袋产生变形、振动，加上逆气流的作用，袋室外部的粉尘便被清除下来掉入灰斗，清灰完毕后提升阀再次打开，收尘器又进入过滤状态。清灰动作均由PLC进行自动控制，清灰控制有定时式和定压式两种。

③性能特点

a. 采用外滤式，设计过滤风速可取1.0～1.2m/min，设备钢耗较低；

b. 能处理低于1000g/m$^3$高浓度含尘气体，只要一级收尘；

c. 采用高压脉冲清灰，清灰动能大，清灰彻底；

d. 除尘效率高，出口排放浓度控制在30mg/Nm$^3$以下，采用覆膜滤料出口浓度控制在10mg/Nm$^3$以下。

e. 处理风量范围大，处理风量从6000m$^3$/h到100万m$^3$/h，甚至更大。

（2）窑头袋除尘器选型要点

窑头高温袋除尘器的选型步骤和要点的内容与窑尾袋除尘器选型基本相同，相关内容见上述“窑尾袋除尘器选型要点”部分的介绍，主要区别在滤料的选择和过滤风速的选取方面不同。具体介绍如下：

窑头袋除尘器通常选用低压长袋脉冲高温袋除尘器，滤料选用诺梅克斯（Nomex）滤料或诺梅克斯渗膜滤料，建议净过滤风速取≤1.0m/min。

4.1.5.4　窑头电除尘器的选型

与窑尾电除尘器选型类似，针对水泥生产线的通用规模，电除尘器单位基本都能做到标准化和系列化，都有基本定型的水泥窑头用电除尘器，在设计时可直接选型，如规模有变化，可提交工艺设计参数给电除尘器单位进行非标设计。

### 4.1.6　煤磨的除尘技术方案

4.1.6.1　煤粉制备系统含尘废气的特性

在水泥生产线中，煤粉制备系统的粉尘净化处理一般都采用防爆除尘器。水泥厂煤粉制备系统的废气大都具有如下特点：

（1）粉尘浓度高。不管是风扫磨还是立式磨，由于取消了细粉分离器，煤粉制备产生的废气的粉尘浓度较高，一般为400～1000g/m$^3$。

（2）挥发分高。尽管无烟煤煅烧技术的研究和开发已取得初步进展，但在水泥、电力、冶金工业生产中大量采用的是高挥发分的烟煤。挥发分一般大于20%，而多数水泥厂采用的烟煤挥发分可达25%～30%。

（3）粒度细。煤粉成品的粒度细，粒度小于80μm的占80%。

（4）易结露、有腐蚀性。因煤粉制备采用烘干兼粉磨的工艺技术，煤磨出口废气含有一定的水分，故容易结露，使得该粉尘的剥离性也比干粉尘差。因原料煤中含有一定量的硫，废气对设备有一定的腐蚀性。

（5）有燃爆的可能性。煤粉发生自燃及爆炸有三个条件。在带烘干粉磨的煤粉制备系统中，又存在五种火源。在煤粉制备中三条件同时具备的可能性是常常存在的，因此有发生燃爆的可能性。

4.1.6.2 煤磨袋除尘器选型

随着袋式除尘器技术的不断发展，尤其是新型滤料的研制及应用和清灰技术的发展，国内相继开发出了多种类型的煤磨专用的抗静电、防燃、防爆袋除尘器，使袋式除尘器在水泥厂煤粉制备系统粉尘治理中得到了广泛的应用。

（1）煤磨防爆袋除尘器介绍

针对煤粉制备工艺特点和含尘废气的特性，国内应用的煤磨袋除尘器主要有反吹风型和脉冲喷吹型两类专用袋除尘器。与反吹风型防爆袋除尘器相比，脉冲喷吹防爆袋除尘器具有更好的性能，其特点如下：

①采用外滤式，设计过滤风速1.0~1.2m/min，设备钢耗较低；

②能处理低于1000g/$m^3$ 高浓度含尘气体，无论是与立式磨还是与风扫磨配套都只要一级收尘；

③采用电磁脉冲阀进行脉冲清灰，清灰动能大，清灰彻底；

④选用防油、防水、抗静电滤料并配置自动防爆卸压装置，阻燃防爆性能好。

为适应新标准《水泥工业大气污染排放标准》（GB 4915—2013）排放限值要求，建议选用脉冲喷吹型防爆袋除尘器，脉冲喷吹型防爆袋除尘器包括气箱脉冲防爆袋除尘器、高压脉冲喷吹防爆袋除尘器和低压长袋防爆袋除尘器三种型式，其中气箱脉冲防爆袋除尘器应用最为广泛。

①气箱脉冲防爆袋除尘器

a. 结构：气箱脉冲防爆袋除尘器主要由箱体、袋室、灰斗、进出风口、支柱、爬梯、栏杆、气路系统、提升阀系统、清灰控制器等部分组成。

b. 工作原理：当含尘烟气由进风口进入灰斗以后，一部分较粗尘粒在这里由于惯性碰撞、自然沉降等原因落入灰斗，大部分尘粒随气流上升进入袋室，经滤袋过滤后，尘粒被阻留在滤袋外侧，净化的烟气由滤袋内部进入箱体，再由阀板孔、出风口排入大气，达到收尘的目的，随着过滤过程的不断进行，滤袋外侧的积尘也逐渐增多，从而使收尘器的运行阻力也逐步增高。当阻力增到预先设定值，或者设定时间到时，清灰控制器发出信号，首先控制提升阀将阀板孔关闭，以切断过滤烟气流，停止过滤过程，然后电磁脉冲阀打开，以极短的时间（0.1~0.15s）向箱体内喷入压力为0.5~0.7MPa的压缩空气，压缩空气在箱体内迅速膨胀，涌入滤袋内部，使滤袋产生变形、振动，加上逆气流的作用，袋室外部的粉尘便被清除下来掉入灰斗，清灰完毕之后，提升阀再次打开，收尘器又进入过滤状态。清灰动作均由PLC进行自动控制，清灰控制有定时式和定压式两种。

②脉冲喷吹防爆袋除尘器

a. 结构：脉冲喷吹防爆袋除尘器主要由箱体、袋室、灰斗、进出风口、支柱、爬梯、栏杆、喷吹系统、清灰控制器等部分组成。

b. 工作原理：当含尘气体由风管或法兰口进入收尘器时，在风道的导向下，部分粉尘在灰斗壁上沉降，微细粉尘则随着气流飞入滤袋室，并均匀地分散到各个滤袋表面，粉尘被阻留在滤袋外侧，而穿过滤袋的净化气体经过滤袋口进入到上部净气室，最后通过出口排风机排入大气。积附在滤袋外侧的粉尘，一部分靠自重落入灰斗中，而另一部分继续留在滤袋外表面，并使得设备阻力逐渐升高。为保证设备阻力不超过 1500Pa，每隔一定时间就需要彻底清灰一次，将积附在滤袋外侧的粉尘清理干净。

在净气室中，对应着每排滤袋的上部都装有一根喷吹管，它与脉冲阀及压缩空气主管相联，喷吹管上有许多小孔，每个小孔均对应着一条滤袋的中心，在除尘工作时间，清灰控制器将自动发出命令，控制各个脉冲阀顺序开启，此时高压空气以极快的速度从喷嘴中喷出，并通过文丘里管从周围吸引大约 5～7 倍喷出空气量的二次气体与之混合，然后冲进滤袋内，像一个从上到下运动的“脉冲气泡”，使滤袋鼓涨变形，引起一次振幅不大的冲击振动，同时在瞬间产生由里向外的逆向气流，将积附在滤袋外侧的粉尘抖落到灰斗。清灰动作均由 PLC 进行自动控制，清灰控制有定时式和定压式两种。

③低压长袋防爆袋除尘器

a. 结构：低压长袋防爆袋除尘器主要由箱体、袋室、灰斗、进出风口、支柱、爬梯、栏杆、喷吹系统、清灰控制器等部分组成。

b. 工作原理：含尘气体首先由入口法兰进入收尘器导流均风室，在均风导流板的导向下，因风道截面扩大风速降低，部分粉尘在灰斗壁上沉降，微细粉尘则随着气流经过灰斗上端面和侧面珊格幕墙均匀导入滤袋室，由上而下均匀地分散到各条滤袋表面，粉尘被阻留在滤袋外侧，而穿过滤袋的净化气体经过滤袋上口进入到上部净气室，再汇入到出口风道，最后通过出口排风机排入大气。积附在滤袋外侧的粉尘，一部分靠自重落入灰斗中，而另一部分继续留在滤袋外表面，并使得设备阻力逐渐升高。为保证设备阻力不超过设定值，每隔一定时间或达到预定阻力就需要清灰一次，将积附在滤袋外侧的粉尘清除干净。清灰采用淹没式脉冲阀脉冲清灰。收尘器的清灰、卸灰、温度检测及报警采用 PLC 自动控制系统。

（2）煤磨防爆袋除尘器选型要点

①处理风量的确定

煤粉制备系统的主机设备按其通风性质可分为风扫球磨和立式磨，风扫球磨和立式磨的通风量，因其物料全部用风力输送，故通常用台时产量计算得出。两者的计算公式基本一致，处理风量 $Q=(2000\sim3500)G$，其中，$G$ 为磨机台时产量。袋除尘器的处理风量应根据理论计算再结合经验数据选取，按一般生产时所产生的最大废气量选取，且要考虑5%的系统漏风量。

②滤料的选择

因防静电涤纶针刺毡能将生产过程中产生的静电及时释放，能有效减轻静电积累的危险，故在有爆炸危险的煤粉制备系统，常选用这种防静电滤料。按照新排放标准的要求，出口排放浓度要求≤30mg/Nm$^3$，可采用覆膜防静电涤纶针刺毡滤料。在正常工况下，选用防静电涤纶针刺毡和覆膜防静电涤纶针刺毡，对于原煤水分较高的工况，为达到防油和抗结露的目的，建议选用防静电、防油、防水的涤纶针刺毡、覆膜防静电涤纶针刺毡滤料或覆膜防静电防油防水涤纶针刺毡。正常选用滤料的克重建议≥550g/m$^2$。如在重点地区执行特殊排放限值时，出口排放浓度要求≤20mg/Nm$^3$，建议选用覆膜防静电涤纶针刺毡或覆膜防静电、防油、防水的涤纶针刺毡。

③过滤风速的选取

根据所选滤料的性能、高浓度的废气性质和粉尘排放标准，再结合水泥厂煤粉制备工艺推荐过滤风速值。当选用550g/m$^2$ 抗静电涤纶针刺毡滤料和抗静电防油防水涤纶针刺毡滤料时，以上三种喷吹类防爆袋除尘器的建议过滤风速定为≤0.90m/min。当选用550g/m$^2$ 覆膜抗静电涤纶针刺毡滤料和覆膜抗静电防油防水涤纶针刺毡滤料时，该三种喷吹类防爆袋除尘器的建议过滤风速为≤1.0m/min。

### 4.1.7 通风生产设备的除尘技术方案

水泥厂其他通风生产设备，如矿山开采的破碎机；水泥厂的破碎机、磨机、包装机、储库库顶和库底、输送转运点；散装水泥中转站、水泥制品厂的水泥仓，均属于冷态操作过程。除水泥磨外，一般风量较小、废气性质稳定、易于处理，采用袋除尘是最佳选择。

对于处理风量小于10000m$^3$/h 的除尘点建议选用单机袋式除尘器，滤料选用普通涤纶针刺毡滤料或涤纶针刺毡覆膜滤料。脉喷单机袋式除尘器，其具有体积小、设备结构紧凑、工艺布置方便、可动部件少、控制简单、故障率低等特点。

对于水泥磨、破碎机、包装机除尘，可选用气箱脉冲袋除尘器或在线高压脉喷袋除尘器，推荐选用气箱脉冲袋除尘器。气箱脉冲袋除尘器是在引进美国Fuler公司袋收尘器技术的基础上研制的，它集分室反吹和喷吹脉冲等收尘器的优点，克服了分室反吹时动能强度不够和喷吹脉冲清灰过滤同时进行的缺点，具有处理风量范围广、能处理高浓度含尘气体、工艺流程简单、清灰动能大、清灰彻底、除尘效率高等突出优点，出口排放可确保 20mg/Nm³ 以下，采用覆膜滤料可实现低于 10mg/Nm³。在用于水泥磨等高浓度含尘废气除尘时，选用涤纶针刺毡和涤纶针刺毡覆膜滤料的净过滤风速建议取值分别为 ≤0.90m/min、≤1.0m/min。

### 4.1.8 独立粉磨站烘干机的除尘技术方案

#### 4.1.8.1 烘干机废气的特性

烘干机含尘废气的各种参数波动范围大，烘干机时开时停，给烘干机除尘设备提出了更高的要求。

（1）废气水分大、露点温度高

烘干机废气水分在20%左右，露点在45～60℃，如被烘干物料中硫含量高，其露点还会升高。许多厂家使用的烘干机除尘器存在结露和腐蚀问题，致使除尘器除尘效率低下、排放不达标、阻力高、系统运行不可靠等。

（2）粉尘浓度高

烘干机粉尘浓度都很高，特别是被烘物料烘干水分小于5%时，废气中的含尘浓度急剧增高，一般在 30g/Nm³ 以上，高的在 100g/Nm³ 以上。

（3）单台设备烘干多种物料

有的独立粉磨站选用多种水泥混合材，且大多使用一台烘干机烘干多种混合材，轮换作业。因此，烘干机废气及粉尘性质变化频繁，烘干机袋式除尘器必须满足烘干机各种工况条件的变化。

#### 4.1.8.2 烘干机袋式除尘器的选型

（1）烘干机袋式除尘器

针对烘干机工艺系统的特点和烘干机废气的特性，国内先后研制了反吹风型和脉冲喷吹型两类耐高温抗结露烘干机袋除尘器。其中，反吹风型烘干机袋除尘器主要有 LFEF(Ⅲ）型烘干机袋除尘器和 HKD 型烘干机袋除尘器两种；脉冲喷吹型烘干机袋除尘器分高压脉喷高温袋除尘器、气箱脉冲高温袋除尘器、低压长袋脉冲高温袋除尘器三种。

为适应新标准《水泥工业大气污染排放标准》（GB 4915—2013）排放限值要求，建议选用以上三种脉冲喷吹型烘干机袋除尘器。值得提醒的是，在设计选型时建议不再选用以往经常用的反吹风型烘干机袋除尘器，因为其结构特点和清灰方式，很难确保排放浓度低于 30mg/Nm³。

该三种脉冲喷吹型烘干机袋除尘器的基本结构、工作原理和主要性能特点与窑头用高温袋除尘器的相关内容相同，这里不再重述。主要不同点就是选用的滤料不同。

该三种烘干机袋除尘器运行稳定可靠，除尘效率高，得到了广泛的应用，其性能特点如下：

①适应各种烘干机的废气成分，特别适应一台烘干机烘干多种物料的情况，能有效适应废气性质大范围的波动。

②工艺布置简单，由于袋除尘器可直接处理高浓度的含尘废气，在烘干机废气的除尘系统中采用一级除尘，简化了工艺流程，降低了系统阻力，可节约电耗。

③控制技术先进，自动化程度高，维护管理简单方便。

④选用新型耐高温抗结露滤料，加强了滤料的耐高温、抗结露和防腐性能，不但延长了滤料的使用寿命，同时还保证了良好的过滤和通风性能。

⑤除尘效率高，出口排放浓度低，能实现出口排放浓度低于 $30mg/Nm^3$ 要求。

（2）烘干机袋除尘器的选型要点

①处理风量的确定

水泥工业所使用的烘干设备主要是回转烘干机，它是一个热交换设备。所需通风量由热平衡计算取得。根据使用的燃料，烘干物料的性能及所烘干物料水分的不同有较大的差异。一般根据烘干物料最大水分含量配置相应的抽风设备。实际生产中随着物料和初水分的不同，烘干每 kg 物料所排气体在 0.5 ~ $4.2Nm^3$ 范围内变化。袋除尘器的处理风量应根据理论计算再结合经验数据进行选取，按一般生产时所产生的最大废气量选取。

②滤料的选择

在选择烘干机除尘器用滤料时，首先要根据烘干物料和含尘废气特性选择合适的耐高温耐腐蚀滤料，还要考虑高压脉喷高温袋除尘器、气箱脉冲高温袋除尘器和低压长袋脉冲高温袋除尘器均属于脉冲喷吹型袋除尘器，滤料要有较好的强力特性，综合考虑，建议选择亚克力（丙烯晴均聚体）、玻纤、P84（聚亚酰胺）或防油防水涤纶针刺毡滤料，最好选用以上材质的覆膜滤料。

③过滤风速的选取

为使烘干机袋除尘器高效稳定运行，应根据烘干机废气的性质、工艺状况、选择的滤料种类、清灰方式等选取合适的过滤风速。综合考虑各因素，当选用亚克力覆膜滤料、玻纤覆膜滤料、P84 覆膜滤料、防油防水涤纶针刺毡覆膜滤料时，过滤风速取值依次分别为：≤1.0m/min、≤1.0m/min、≤1.2m/min、

≤1.0m/min，当选择以上普通滤料时，过滤风速适当降低。

## 4.2 现有水泥企业的颗粒物治理技术方案

对于现有水泥企业，有小部分企业或建设项目，当初在工程设计选型时对环保技术和装备上要求较高，选用了高效的袋除尘器或电除尘器，能满足新标准要求，但现有大部分生产企业，特别是早期兴建的一些水泥厂或生产线，由于当时的种种原因，往往存在环保投入不足、环保设备设施不完善等问题，所选用的除尘设备也是按照过去的标准设计的方案和产品，因此难以满足新标准的要求。

为了使现有水泥企业达到新标准的排放限值要求，必须从两个方面加强工作，一是非技术层面，加强管理，树立环保意识。二是技术层面，采用新工艺、新技术、新装备、新材料等，对主要排放污染物和主要排放点进行改造治理，使之达到排放要求。针对水泥工业生产的各个环节，颗粒物排放控制包括无组织排放控制和有组织排放控制。

### 4.2.1 颗粒物无组织排放控制方案

无组织排放主要是指大气污染物不经过排气筒的无规则排放，主要包括作业场所物料堆存、开放式输送扬尘，以及设备、管线含尘气体泄漏等。现有水泥企业应严格执行新标准规定的无组织排放控制要求，达到标准规定的厂（场）界外无组织排放监控点浓度限值≤0.5mg/Nm$^3$，应采取一些有效的治理技术措施并加强维护管理。具体如下：

4.2.1.1 封闭

封闭是控制粉尘逸散的最有效方法，只要工艺条件允许，应优先采用。对于现有部分水泥企业，存在黏土、铁粉、煤炭、混合材等原、燃材料露天堆放的工艺，应尽快取消并改造为封闭工艺；物料输送应采取密闭式输送设备，如将原敞开皮带输送机更换或改造为密闭式皮带输送机。

《水泥工业大气污染物排放标准》（GB 4915—2004）标准对2005年1月1日后新建水泥厂作出“物料处理、输送、装卸、储存过程进行封闭”的要求，2005年以前的水泥厂只要求对“干粉料”进行封闭。本次颁布的新标准《水泥工业大气污染物排放标准》（GB 4915—2013）对所有企业均要求封闭，所以2005年以前的老水泥企业要开展相关的治理工作。

4.2.1.2 局部收尘

水泥厂中除一些主要热力设备和通风生产设备有专门的废气收集和处理

外，还有各种类型储库的库顶（底）、卸料口、转运点、包装车间等众多分散扬尘点，要求在工艺改造设计时，需要设置集尘罩，抽吸含尘气体进行单独或集中处理，将无组织排放转化为有组织排放。

对于多个局部收尘点可采用单机除尘器系统、分散式除尘系统和集中除尘系统三种方式，设计中应根据生产工艺流程、工艺设备的配置、厂房条件和除尘风量的大小等因素进行选择。

（1）单机除尘器系统

单机除尘器系统是指除了连接于设备密闭罩上的集气吸尘罩外，风机、除尘器和部分连接管道等全部装设在一起构成单机除尘器。该机组直接坐落在扬尘点上，就地吸取、净化含尘气体，净化后的空气经系统通风机，排至大气。单机除尘器建议选用脉冲喷吹型，根据扬尘点工况废气特性选择相应材质的滤料。水泥厂的库顶、库底、包装、散装机、输送设备、装卸设备、运输设备等分散扬尘点可采用单机除尘器系统。

（2）分散式除尘系统

分散式除尘系统是指在水泥生产车间内，只连接 1～2 个抽风点（扬尘点）的除尘系统，称为分散式除尘系统。一般适用于同一工艺设备或同一生产流程的几个相距较近的除尘排风点，其除尘器和通风机往往布置在产尘设备附近，是目前应用较多的除尘系统。例如生料均化车间库顶就可采用分散式除尘系统，除尘器建议选用气箱脉冲袋除尘器或高压脉冲袋除尘器。

（3）集中除尘系统

在产尘点多、相对集中，且有条件设置单台除尘设施时，可将一个或几个相邻车间或生产流程的除尘排风点汇入单台除尘设备，形成集中除尘系统。水泥厂的库顶、库底可采用集中除尘系统，除尘器建议选用气箱脉冲袋除尘器或高压脉冲袋除尘器。

### 4.2.2 颗粒物有组织排放控制措施

水泥厂生产工艺设备排放的粉尘，多为有组织排放，因此对其治理的方法就是根据不同的工况选用相应的除尘设备进行治理。其重点和难点主要为水泥回转窑窑头和窑尾废气的治理。

按照颁布的新标准要求，自 2015 年 7 月 1 日起，现有企业执行与新建企业同样的排放限值，热力设备排放限值为 30mg/Nm$^3$，通风设备排放限值为 20mg/Nm$^3$，对于重点地区执行特别排放限值，热力设备排放限值为 20mg/Nm$^3$，通风设备排放限值为 10mg/Nm$^3$。

#### 4.2.2.1　现有新型干法水泥企业粉尘治理技术措施

（1）对现有生产线进行工艺和节能改造

利用现有生产线的条件，采用新工艺、新技术、新装备对现有生产线进行如下改造：

①增加余热发电系统

早期建设的水泥旋窑企业，水泥窑头、窑尾废气未设余热发电系统，对于有条件的企业，除将废气余热用于原料和燃料的烘干，还可增设纯低温余热发电系统，除存在节能优势，还能有效减少废气排放量、降低除尘器入口温度，也给除尘器改造提供更好的条件。

②在进行节能粉磨改造的同时做好除尘改造

采用辊压机水泥粉磨技术将原水泥开路或闭路球磨机进行改造，这是水泥企业节能节电的一条有效途径。同时也对原有的老旧除尘器进行更换或改造，目前主要配套的除尘器选用气箱脉冲袋除尘器或高压脉冲袋除尘器。

（2）改造现有除尘设施，降低排放浓度

现有水泥企业，根据企业的实际情况选取经济实用达标方案。首先应对全厂运行的除尘设备、运行数据和排放数据进行收集整理，再请设计院或除尘环保企业到现场察看后进行环保改造设计，并提供可行的改造方案、施工方案和相应零配件，水泥企业应组织对方案进行技术经济比较，最终确定一个技术可靠、经济合理的方案。

结合上述“袋改袋”、“电改电”、“电改袋”和“电改电－袋”四种除尘改造技术的内容，下面提出建议措施。

①采用“袋改袋”改造技术

水泥厂“袋改袋”的改造技术主要有更换过滤材料、更换（强化）清灰方式、用新型结构取代老式结构、增加过滤面积以降低过滤风速四种措施，需要根据实际情况进行选择一种、两种、三种或全部采用。

a. 更换过滤材料

当除尘器本体结构较新、清灰方式为脉冲喷吹清灰型且清灰系统完善时，过滤面积和过滤风速满足选型要求，就可以单一采用更换过滤材料方式。

对于热力设备用袋除尘器，根据排放限值30mg/Nm$^3$要求，按照上述有关新建生产线除尘器的选型介绍进行滤料的选择，具体更换方案为：

Ⅰ. 水泥窑尾用脉冲喷吹袋除尘器的滤料更换为玻纤覆膜、P84和P84覆膜或高温复合毡等滤料；

Ⅱ. 水泥窑头用脉冲喷吹袋除尘器的滤料更换为诺梅克斯（Nomex）滤料或诺梅克斯渗膜滤料；

Ⅲ. 烘干机用袋除尘器的滤料更换为亚克力覆膜、玻纤覆膜、防油防水针刺毡覆膜滤料，当过滤面积够大、过滤风速较小且能保证出口排放浓度达标时，也可以选择亚克力、防油防水针刺毡普通滤料；

Ⅳ. 在正常工况下，煤磨防爆袋除尘器滤料更换为防静电涤纶针刺毡和覆膜防静电涤纶针刺毡，对于原煤水分较高的工况，为达到防油和抗结露的目的，滤料建议更换为防静电防油防水涤纶针刺毡、覆膜防静电涤纶针刺毡滤料或覆膜防静电防油防水涤纶针刺毡。

对于通风设备用袋除尘器，按照拟定排放限值 $20mg/Nm^3$ 要求，综合达标可靠性和成本经济性两方面，破碎机、水泥磨、包装及其他通风设备用袋除尘器的滤料更换为涤纶针刺毡覆膜滤料，对于水泥熟料输送、熟料储库等温度较高的除尘点，其配套的袋除尘器滤料应更换为玻纤覆膜或诺梅克斯渗膜滤料。

b. 更换清灰方式

为提高现有企业在用袋除尘器的处理能力和除尘效率，采用高能型脉冲清灰方式取代中能型机械摇动及低能型反吹风清灰方式，根据原来除尘器的壳体结构和清灰方式，有选择地将清灰系统改造更换为气箱脉冲清灰、在线高压脉冲清灰或低压长袋脉冲清灰方式。

根据确定的更换后的清灰方式，对除尘器结构再做相应局部改造：增设花板；设置净气箱；设置和分割袋室；改造和优化进风、出风通道；增设导流装置等。

c. 用新型结构取代老式结构

现有水泥企业还存在部分反吹风袋除尘器和少量的机械回转反吹袋除尘器，如生料磨或水泥磨用 XDC 型反吹风袋除尘器、煤磨用 MDC 型反吹风防爆袋除尘器、烘干机用反吹风高温袋除尘器、窑尾窑头用反吹风高温袋除尘器等，这些老式的机械回转反吹袋收尘器和反吹风袋收尘器存在清灰强度弱、除尘效率低、不能达标排放等诸多缺点。可采用新型气箱脉冲袋除尘器、新型高压脉冲喷吹袋除尘器或低压长袋脉冲袋除尘器技术对老结构进行改造，该除尘器改造技术适用于生料磨、水泥磨、煤磨、烘干机等采用回转反吹除尘器或反吹风除尘器的改造。

改造具体内容：改造设置净气箱；增设清灰系统；增设花板；设置袋室；改造和优化进风、出风通道；增设导流装置；配置圆柱型滤袋；配置圆柱型袋笼；增添或更换相应新型配件，如电磁脉冲阀、自控仪、油水分离器、各种气动元器件、阀门等。

d. 增加过滤面积以降低过滤风速

部分现有企业存在除尘器选型保守、过滤风速较高的情况，导致出口排放浓度较高，能勉强满足《水泥工业大气污染排放物控制标准》（GB 4915—2004）的排放标准限值要求，但不能达到新标准要求。为提高除尘效率，优先采用更新滤料材质的方式来实现，如将普通滤料更换为覆膜滤料。通过理论计算或实测，如果过滤风速超过新滤料的上限值，就要增加过滤面积。

具体方式为：增加袋室；更换花板，增加开孔率，减少滤袋直径；改变滤袋形状，采用圆柱形滤袋等。

②采用“电改为电”改造技术

目前，国内运行的新型干法水泥生产线的窑头、窑尾除尘器采用电除尘器的占较大比例，为使除尘器出口排放浓度低于新标准排放限值 30mg/Nm$^3$ 的要求，需要对电除尘器进行改造，改造方式主要有“电改为电”、“电改为袋”、“电改为电－袋复合”三种，具体选用哪种方式需要做技术和经济的综合分析。

“电改为电”改造方案主要有增加收尘极板面积、改变极配方式、更换性能更优良的高压电源、使用移动电极等。

a. 增加收尘极板面积

增加收尘极板面积可采用三种主要方式：增加电场高度；增加通道数；增加电场数。

当现存电除尘器受场地的限制，前后左右均没有空间，可将除尘器加高，以增加电场高度。采用该改造方式，结构上要拆除顶梁，改造进出气口，更换极板和框架，改造内容较多，改造工期较长，投资偏大。

当现存电除尘器的左边或右边有空间时，采用增加通道数的方式，即在现电除尘器的左旁或右旁新添置一台电除尘器，以加大电除尘器的横断面积，可以降低电场内的风速，有利于提高除尘器的除尘效率。这种改造方式的优点是：在新添除尘器施工期间可以不停窑，等除尘器安装完毕后，停窑接口；其缺点是：烟气管道的阻力会有所增加，输灰等系统要进行相应改造，改造费用也较高。

当现存电除尘器的前面或后面有空间时，采用增加电场数的方式，即在电除尘器的前面或后面增加一个或两个电场，增加收尘极板面积，以提高电除尘器的除尘效率。这种改造方式的缺点是：周期较长，从挖基础到管道接口，必须在停窑状态下进行。

b. 改变极配方式

将电除尘器 RS 芒刺线等型式的电晕线更换为放电性能更好的 V15、V25、V40 电晕线，将 C 型极板更换为 ZT24 极板，可以有效提高运行电流，改善除尘效果，提高除尘效率。

c. 选用先进控制装置和高性能高压电源

选用 SQ300i 控制器、恒流源控制器等先进控制装置替代原普通控制装置，能使电除尘器始终保持在最佳运行状态，从而提高和稳定了除尘效率，能明显解决高比电阻粉尘的捕集问题。

选用高频电源并将其设置在电除尘器的前电场，运行平均电压可达工频电源的1.3倍，可有效加强前电场的粉尘荷电，提高粉尘趋进速度。与普通工频电源相比，其具有除尘效率高、能耗低、体积小、质量轻、三相平衡供电、多种供电模式、适应多种工况等优势。

d. 使用移动电极

为了减少电除尘器后面电场因振打清灰产生的二次扬尘，加强对微细粉尘的捕集，提高除尘效率，可使用移动电极替换原固定电极。

该方式就是将常规卧式静电除尘器最后一个电场的固定电极设计为旋转电极，变阳极机械振打清灰为下部毛刷扫灰，从而改变常规电除尘最后一个电场的捕集和清灰方式，以适应超细颗粒粉尘和高比电阻颗粒粉尘的收集，达到提高除尘效率的目的。

③采用“电改为袋”改造技术

“电改为袋”改造技术主要应用于现有水泥厂窑头、窑尾电除尘器的改造。

对于现有窑头电除尘器，为了排放达标，需将窑头现有电除尘器改造为低压长袋脉冲高温袋除尘器，即拆除现有电除尘器的上壳体及内部构件，增加袋式除尘系统、清灰系统、净气室等必备部件和控制系统，改造为袋式除尘器，其中滤料选用诺梅克斯（Nomex）或诺梅克斯渗膜滤料。为了使进入袋除尘器的废气温度满足滤料使用的耐温值和保证袋除尘器的稳定运行，需要对窑头冷却机余风进行降温处理，使进除尘器的废气温度≤200℃，可采取两种措施：在袋除尘器前增设多管冷却器；在袋除尘器前增设纯低温余热发电系统，对窑头冷却机余风废气进行余热利用。另外原有风机须进行相应改造。

对于现有窑尾电除尘器，可直接将电除尘器改造为低压长袋脉冲高温袋除尘器，滤料可选用P84、玻纤覆膜和高温复合毡覆膜滤料等。

a.“电改为袋”几种具体方案：

Ⅰ. 无中间风道，顶部加设箱体，顶部加设室外风管和闸阀的改造方案。

Ⅱ. 加设中间风道，顶部加设箱体，顶部加设室外风管和闸阀的改造方案。

Ⅲ. 加设中间风道，中间风道进风、分风，中间风道出风的改造方案。

Ⅳ. 无中间风道，顶部加设箱体，顶部不设室外闸阀的改造方案。

对于以上四种方案，为节约成本和节省工期，也可以采用在原电除尘器的壳体内部自然分割若干袋室和上部箱体，在电除尘器的壳体内部焊接安装袋除尘器花板、喷吹管、隔室板等部件，电除尘器的可利用率高、拆除工作量小。

b.“电改为袋”的实施步骤如下：

Ⅰ. 拆除电除尘器内部的各种部件，包括极线、极板、振打系统、变压器、上下框架、多孔板等等。

Ⅱ. 安装上部箱体、挡板、气体导流系统。对管道及进出风口改动以达到最佳效果。在原电除尘器结构体上部设计安装净气室。

Ⅲ. 安装人孔门、走道及扶梯。根据净气室及通道的位置来安装人孔门、走道及扶梯。

Ⅳ. 安装滤袋、喷吹清灰系统。

Ⅴ. 安装清灰系统。清灰系统主要包括压缩空气管线，脉冲阀、气包、吹管及相关的电器元件。

④采用“电改为电－袋”改造技术

具体改造内容如下：

收尘器是在保持原壳体不变的情况下进行改造，包括保留第一电场和进、出气喇叭口、气体分布板、下灰斗、排灰拉链机等。其他电场改为袋室，在此顶上再安装上部箱体。该设备可以采用在线清灰，也可以采用离线清灰。

将电收尘器改造为“电－袋”收尘器后，由于滤袋阻力较电收尘高，所以原有尾部风机的风压需提高。此外，为满足增产的需要，风机风量也需提高。风机改造有两种方式：一是更换风机或加长风叶；另一方法是适当提高转速，以满足新的风压、风量要求。

4.2.2.2　现有立窑企业粉尘治理技术方案

在“十五”、“十一五”期间，《水泥工业大气污染物排放控制标准》（GB 4915—2004）标准对我国水泥工业结构调整和产业优化升级起到了非常积极的作用，环保达标成为行业准入和核发生产许可证的前提条件，国家淘汰立窑、中空窑、湿法窑等落后产能的力度非常大，新型干法水泥得到了空前的快速发展，水泥生产格局明显改观。目前新型干法水泥占到我国水泥总产量的90%以上，在一些省市已完全取消了立窑水泥。但近期内仍会有立窑生产线存在，立窑生产线存在的条件之一是使污染物排放限值低于国家或地方标准确定的限值，立窑企业必须采取工艺改造、环保改造等措施。

（1）将立窑生产线改建为粉磨站

现有部分立窑水泥企业存在工艺不完善的现象，如生产设施不全，原料露天堆放，无烘干设备或烘干设备运转不正常；生产过程中人力或车辆运输过程多；物料均化效果差，工艺条件差，立窑除尘器不能与窑同步正常运转等，产品质量难以得到保证的立窑厂，若不解决工艺和设备问题，草率投资环保，难以得到满意的效果。对于部分设施和设备可以利用的，建议改建为粉磨站，对于工艺、环保和质量问题难以解决的立窑厂应坚决淘汰。

（2）机立窑应配备足够处理风量、系统完善的除尘设施。

立窑废气由四部分组成：①原料分解产生的气体量：一般生料的情况下产

生 290Nm$^3$/t 熟料；②燃料燃烧产生的气体量：使用发热量 21000kJ/kg 煤煅烧热耗为 4390kJ/kg 熟料时，产生的气体量为 1430Nm$^3$/t 熟料；③蒸发水分产生的气体量：使用生料、料球水分在 13% 时，产生的气体量为 275Nm$^3$/t 熟料。上述三项称为理论废气量，合计为 1995Nm$^3$/t 熟料。④窑面漏入气体量，一般为理论废气量的 65% 以上，它随操作时窑门开闭的多少而变化。从以上分析可知每生产 1 吨熟料产生 3292Nm$^3$ 废气。每小时立窑所产生的废气量则随其产量而变化。考虑到立窑生产的不稳定性和窑况的改变，立窑除尘配置的工况风量应不小于 5500m$^3$/(t·h)。根据实践经验台时产量每吨熟料宜配 7kW 以上的动力，若低于 7kW/t 熟料，就可能影响立窑产量。

为做到达标排放，建议选用高效袋式除尘器。针对立窑煅烧熟料工艺系统的特点和立窑废气的特性，国内先后研制了反吹风型和脉冲喷吹型两类耐高温抗结露立窑袋除尘器。其中，反吹风型立窑袋除尘器主要有 LFEF(Ⅲ) 型立窑袋除尘器和 HKD 型立窑袋除尘器两种，脉冲喷吹型立窑袋除尘器有高压脉喷高温袋除尘器、低压长袋脉冲高温袋除尘器两种。

为适应新标准《水泥工业大气污染物排放标准》(GB 4915—2013) 排放限值要求，建议选用高压脉喷高温袋除尘器、低压长袋脉冲高温袋除尘器。值得提醒的是，在设计选型时建议不再选用以往经常用的反吹风型立窑袋除尘器，因为其结构特点和清灰方式，很难确保排放浓度低于 30mg/Nm$^3$。这两种立窑袋除尘器的滤袋材质都要求具有耐高温、防油防水、耐水解等性能。

(3) 优化立窑除尘工艺设计和布置。

为防止烧袋和糊袋的现象发生，在运行中除窑操作工应作必要的配合外，系统应有完善的温度检测报警和调温自控设施。为此，建议在立窑烟气进入袋式除尘器之前最好能设置一缓冲装置，即可以防止红料球直接冲入袋除尘器，又方便烟气的调温。如一些水泥厂设置了降温除尘箱，也可以利用原有的沉降室对其密封作为降温除尘箱使用。在该缓冲装置处对高温烟气调温能防止烧袋现象的发生。

对于有多台机立窑的水泥厂，可采用多台机立窑共用一台大型袋式除尘器的方案，对解决烧袋和糊袋问题有利，该方案利用了机立窑废气的不稳定性，多台的不稳定使汇总后的烟气趋于稳定，在多个管道的汇总处调温，也起到了缓冲的作用。即某一台窑的烟气温度向高温发展时，其余的窑可能正常或向低温发展，单台窑的气体不平衡反而使汇总后的烟气平衡，从而降低了对废气的处理难度，提高了除尘器的利用率，实践证明这种方法对降低投资、降低运行费用和减少操作工人都有好处。

为满足新标准《水泥工业大气污染物排放标准》(GB 4915—2013) 排放

浓度限值的要求，袋除尘器的占地面积和体积都较大，将无法放置于窑顶。应选择在窑附近便于联接风管和方便物料输送的地方布置。若因地方狭小或减小投资而缩小除尘器，不仅起不到应有的作用，还会影响窑的正常生产，得不偿失。

（4）增加立窑烟气调质装置，把环保作为看火工职责之一。

对现行大部分立窑除尘遇窑况变化就短路外排的现象必须遏制。立窑烟气调质是改善收尘器运行环境的重要措施，应增加立窑烟气调质的投资，为立窑操作创造条件，生产工人的操作应给予密切配合，适时调整窑况，保证除尘设施与窑同步运行。

（5）减少物料露天堆放，健全物料烘干系统，搞好工厂绿化，降低无组织排放。

## 4.3　颗粒物治理技术应用工程实例

### 4.3.1　水泥窑尾及窑尾余热利用系统的除尘工程实例

**实例 4-1：安徽龙元建设 5000t/d 熟料水泥生产线窑尾电除尘器工程应用实例**

（1）工程概述

安徽龙元建设 5000t/d 生产线水泥窑窑尾除尘系统选用 CDPK-E320/4/2 双室窑尾电除尘器，是由合肥中亚环保科技有限公司（合肥院环保公司）负责电除尘器的选型、设计、制造、安装和设备运行调试工作。

（2）工艺流程

该项目水泥窑尾电除尘工艺流程如图 4-4 所示。

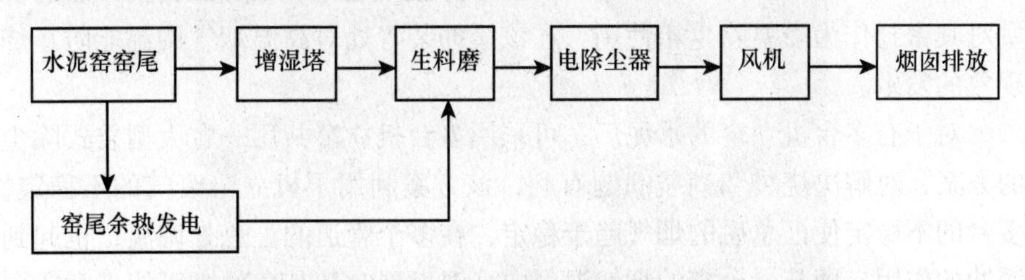


图 4-4　安徽龙元建设公司水泥窑尾电除尘工艺流程示意图

（3）电除尘器技术参数

CDPK-E/320/4/2 电除尘器技术参数详见表 4-19。

表 4-19　CDPK-E/320/4/2 电除尘器技术参数

| 序号 | 项目 | 参数值 | 备注 |
|---|---|---|---|
| 1 | 型号规格 | CDPK-E/320/4/2 | 上进风<br>平出风 |
| 2 | 处理风量（$m^3/h$） | 900000 | |
| 3 | 正常废气温度（℃） | 100～130 | |
| 4 | 瞬时最大废气温度（℃） | ≤350 | |
| 5 | 进口气体含尘浓度 | ≤$50g/Nm^3$ | |
| 6 | 出口气体含尘浓度 | ≤$30mg/Nm^3$ | |
| 7 | 烟气露点（℃） | >47 | |
| 8 | 允许烟气工作压力（Pa） | -2000 | |
| 9 | 电场风速（m/s） | ≤0.78 | |
| 10 | 设备阻力（Pa） | <200 | |
| 11 | 电场有效断面积（$m^2$） | 320 | |
| 12 | 电场数 | 2×4 | |
| 13 | 电场收尘面积（$m^2$） | 25450 | |
| 14 | 电场长度（m） | 16 | |
| 15 | 极板间距（mm） | 400 | |
| 16 | 电晕极型式 | 钢性电极 | |
| 17 | 材质 | Q235 | |
| 18 | 振打周期（min/次） | 可调 | |
| 19 | 悬挂方式 | 吊挂 | |
| 20 | 配套清扫风机 | 有 | |

（4）运行使用情况

该除尘器自投入运行已三年多，设备运行情况一直稳定，故障率低。出口烟气含尘浓度低于 $30mg/Nm^3$，满足国家新排放标准的限值要求。水泥窑尾用电除尘器运行现场如图 4-5 所示。

图 4-5　安徽龙元建设公司水泥窑尾用电除尘器运行现场

**实例4-2：安徽怀宁上峰4500t/d熟料水泥生产线窑尾袋除尘器工程应用实例**

（1）工程概述

怀宁上峰水泥有限公司先后于2008年和2011年建设了两条4500t/d新型干法水泥生产线，实际熟料产量超过5000t/d，两条生产线水泥窑窑尾除尘系统均选用CDMC240-2×12，除尘器是由合肥中亚环保科技有限公司负责选型、设计、制造和设备运行调试工作。下面以其1#线的除尘器为例进行介绍。

（2）工艺流程

该项目水泥公司窑尾袋除尘工艺流程如图4-6所示。

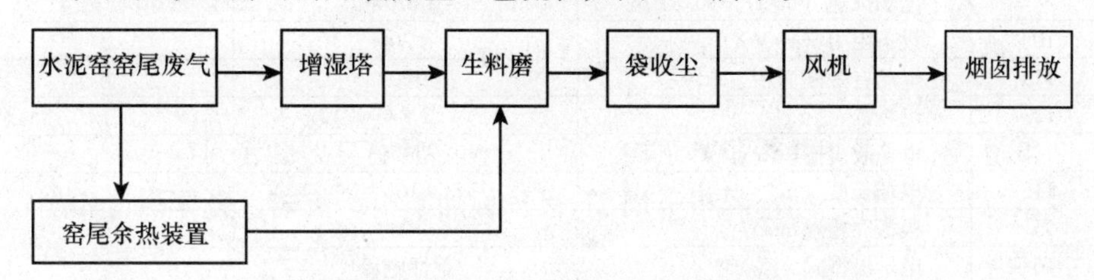


图4-6　怀宁上峰水泥公司窑尾袋除尘工艺流程示意图

（3）袋除尘器技术参数

CDMC240-2×12袋除尘器技术参数详见表4-20。

**表4-20　CDMC240-2×12袋除尘器技术参数**

| 序号 | 项目 | 单位 | 参数 |
|---|---|---|---|
| 1 | 设备型号 | | CDMC240-2×12 |
| 2 | 处理风量 | $m^3/h$ | ≤1130000 |
| 3 | 气体温度 | ℃ | ≤260 |
| 4 | 入口含尘浓度 | $g/Nm^3$ | ≤200 |
| 5 | 出口含尘浓度 | $mg/Nm^3$ | 14.87 |
| 6 | 过滤风速 | m/min | 0.85 |
| 7 | 净过滤风速 | m/min | 0.89 |
| 8 | 总过滤面积 | $m^2$ | 18810 |
| 9 | 净过滤面积 | $m^2$ | 18026 |
| 10 | 总室数 | 个 | 24 |
| 11 | 每室袋数 | 条 | 240 |
| 12 | 总袋数 | 条 | 5760 |
| 13 | 滤袋规格 | mm | ϕ160×6500 |
| 14 | 滤袋材质 | — | 玻纤覆膜 |
| 15 | 运行阻力 | Pa | ≤1200 |

续表

| 序号 | 项目 | 单位 | 参数 |
|---|---|---|---|
| 16 | 承受负压 | Pa | -5000 |
| 17 | 耗气量 | $m^3$/min | 6.0 |

（4）技术和产品的特点和优势

①利用惯性沉降原理，采用新型下进气结构，对进风系统进行优化设计，采用“惯性预收尘气流均布技术”（授权专利号 ZL200910116499.1），使气流均布并有效保护了滤袋；

②采用长滤袋，在同等处理能力时设备占地面积少，更便于老厂改造；

③离线、在线清灰可根据需要进行切换；

④检修换袋可在不停系统风机、系统正常运行的条件下分室进行；

⑤滤袋袋口采用弹簧张紧结构，拆装方便，具有良好的密封性；

⑥除尘器壳体、内部隔板采用 TF 保护板加工生产工艺，壳体强度和刚度性能更优；

⑦整台设备由计算机控制，实现自动清灰、卸灰、温度控制及超温报警。

（5）运行使用情况

该台除尘器自投料后连续运行至今，设备运行稳定可靠，故障率低，操作简单，维护方便，相对主机运转率达到100%，除尘效率高，出口排放浓度均低于国家新排放标准《水泥工业大气污染物排放标准》（GB 4915—2013）的排放限值。通过运行情况和数据表明，窑尾袋除尘器具有除尘效率高、设备阻力小、能耗低、运行可靠等优点。

**实例 4-3：弗县忻州水泥有限公司 5000t/d 熟料水泥生产线窑尾袋除尘器工程应用实例**

（1）工程概述

弗县忻州水泥有限公司 5000t/d 熟料水泥生产线窑尾袋除尘器选用 FDYL248-2×6×2，除尘器是由合肥丰德科技股份有限公司负责选型、设计、制造、指导安装和设备运行调试等工作。

（2）袋除尘器技术参数

FDYL248-2×6×2 袋除尘器技术参数详见表 4-21。

**表 4-21　FDYL248-2×6×2 袋除尘器技术参数**

| 序号 | 项目 | 单位 | 参数 |
|---|---|---|---|
| 1 | 规格型号 | — | FDYL248-2×6×2 |
| 2 | 处理风量 | $m^3$/h | 960000 |
| 3 | 气体温度 | ℃ | ≤230 |

续表

| 序号 | 项目 | 单位 | 参数 |
|---|---|---|---|
| 4 | 入口含尘浓度 | g/Nm$^3$ | ≤80 |
| 5 | 出口含尘浓度 | mg/Nm$^3$ | ≤30 |
| 6 | 过滤风速 | m/min | 0.9 |
| 7 | 净过滤风速 | m/min | 0.93 |
| 8 | 总过滤面积 | m$^2$ | 17950 |
| 9 | 净过滤面积 | m$^2$ | 17203 |
| 10 | 总室数 | 个 | 24 |
| 11 | 通道数 | 个 | 2 |
| 12 | 滤袋规格 | mm | $\phi$160×6000 |
| 13 | 滤袋材质 | — | P84 |
| 14 | 运行阻力 | Pa | <1500 |
| 15 | 承受负压 | Pa | -5000 |
| 16 | 喷吹耗气量 | m$^3$/min | 8 |
| 17 | 清灰方式 | — | 自动离线定阻清灰 |

（3）技术和产品的特点和优势

①因风量较大，为避免设备过长，气流分布不均，采用了双风道；

②离线清灰方式，净气室出口采用了丰德专利产品气动转板阀，工作可靠，不会因压缩空气压力过低造成事故关闭；

③袋室内设有“十”字风道，有利于气流分布均匀；

④采用具丰德特色的喷吹清灰控制系统，清灰效果好，对滤袋损伤小；

⑤壳体和分室板采用压型板结构，强度、刚度好，钢耗低，加工量少；

⑥单元式净气室，方便运输和现场组装；

⑦简单可靠的热胀冷缩支撑结构。

（4）运行使用情况

弗县忻州水泥有限公司 5000t/d 熟料水泥生产线于 2010 年年底投产，经过 3 年多的实际运行，窑尾袋除尘器的设备阻力稳定，基本保持在 800Pa 以下，排放浓度 <20mg/Nm$^3$，清灰压力低、耗气量低，全面体现高效低阻低排放、滤袋长寿命低消耗的特点。

### 4.3.2　水泥窑头冷却机的除尘工程实例

**实例 4-4：安徽怀宁上峰 4500t/d 熟料水泥生产线窑头电除尘器工程应用实例**

（1）工程概述

安徽怀宁上峰水泥有限公司先后于 2008 年和 2011 年建设了两条 4500t/d 新

型干法水泥生产线，实际产量超过5000t/d，两条生产线水泥窑窑头除尘系统均选用CDPK-E210电除尘器，除尘器是由合肥中亚环保科技有限公司负责选型、设计、制造、安装和设备运行调试工作。下面以其1#线的除尘器为例进行介绍。

（2）除尘工艺流程

该项目水泥窑头电除尘工艺流程如图4-7所示。

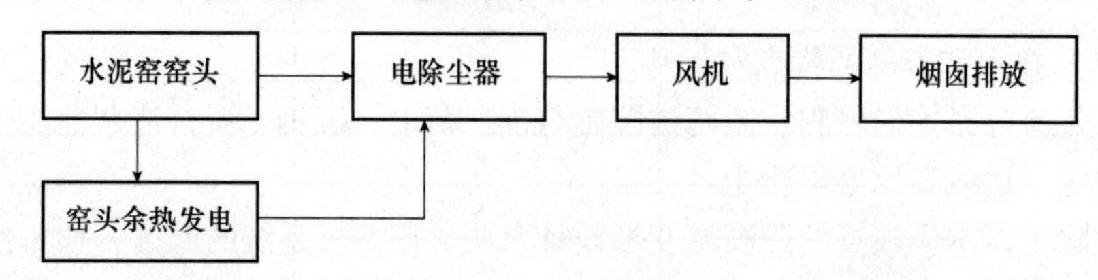


图4-7 怀宁上峰水泥公司水泥窑头电除尘工艺流程示意图

（3）电除尘器技术参数

CDPK-E/210/4电除尘器技术参数详见表4-22。

表4-22 CDPK-E/210/4电除尘器技术参数

| 序号 | 项目 | 参数值 | 备注 |
|---|---|---|---|
| 1 | 型号规格 | CDPK-E/210/4 | 上进风<br>平出风 |
| 2 | 处理风量（$m^3/h$） | 680000 | |
| 3 | 正常废气温度（℃） | 160～300 | |
| 4 | 瞬时最大废气温度（℃） | ≤400 | |
| 5 | 进口气体含尘浓度 | ≤30g/$Nm^3$ | |
| 6 | 出口气体含尘浓度 | ≤30mg/$Nm^3$ | |
| 7 | 烟气露点（℃） | ＞25 | |
| 8 | 允许烟气工作压力（Pa） | －3500 | |
| 9 | 电场风速（m/s） | ≤0.899 | |
| 10 | 设备阻力（Pa） | ＜200 | |
| 11 | 电场有效断面积（$m^2$） | 210 | |
| 12 | 电场数 | 4 | |
| 13 | 电场收尘面积（$m^2$） | 11750 | |
| 14 | 电场长度（m） | 12 | |
| 15 | 极板间距（mm） | 450 | |
| 16 | 电晕极型式 | 钢性电极 | |
| 17 | 材质 | Q235 | |

续表

| 序号 | 项目 | 参数值 | 备注 |
|---|---|---|---|
| 18 | 振打周期（min/次） | 可调 | |
| 19 | 悬挂方式 | 吊挂 | |
| 20 | 配套清扫风机 | 有 | |

（4）技术和产品的特点和优势

①气流分布均匀，阴、阳两极配置合理，荷电、沉集、振打清灰性能强且工作稳定，适应高比电阻粉尘。

②除尘器本体独特的防高温变形设计及阴、阳两极系统的温度补偿，使两极间距可在高温下仍保持基本稳定的状态，这种状态几乎不会影响除尘效率。

（5）运行使用情况

该除尘器自投入运行两年多时间，设备运行情况一直稳定，故障率低。出口烟气含尘浓度低于30mg/Nm$^3$，满足国家新排放标准的限值要求。水泥窑头用电除尘器运行现场如图4-8所示。

图4-8　怀宁上峰水泥公司水泥窑头用电除尘器运行现场

## 4.3.3　煤磨除尘工程实例

**实例4-5：铜陵上峰水泥有限公司5000t/d熟料水泥生产线煤磨除尘器工程应用实例**

（1）工程概述

铜陵上峰水泥有限公司5000t/d熟料水泥生产线的煤粉制备系统选用FGM96-2×9M高浓度煤磨防爆袋除尘器，由合肥中亚环保科技有限公司负责该除尘器的选型、设计、制造、指导安装和设备运行调试工作。

(2) 袋除尘器技术参数

FGM96-2×9M 煤磨袋除尘器技术参数详见表 4-23。

**表 4-23　FGM96-2×9M 煤磨袋除尘器技术参数**

| 序号 | 项目 | 单位 | 参数 |
|---|---|---|---|
| 1 | 设备型号 | — | FGM96-2×9M |
| 2 | 处理风量 | $m^3/h$ | ≤123000 |
| 3 | 气体温度 | ℃ | 80~100 |
| 4 | 入口含尘浓度 | $g/Nm^3$ | ≤1000 |
| 5 | 出口含尘浓度 | $mg/Nm^3$ | ≤30 |
| 6 | 总过滤风速 | m/min | 0.95 |
| 7 | 净过滤风速 | m/min | 1.00 |
| 8 | 总过滤面积 | $m^2$ | 2158 |
| 9 | 净过滤面积 | $m^2$ | 2038 |
| 10 | 总室数 | 个 | 18 |
| 11 | 每室袋数 | 条 | 96 |
| 12 | 总袋数 | 条 | 1728 |
| 13 | 滤袋规格 | mm | $\phi$130×3060 |
| 14 | 滤袋材质 | — | 抗静电涤纶针刺毡 |
| 15 | 运行阻力 | Pa | ≤1470 |
| 16 | 承受负压 | Pa | -12500 |
| 17 | 耗气量 | $m^3/min$ | 1.8 |

(3) 技术和产品的特点和优势

①采用全新的防燃、防爆结构设计，配置自动防爆卸压装置，采取安全检测与消防措施，消除了收尘器内部燃烧或爆炸的隐患；

②能处理高达 $800g/m^3$ 高浓度含尘气体，无论是与立式磨还是与风扫磨配套都只要一级收尘，能有效简化工艺流程、降低系统阻力、减小风机的装机容量、降低工程造价和降低运行费用等；

③采用电磁脉冲阀进行高压脉冲清灰，清灰动能大，清灰彻底；

④收尘器的清灰、卸灰、温度检测及报警采用 PLC 自动控制系统，确保收尘器长期稳定高效地运行。

(4) 运行使用情况

该煤磨袋除尘器自投入运行已四年，设备运行情况一直稳定，故障率低。出口烟气含尘浓度低于 $30mg/Nm^3$，满足国家排放标准要求。

### 4.3.4　除尘改造工程实例

4.3.4.1　“电改电”除尘改造工程实例

**实例4-6：秦岭水泥集团A线2500t/d熟料水泥生产线窑头“电改电”改造工程实例**

（1）工程概述

陕西秦岭水泥集团A线位于陕西省铜川市耀州区，秦岭水泥A线2500t/d生产线原窑头用电除尘器因各种客观原因，排放浓度超标，不满足环保要求。2011年，陕西秦岭水泥集团决定对A线窑头电除尘器进行改造，由西安西矿环保科技有限公司负责项目改造方案设计，除尘器的选型、设计、制造，系统安装和运行调试工作。

（2）除尘改造方案

拆除并改造进气口、气体分布板，将原电除尘器的三个电场内部件全部更换并加高为12.5m的部件，高压电源采用三相高压直流电源，阴极提升振打改造为拨叉间歇振打，改造出气口等部件。

在原电除尘器末端增加一个9条带的电场，将电除尘器由原单室三电场25/10/3×9/0.4改造为单室四电场25/10+2.5/3×9+1×9/0.4。新增加电场的支撑采用钢结构支撑。

（3）改造前后除尘器系统参数对照，见表4-24。

表4-24　改造前后除尘器系统参数对照表

| 1. 技术数据 | 单位 | 原电除尘器 | 改造后除尘器 |
|---|---|---|---|
| 规格型号 | — | 25/10/3×9/0.4 | 25/10+2.5/3×9+1×9/0.4 |
| 处理风量 | $m^3/h$ | ≤315000 | ≤383000 |
| 烟气温度 | ℃ | 250，瞬时最高400 | 90~250，瞬时最高300 |
| 入口粉尘浓度 | $g/Nm^3$ | ≤30 | ≤30 |
| 出口排放浓度 | $mg/Nm^3$ | ≤60 | ≤30 |
| 电场风速 | m/s | 0.84 | 0.82 |
| 除尘效率 | % | 99.8% | 99.83% |
| 压力损失 | Pa | ≤200 | ≤250 |
| 工作压力 | Pa | -2000 | -3500 |
| 进出气口型式 | — | 水平进气，水平出气 | 水平进气，下出气 |
| 支撑方式 | — | 混凝土 | 第四电场采用钢支架支撑 |

续表

| 2. 性能数据 | 单位 | 原电除尘器 | 改造后除尘器 |
| --- | --- | --- | --- |
| 室数 | — | 1 | 1 |
| 电场数 | — | 3 | 4 |
| 沉淀极极板条带数 | — | 9 | 9 |
| 电场高度 | m | 10.45 | 12.95 |
| 电场长度 | m | 12.96 | 17.28 |
| 电场宽度 | m | 10 | 10 |
| 电场有效横断面积 | $m^2$ | 104.5 | 129.5 |
| 极间距 | mm | 400 | 400 |
| 沉淀极板总面积 | $m^2$ | 7042 | 11189 |

（4）除尘改造的特点和优势

该改造综合采用了“加高极板”和“加长电场”两种改造方式，各具特点。

①串联一个电场，由原来的三电场改为四电场。加长电场的优点：

a. 符合电除尘器的除尘原理，电除尘器除尘面积与除尘效率呈指数关系，可以多增加一级除尘；

b. 改造费用低，施工工程量小。

②通过加高除尘极板的方式，增加除尘面积，减小电场风速，提高除尘效率。优点：不受场地位置的限制，基本不用改造风机。

（5）运行使用情况介绍

秦岭水泥 A 线 2500t/d 生产线窑头“电改电”改造工程于 2011 年 6 月正式完成后投入运行，投运后运行情况良好，且满足国家排放要求，无缺陷及设备故障等现象出现。改造后的电除尘器运行现场照片如图 4-9 所示。

图 4-9　秦岭水泥 A 线 2500t/d 生产线窑头改造后的电除尘器运行现场照片

**实例 4-7：冀东海德堡（扶风）一线 4500t/d 熟料水泥生产线窑头“电改电”改造工程实例**

（1）工程概述

冀东海德堡（扶风）水泥有限公司位于陕西省宝鸡市扶风县天度镇，冀东海德堡（扶风）一线 4500t/d 水泥生产线原窑头电除尘器因各种客观原因，排放浓度超标，不满足环保要求，2011 年，冀东海德堡（扶风）水泥有限公司决定对一线窑头电除尘器进行改造，由西安西矿环保科技有限公司负责项目改造方案设计，除尘器的选型、设计、制造，系统安装和运行调试工作。

（2）除尘改造方案

保留原电除尘器，在旁边安装一台新电除尘器，将原除尘器的进口非标管道连接到新的除尘器进口，新电除尘器为单室三电场，规格型号为 24/12.5/3×9/0.4。

（3）改造后除尘器系统参数，见表 4-25。

**表 4-25　改造后除尘器系统参数表**

| 参数 | 单位 | 新并除尘器 | 原电除尘器 |
| --- | --- | --- | --- |
| 烟气量 | $m^3/h$ | 230000 | 290000 |
| 烟气工作温度 | ℃ | 90～250，max300 | 90～250，max300 |
| 设计压力 | Pa | -3000 | -3000 |
| 入口浓度 | $g/Nm^3$ | ≤30 | ≤30 |
| 出口浓度 | $mg/Nm^3$ | ≤30 | ≤30 |
| 除尘效率 | % | 99.90% | 99.90% |
| 选型规格 | — | 24/12.5/3×9/0.4 | 30/12.5/3×9/0.4 |
| 通道数 | — | 24 | 30 |
| 有效高度 | m | 12.95 | 12.95 |
| 电场数 | — | 3 | 3 |
| 条带数 | — | 9 | 9 |
| 极间距 | m | 0.4 | 0.4 |
| 电场长度 | m | 12.96 | 12.96 |
| 有效断面积 | $m^2$ | 124.32 | 155.40 |
| 电场风速 | m/s | 0.514 | 0.518 |
| 驱进速度 | cm/s | 5.48 | 5.53 |
| 比集尘面积 | $m^2/(m^3/s)$ | 126.09 | 125.01 |
| 停留时间 | s | 25.219 | 25.001 |
| 除尘面积 | $m^2$ | 8056 | 10070 |

（4）除尘改造的特点和优势

通过并联一台新电除尘器，通过进口调节阀分风，降低原除尘器处理风量的方式达到提高除尘效率的目的。此改造方式的优点为：

①场地的灵活性比较大；

②停窑时间较短，可先将新除尘器安装好，停窑的工作量仅是非标管道的连接。

（5）运行使用情况介绍

冀东海德堡（扶风）一线4500t/d水泥生产线窑头“电改电”除尘改造工程于2011年4月正式完成后投入运行，投运后运行情况良好，且满足国家排放要求，无缺陷及设备故障等现象出现。改造后的电除尘器运行现场照片如图4-10所示。

图4-10　冀东海德堡（扶风）一线4500t/d生产线窑头改造后的电除尘器运行现场照片

**实例4-8：河北奎山（隆尧）水泥公司3000t/d熟料水泥生产线窑头“电改电”改造工程实例**

（1）工程概述

河北奎山（隆尧）水泥有限公司位于河北省邢台市隆尧县，河北奎山（隆尧）水泥公司3000t/d水泥生产线原窑头电除尘器因各种客观原因，排放浓度超标，不满足环保要求，2013年，河北奎山（隆尧）水泥有限公司决定对3000t/d窑头电除尘器进行改造，由西安西矿环保科技有限公司负责项目改造方案设计，除尘器的选型、设计、制造，系统安装和运行调试工作。

（2）除尘改造方案

在除尘器进口管道增加电凝并器，拆除出气口等部件，在原电除尘器末端增加一个9条带的电场，将电除尘器由原单室三电场25/10/3×9/0.4改造为单室四电场25/10/3×9+1×9/0.4。新增电场采用钢支架支撑。

增加了一台电凝并器。电凝并器是通过设置多组正、负相间的平行通道（双极性电晕区），含尘气体通过这些通道时，按其通道的正或负，分别获得正电荷或负电荷。这样，灰尘在流出双极性电晕区后一半荷正电，一半荷负电进入混合凝并区，在混合凝并区内荷正电的粒子与荷负电粒子在电场库仑力的作用下，相互碰撞凝并成大颗粒。凝并粗化后的粉尘粒子再进入单极性负电晕区进行进一步的荷电。此时，粒子的荷电量明显增大，粉尘的捕集效率得到了提高。

本项目中通过加长电场并增加一台电凝并器使除尘效率提高，以满足国家排放标准要求。

（3）改造前后除尘器系统参数对照，见表4-26。

**表4-26 改造前后除尘器系统参数对照表**

| 参数 | 单位 | 原电除尘器 | 改造后电除尘器 |
|---|---|---|---|
| 烟气量 | $m^3/h$ | 315000 | 330000 |
| 设计压力 | Pa | -2000 | -2000 |
| 入口浓度 | $g/Nm^3$ | ≤30 | ≤30 |
| 出口浓度 | $mg/Nm^3$ | ≤50 | ≤30 |
| 除尘效率 | % | 99.83% | 99.83% |
| 选型规格 | — | 25/10/3×9/0.4 | 25/10/3×9+1×9/0.4 |
| 通道数 | — | 25 | 25 |
| 有效高度 | m | 10.45 | 10.45 |
| 电场数 | — | 3 | 4 |
| 条带数 | — | 9 | 9 |
| 极间距 | m | 0.4 | 0.4 |
| 电场长度 | m | 12.96 | 17.28 |
| 有效断面积 | $m^2$ | 104.50 | 104.50 |
| 电场风速 | m/s | 0.837 | 0.877 |
| 驱进速度 | cm/s | 8.27 | 6.49 |
| 比集尘面积 | $m^2/(m^3/s)$ | 77.39 | 98.50 |
| 停留时间 | s | 15.478 | 19.699 |
| 除尘面积 | $m^2$ | 6772 | 9029 |

（4）除尘改造的特点和优势

串联一个电场，由原来的三电场改为四电场。加长电场的优点：

①符合电除尘器的除尘原理，电除尘器除尘面积与除尘效率呈指数关系，增加一个电场可提高电除尘器效率；

②改造费用低，施工工程量小；

③增加电凝并器的优点：通过电凝并作用使细颗粒粉尘凝并为大颗粒，减少细微粉尘的含量，从而提高除尘效率。

（5）运行使用情况介绍

河北奎山（隆尧）水泥公司3000t/d生产线窑头“电改电”改造工程于2013年5月正式完成后投入运行，投运后运行情况良好，且满足国家排放标准要求，无缺陷及设备故障等现象出现。通过粉尘含量测试对比，改造前粉尘排放浓度为122.2mg/Nm$^3$，改造后粉尘排放浓度为13.19mg/Nm$^3$。改造后的电除尘器运行现场照片如图4-11所示。

图4-11　河北奎山（隆尧）水泥3000t/d生产线窑头改造后的电除尘器运行现场照片

4.3.4.2　“电改袋”除尘改造工程实例

**实例4-9：福建春驰新丰水泥公司1#、2#2500t/d水泥生产线窑尾“电改袋”改造工程实例**

（1）工程概述

福建春驰集团新丰水泥有限公司，共有两条相同规模2500t/d水泥生产线，窑尾采用电收尘器且已配备低温余热锅炉，原电收尘器无法实现达标排放。春驰新丰水泥公司于2011年2月和5月分别对1#、2#线窑尾除尘系统进行改造，由合肥中亚环保科技有限公司负责改造方案设计，除尘器的选型、设计、制造，系统安装和运行调试工作。

（2）除尘改造方案

改造方案及内容如下：

①窑尾（2500t/d）电除尘器改造为低压长袋脉冲高温袋除尘器，利用原电除尘器壳体，拆除顶部，在顶部安装CDMC144-2×8的上部箱体、喷吹系统、气路系统等。

②配套尾排风机系统改造：单吸风机改造为双吸风机，出口非标设计改造。

考虑到为了给提产预留空间，借此改造机会将原有的480000m³/h单吸风机改为510000m³/h的双吸风机。

改造前后除尘器系统参数对照见表4-27。

**表4-27　改造前后除尘器系统参数对照表**

| 原电收尘器及风机技术参数（窑尾配备余热发电） | 改造后收尘器及风机技术参数（窑尾配备余热发电） |
|---|---|
| 规格型号：K-SN-MT162-4；<br>处理风量：480000m³/h；<br>烟气温度：100～130℃（max. 150℃）；<br>入口浓度：<80g/Nm³；<br>电场风速：0.77m/s；<br>电场截断面积：162m²；<br>压力损失：<250Pa。 | CDMC144-2×8<br>处理风量：≤480000m³/h；<br>出口浓度≤30mg/Nm³；<br>压缩空气≤5.0Nm³/min；<br>阻力≤1000Pa；<br>（保留电收尘壳体、灰斗及绞刀） |
| 原风机参数：规格：XY4G-SY28500D；<br>风量：480000m³/h；<br>风压：1900Pa；<br>580rpm，右旋135°；<br>电机功率：450kW/6kV。 | 改造后风机参数：<br>处理风量：510000m³/h；<br>全压：3600Pa；<br>风机功率：800kW/10kV<br>（将单吸风机整体改为双吸风机） |

（3）改造后袋除尘器技术参数，见表4-28。

**表4-28　改造后袋除尘器规格性能参数**

| 序号 | 参数名称 | 单位 | 参数 |
|---|---|---|---|
| 1 | 设备型号 | | CDMC144-2×8 |
| 2 | 处理风量 | m³/h | ≤480000 |
| 3 | 气体温度 | ℃ | ≤220 |
| 4 | 入口含尘浓度 | g/Nm³ | ≤200 |
| 5 | 出口含尘浓度 | mg/Nm³ | ≤20 |
| 6 | 过滤风速 | m/min | ≤0.91 |
| 7 | 净过滤风速 | m/min | ≤0.97 |
| 8 | 总过滤面积 | m² | 8797 |
| 9 | 净过滤面积 | m² | 8247 |
| 10 | 室数 | 个 | 16 |
| 11 | 每室袋数 | 条 | 144 |
| 12 | 总袋数 | 条 | 2304 |
| 13 | 滤袋规格 | mm | ϕ160×7600 |
| 14 | 滤袋材质 | | PTFE+P84 |
| 15 | 运行阻力 | Pa | ≤1000 |
| 16 | 承受负压 | Pa | -5000 |
| 17 | 耗气量 | m³/min | 5.0 |

(4) 改造效果和运行使用情况

该两条生产线窑尾除尘设备改造后运行至今已满两年，采用了“窑之星”滤料，效果显著，窑产量已达3000t/d，排放浓度控制在7～15mg/Nm$^3$，优于国家环保排放标准，设备运行阻力保持在1000Pa以内，各部件运行平稳，改造后方便了设备的日常维护，设备使用更加安全可靠。该项目水泥窑尾除尘改造后运行现场照片如图4-12所示。

图4-12　福建春驰新丰水泥公司窑尾除尘改造后除尘器运行现场

**实例4-10：华新水泥集团武穴有限公司6000t/d水泥生产线窑尾“电改袋”改造工程实例**

(1) 工程概述

华新水泥集团武穴有限公司原有两条6000t/d新型干法水泥熟料生产线，公司拥有与之配套的纯低温余热发电，利用化工废气磷渣代替石膏生产线，建筑骨料生产线实现75%以上废气石的综合利用，可替代燃料（AFR）在生产线上的应用；利用大窑协同处理市政垃圾及污染土。

原生产线窑尾废气处理系统配用双系列电除尘器，因粉尘排放浓度严重超标，2011年委托合肥丰德科技股份有限公司实施电改袋工程总承包，当年4月正式投产，并顺利实现达标排放。

(2) 除尘改造方案

改造方案及内容如下：

①最大限度地利用原电除尘器壳体、进出口管道及回灰输送系统，实施大揭顶，拆除内部正负电极，电极振打及高低压电源；

②合理规划壳体分区，均化气流分布，优化滤料选择及喷吹清灰系统设计；

③对每一灰斗风道入口均设有合肥丰德专利产品的可调式阀门，它与净气室出口的气动转板阀相配合，既可实现离线清灰，又能对各室进行在线检查与检修，确保本设备随回转窑投用率达到100%；此外，百叶阀也能用来调控各室风量，使各部滤袋负荷趋于均衡，从而延长滤袋寿命；

④结合收尘器改造，因预期袋除尘器比电除尘器要增加1000Pa左右的阻力，原排风机压头将不够，对风机进行更换电机的改造：额定转速由594r/min提高到744r/min，电机功率由800kW增为1120kW。但从最终运行状况看，袋除尘器比电除尘器仅增加阻力约500Pa，在额定产量下的电机功率仅为650kW，看来保持800kW容量仍能满足使用要求。

改造前后除尘器系统参数对照见表4-29。

**表4-29　改造前后除尘器系统参数对照表**

| 序号 | 项目 | 改造前 | 改造后 |
|---|---|---|---|
| 1 | 收尘器 | 电除尘器．双系列，三电场<br>处理风量：86～88万 $m^3/h$<br>整流变压器：6×150kVA<br>振打电机：18×0.37km<br>电加热器：24×1kW<br>入口粉尘浓度：≤80g/$Nm^3$<br>出口粉尘浓度：≥100g/$Nm^3$<br>阻力：600Pa | 袋式除尘器：FDYL468－2×3×2<br>处理风量：86～88万 $m^3/h$<br>总过滤面积：16937$m^2$<br>净过滤风速：0.92～0.94m/min<br>滤袋规格：φ160×6000<br>喷吹压缩空气：10～11$m^3$/min、0.3～0.4MPa |
| 2 | 后排风机 | 风量：900000$m^3/h$<br>全压：2300Pa<br>转速：594r/min<br>装机功率：800kW | 风量：900000$m^3/h$<br>全压：3000Pa<br>转速：744r/min<br>装机功率：1120kW |
| 3 | 风量调节设备 | 进口电动风门 | 变频器 |

（3）改造前后除尘器运行参数对比，见表4-30。

**表4-30　改造前后除尘器运行参数对比**

| | 装备及工艺 | 烟囱粉尘排放 | 收尘器进出口温度（℃） | | 收尘器进出口负压（Pa） | | | 除尘、排风机电耗（kW） | | |
|---|---|---|---|---|---|---|---|---|---|---|
| | | | 进口 | 出口 | 进口 | 出口 | 压差 | 排风机 | 收尘器 | 合计 |
| 改造前 | 1. 投用余热锅炉；2. 窑磨同时开；3. 采用电除尘器；4. 窑投料量390t/h | ≥100mg/$Nm^3$ | 110 | 103 | 1373 | 1990 | 617 | *570（556） | **326 | 896 |
| 改造后 | 1. 投用余热锅炉；2. 窑磨同时开；3. 采用袋除尘器；4. 窑投料量400t/h | <30mg/$Nm^3$ | 112 | 103.6 | 1240～1200 | 2270 | 1050 | 650 | 26 | 676 |

注：1. 喂料量400t/h　日熟料产量6000t/d；
2. 带*的排风电耗，由原556kW折算为投料400t/h的值；
3. 电除尘器电耗**，由以下运到参数求得：
1～6电场高压（kV）：51.6；55.7；44；46.4；44.7；47.2；
1～6电场电流（mA）：442.7；599.5；872.1；1218.3；1582.2；1903.4；
电场功率：311.7kW，振打和电加热按装机功率的50%计约为14.3kW，该两项合计为326kW；
4. 改造前、后均投用余热锅炉且窑炉同时开。

（4）改造效果和运行使用情况

电改袋工程实施后，排放浓度下降到 30mg/Nm³ 以下，每年粉尘减排量 88t，除尘器阻力≤1050Pa，比一般袋式除尘器低 200～300Pa，除尘系统电耗大大降低，废气处理系统电耗比原系统降低 220kW，取得了明显的环境效益、经济效益和社会效益。

**实例 4-11：冀东扶风水泥有限公司 5000t/d 水泥生产线窑尾“电改袋”工程实例**

（1）工程概述

冀东海德堡（扶风）水泥有限公司位于陕西省宝鸡市扶风县天度镇，冀东海德堡（扶风）一线窑尾 5000t/d 水泥生产线原电除尘器因各种客观原因，排放浓度超标，不满足环保要求，冀东海德堡（扶风）水泥有限公司决定对一线窑尾电除尘器进行改造，由西安西矿环保科技有限公司负责改造方案设计，除尘器的选型、设计、制造，系统安装和运行调试工作。

（2）除尘改造方案

保留原除尘器的外部壳体。拆除原电除尘器电场内部件，利用拆除后的空间增加花板、净气室、滤袋、袋笼等部件，将原电除尘器 2×28/12.5/3×9/0.4 改为 CBMP330-2-2×3 袋除尘器。

（3）改造前后除尘器系统参数对照，见表 4-31。

**表 4-31　改造前后除尘器系统参数对照表**

| | 单位 | 原电除尘器 | 改造后的袋除尘器 |
|---|---|---|---|
| 规格型号 | — | 2×28/12.5/3×9/0.4 | CBMP330-2-2×3 |
| 处理风量 | m³/h | ≤820000 | ≤820000 |
| 烟气温度 | ℃ | 90～150℃，瞬时最高 250℃ | 90～150℃，瞬时最高 250℃ |
| 入口粉尘浓度 | g/Nm³ | ≤80 | ≤80 |
| 出口排放浓度 | mg/Nm³ | ≤100 | ≤30 |
| 压力损失 | Pa | ≤300 | ≤1200 |
| 工作压力 | Pa | — | -3500 |
| 滤袋总数 | 条 | — | 3960 |
| 脉冲阀数 | 件 | — | 120 |

（4）除尘改造技术和产品的特点和优势

①花板采用数控激光切割整体成型，确保各尺寸的形位公差，保证花板平面度；

②采用行喷脉冲袋收尘器技术设计，设备漏风率低于 3%；

③采用智能运行检测系统，全面监控系统中气体温度、压力及各室压差，确保运行中破袋检测快速准确；

④设计简单合理，易于施工安装。

（5）运行使用情况介绍

冀东海德堡（扶风）一线5000t/d生产线窑尾电改袋除尘改造工程于2011年4月正式完成后投入运行，投运后运行情况良好，且满足国家排放要求，无缺陷及设备故障等现象出现。该改造工程的施工现场照片如图4-13所示。

图4-13　冀东海德堡（扶风）一线5000t/d生产线窑尾电改袋改造工程施工现场照片

4.3.4.3　“电改电-袋复合”除尘改造工程实例

**实例4-12：辽阳冀东2500t/d水泥生产线窑尾电改电-袋复合除尘器改造工程实例**

（1）工程概述

辽阳冀东水泥有限公司位于辽宁省辽阳灯塔市罗大台镇。辽阳冀东水泥2500t/d生产线原窑尾电除尘器因各种客观原因，排放浓度超标，不满足环保要求。2011年，辽阳冀东水泥有限公司决定对2500t/d生产线窑尾电除尘器进行改造，由西安西矿环保科技有限公司负责改造方案设计，除尘器的选型、设计、制造，系统安装和运行调试工作。

（2）除尘改造方案

采用电袋复合除尘工艺，将原电除尘器33/12.5/3×10/0.4，改为33/12.5/1×10/0.4+432-2×2+288-2×1电袋复合除尘器。其改造方案如下：

①保留原除尘器基础和第一电场、排灰系统、灰斗、进气口及气流分布板、壳体、楼梯平台；拆除原除尘器的后面电场内部件、顶盖。由于原除尘器选型太小，后面电场不够布置袋区，所以将出气口改为袋区。改后的电-袋除尘器有一个电区、6个袋室。净气室通过提升阀汇入烟道后进入尾排风机。

②在电区与袋区之间及袋区与袋区之间设置不同的均风装置，确保各个袋室风速均匀及袋室之间分风合理，防止局部风速过高造成滤袋磨损，采用大净气室室内换袋结构，保证设备漏风率低于3%。合理的气路，大大降低了结构阻力。另外，袋区花板采用数控激光切割成型，确保花板平面度2mm/m，最大4mm/m。

③根据现场标定系统风量，进行废气处理系统工艺参数核算后，经与风机厂家协商，确定不更换原除尘器系统的尾排风机。这样既节省了风机费用，同时也缩短了改造工期。

④由于用户要上余热发电，没有对增湿塔检修，为防止将来运行时余热发电出现故障而出现意外高温烧袋，在原除尘器入口管道上设置温度测试报警系统，并增设了冷风阀，信号送入中控。在花板上、下及除尘器进出口安装压差变送器，及时检测压差。同时可实现定阻清灰。

⑤在除尘器出口安装浊度仪，实时监测除尘器出口排放，其主要还是配合压差测试系统完成早期破袋检测。

（3）改造前后除尘器系统参数对照，见表4-32。

**表4-32 改造前后除尘器系统参数对照表**

| | 单位 | 原电除尘器 | 改造后电袋复合除尘器 |
|---|---|---|---|
| 烟气量 | $m^3/h$ | 480000 | 520000 |
| 设计压力 | Pa | -5000 | -5000 |
| 入口浓度 | $g/Nm^3$ | ≤80 | ≤80 |
| 出口浓度 | $mg/Nm^3$ | ≤100 | ≤30 |
| 选型规格 | — | 33/12.5/3×10/0.4 | 33/12.5/1×10/0.4+432-2×2+288-2×1 |
| 烟气温度 | ℃ | 110~130℃，瞬时260℃ | 110~130℃，瞬时240℃ |
| 设备阻力 | Pa | ≤200 | ≤1100 |
| 有效断面积 | $m^2$ | 171 | 171 |
| 滤袋总数 | 条 | — | 2304 |
| 脉冲阀数 | 件 | — | 144 |

（4）除尘改造的特点和优势

保留原电除尘器的1#电场，将2#、3#电场改为袋式除尘。改造后的电袋复合除尘器具有以下主要特点和优势：

①电袋结合，优势互补。电区已捕集了70%～80%的粉尘，从而减轻了袋除尘区滤袋的负荷，延长了袋区的清灰周期，同时也延长了滤袋的寿命；

②复合除尘机理。粉尘在电场被荷电，荷电粉尘改变了常规袋除尘的过滤机理，粉尘在滤袋上有序的沉积，过滤阻力小；粉尘层疏松，易清灰；荷电粉尘同性相斥，强化了气溶胶反应，使粉尘浓度分布均匀；

③系统阻力小，有显著的节能效果。

（5）运行使用情况介绍

辽阳冀东水泥有限公司2500t/d生产线窑尾电改电－袋复合除尘器工程于2011年4月正式完成后投入运行，投运后运行情况良好，且满足国家排放标准要求，无缺陷及设备故障等现象出现。改造后的电袋复合除尘器运行现场照片如图4-14所示。

图4-14　辽阳冀东水泥2500t/d生产线改造后的电－袋复合除尘器运行现场照片

**实例4-13：秦岭C线4500t/d水泥生产线窑尾“电改电－袋”复合除尘器改造工程实例**

（1）工程概述

陕西秦岭水泥集团C线位于陕西省铜川市耀州区，秦岭水泥C线窑尾4500t/d生产线原电除尘器因各种客观原因，排放浓度超标，不满足环保要求，2011年，陕西秦岭水泥集团决定对C线窑尾电除尘器进行改造。由西安西矿环保科技有限公司负责改造方案设计，除尘器的选型、设计、制造，系统安装和运行调试工作。

（2）除尘改造方案

将原电除尘器2×25/15/3×10/0.4改造为2×25/15/1×10/0.4＋2－323

-2×2+289-2×1 电-袋复合除尘器，具体改造方案如下：

拆除原电除尘器的密封盖，防雨盖，第二、三电场的内部件。

利用第二、三电场拆除后的空间，增加花板、净气室、滤袋、袋笼等部件，将原出气口也改造为一个袋室。对原有壳体进行加固。

修复原电除尘器第一电场，更换第一电场高压电源为高频电源。

（3）改造前后除尘器系统参数对照，见表4-33。

**表4-33　改造前后除尘器系统参数对照表**

| 项目 | 单位 | 原电除尘器 | 改造后电袋除尘器 |
|---|---|---|---|
| 烟气量 | $m^3/h$ | 920000 | 920000 |
| 设计压力 | Pa | -4500 | -4500 |
| 入口浓度 | $g/Nm^3$ | ≤80 | ≤80 |
| 出口浓度 | $mg/Nm^3$ | ≤150 | ≤30 |
| 选型规格 | — | 2X25/15/3×10/0.4 | 2X25/15/1×10/0.4+2-323-2X2+289-2X1 |
| 烟气温度 | ℃ | 110~130（瞬时最大260） | 110~130（瞬时最大250） |
| 设备阻力 | Pa | ≤400 | ≤1200 |
| 有效断面积 | $m^2$ | — | 309 |
| 滤袋总数 | 条 | — | 3162 |
| 脉冲阀数 | 件 | — | 220 |

（4）除尘改造的特点和优势

①电区荷电对$PM_{10}$粉尘的聚并具有促进作用，提高收尘效率；

②烟道上置（阶梯状），保证了烟道内烟气流速的均匀性，降低设备阻力，节约能耗，烟道直接镶入原出气口，工艺及连接管道不做改动，利用了空间，减少了改造工作量；

③袋区采用侧部及下部进气，气流分布均匀。部分粉尘沉降，灰斗温度高，不易积灰；

④增加了气流均布装置，使进了入袋区的气流均衡。

（5）运行使用情况介绍

秦岭水泥公司C线4500t/d生产线窑尾电改电-袋复合除尘器工程于2011年8月正式完成后投入运行，投运后运行情况良好，且满足国家排放标准要求，无缺陷及设备故障等现象出现。

该改造工程的施工现场照片如图4-15所示。

图 4-15　秦岭水泥公司 C 线 4500t/d 生产线窑尾电改电 - 袋复合改造工程施工现场照片

4.3.4.4　“袋改袋”除尘改造工程实例

**实例 4-14：绍兴南方水泥有限公司 2500t/d 水泥生产线窑尾袋改袋改造工程实例**

（1）工程概述

绍兴南方水泥公司现有 1 条 2500t/d 熟料水泥生产线，窑尾废气处理系统原选用型号为 CDM2 ×13 - 6730 大布袋除尘器。由于当初工艺选型和除尘器参数选择不合理等原因，设备运行阻力较高（高达 2500 ~ 3000Pa），导致窑系统通风差、产量低、能耗增加、滤袋破损严重，排放不达标等问题。

绍兴南方水泥公司于 2013 年初对原窑尾袋除尘系统进行改造，由合肥中亚环保科技有限公司负责改造方案设计，除尘器的选型、设计、制造，系统安装和运行调试工作。

（2）除尘改造方案

①在原有 CDM2 ×13 - 6730 窑尾大布袋除尘器设备的基础上设计增加 10 个室，有效降低原设备的负荷，控制过滤风速，使工况条件与滤料的使用条件相匹配，延长滤袋的使用寿命，风速降低同时也降低了结构阻力，设备的整体阻力将明显降低。

②拆除原设备的风道斜隔板，待新增部分的箱体安装完毕后重新铺设，以对各单元气流重新合理分配。

③保留部分进风管路，不足的部分现场制作，管道尺寸同原管道。

④增加气流均风装置，改进气流分布。

⑤为节约投资成本，改造时原来滤袋约更换了一半，更换的和增加的滤袋采用玻纤滤料。

⑥设备整体改造成为型号为 CDM2 ×18 的袋除尘器，增加电控设施，单独

进行控制，控制简洁方便。

（3）改造后袋除尘器技术参数，见表4-34

表4-34　改造后袋除尘器规格性能参数

| 序号 | 参数名称 | 单位 | 参数 |
| --- | --- | --- | --- |
| 1 | 规格与型号 | — | CDM2×13－6730＋110－2×5 |
| 2 | 处理风量 | $m^3/h$ | 480000 |
| 3 | 过滤面积 | $m^2$ | 9689 |
| 4 | 过滤风速 | m/min | ≤0.83 |
| 5 | 压力损失 | Pa | ≤1300 |
| 6 | 除尘效率 | % | >99.99 |
| 7 | 进口温度 | ℃ | <120～160 |
| 8 | 入口含尘浓度 | $g/Nm^3$ | ≤80 |
| 9 | 出口含尘浓度 | $mg/Nm^3$ | ≤20 |
| 10 | 滤袋规格 | mm | $\phi$160×6000 |
| 11 | 滤袋数量 | 条 | 3960 |
| 12 | 滤袋材质 | — | 玻纤滤料（业主自购） |
| 13 | 总室数 | 个 | 36 |
| 14 | 压缩空气消耗量 | $m^3/min$ | 5.0 |
| 15 | 清灰控制仪 | — | 西门子PLC |

（4）改造效果和运行使用情况

除尘系统实施袋改袋改造后，设备阻力显著降低，由原来的2500～3000Pa降低到1100～1300Pa，窑尾冒正压现象消失，通风良好，窑系统运行稳定，达标达产。滤袋使用情况良好，排放浓度控制在≤20$mg/Nm^3$，优于国家排放标准。

### 4.3.5　滤料或滤袋工程实例

4.3.5.1　水泥厂窑尾袋除尘器或窑尾“电改袋”用滤料的工程实例

**实例4-15：冀东水泥丰润项目3×5000t/d熟料生产线窑尾袋除尘器用滤料的工程实例**

（1）工程概述

冀东水泥丰润项目有三条日产5000t/d水泥熟料生产线，窑尾袋除尘器使用中材科技膜材料公司为合肥水泥研究设计院环保公司提供的玻纤覆膜(FT-806)滤袋，单位质量750$g/m^2$，规格是直径160×6000，2008年9月投运。

(2) 滤料选型方案及参数

玻纤覆膜滤料技术参数见表4-35。

**表4-35 玻纤覆膜滤料技术参数表**

| 性能要求 | | FT-806 |
|---|---|---|
| 产品名称 | | 无碱玻璃纤维布覆膜 |
| 克重（g/㎡） | | 750 |
| 基布 | | 无碱玻璃纤维 |
| 面层纤维 | | 无 |
| 膜材 | | e-PTFE膜 |
| 厚度（㎜） | | 0.8±0.05 |
| 化学特性 | 抗酸性能 | 优 |
| | 抗碱性能 | 良 |
| | 耐磨性 | 良 |
| | 抗氧化性 | 优 |
| | 水解稳定性 | 良 |
| 断裂强度（N/50mm） | 经向 | ≥3400 |
| | 纬向 | ≥2400 |
| 透气率 | cm/s（@127Pa） | 2~5 |
| | L/dm$^2$·min（@200Pa） | 19~48 |
| 断裂伸长率 | 经向 | ≤5% |
| | 纬向 | ≤5% |
| 破裂强度（MPa） | | ≥3.8 |
| 持续使用温度（℃） | | ≤260 |
| 瞬间使用温度（℃） | | 280 |
| 应用特性 | 过滤风速（m/min） | ≤1.0 |
| | 初期阻力（Pa） | <1000 |
| | 阻力增加（Pa/年） | ≤200 |
| | 寿命（年） | 3 |

(3) 产品的特点

玻纤覆膜滤料具有以下特点：

覆膜滤料被称为“表面过滤”，是在普通滤料上覆一层网状结构多微孔薄膜，为一种新型高分子材料，大部分粉尘被截留在薄膜表面外，可过滤PM 2.5的细微颗粒，滤后粉尘排放接近于“零”，是滤料技术发展的方向。相对于普通滤料，使用覆膜滤料的袋除尘器，长期运行阻力降低50%，最低排放浓度小于3mg/Nm$^3$，使用寿命大于3年。粉尘排放浓度在实际工况应用中最低值可达到3mg/Nm$^3$。

玻纤覆膜滤料基材采用无碱膨体纱玻璃纤维机织布，经过PTFE乳液浸渍处理后表面通过热压复合专用e-PTFE膜材。专用e-PTFE膜材是由PTFE粉料通过和致孔剂混合压延、双向拉伸制得。它具有高孔隙率、小孔径和高强度的特点，适用于水泥窑烟气高温、含腐蚀性物质及细颗粒物的处理。

中材科技所生产的覆膜滤料同国外同等产品相比具有更好的寿命，阻力和粉尘排放浓度也更低的特点。

（4）使用情况介绍

冀东水泥丰润项目窑尾除尘滤袋，滤袋寿命达到3年以上，系统阻力小于1000Pa，排放浓度小于30mg/Nm$^3$。

**实例4-16：江西万年青水泥公司3000t/d熟料水泥生产线窑尾袋除尘器用滤料的工程实例**

（1）工程概述

江西万年青水泥股份有限公司某3000t/d熟料水泥生产线，2008年10月建成投产，窑尾采用袋收尘器。该除尘器型号GMC152-2×10F，配套美国进口玻璃纤维覆膜滤袋。2013年4月该除尘器滤袋整体更换，采用安徽锦鸿环保科技有限公司产品。滤袋规格$\phi$160mm×6500mm，滤料材质为750g/m$^2$玻璃纤维覆膜滤料，型号JJH-118。

（2）滤料选型方案及参数

玻璃纤维膨体纱覆膜滤料技术参数见表4-36。

**表4-36　玻璃纤维膨体纱覆膜滤料技术参数表**

| 性能指标 | | 性能参数 |
|---|---|---|
| 产品名称 | | 玻璃纤维膨体纱覆膜滤料 |
| 产品型号 | | JJH-118 |
| 产品材质 | | 进口玻璃纤维 |
| 织物结构 | | 斜纹纬二重 |
| 表面处理 | | PTFE乳液浸渍 |
| 表面膜 | | e-PTFE微孔滤膜 |
| 克质量（g/m$^2$） | | ≥750 |
| 拉伸断裂强度（N/50mm） | 经向 | ≥4000 |
| | 纬向 | ≥4000 |

续表

| 性能指标 | 性能参数 |
| --- | --- |
| 透气量（mm/s） | 30~60 |
| 持续使用温度（℃） | <260 |
| 瞬时使用温度（℃） | 300 |
| 出口排放浓度（$mg/Nm^3$） | ≤20 |
| 正常使用寿命 | >3年 |

（3）产品的特点和优势

安徽锦鸿环保科技有限公司是一家专业从事高温纤维过滤材料研发生产的高新技术企业，研发了多项具有自主知识产权的专有技术和专利技术，开发的“金锦鸿”牌玻璃纤维覆膜滤料技术特点如下：

①滤料基材采用斜纹纬二重织法，使覆膜滤料的基材与滤膜结合点可控，产品透气性好；

②后处理采用立式分段处理工艺确保布面清洁度和平整度；

③快速线接触高温热融覆膜专利技术确保覆膜滤料中滤膜的小孔径和抗裂性，从而达到低排放效果。

（4）使用情况介绍

该生产线窑尾袋除尘器处理风量570000$m^3$/h，过滤风速0.88m/min。于2013年4月份投产后，已使用约1年，无滤袋破损，运行阻力稳定在800Pa以下，经多次检测，出口排放均小于20$mg/Nm^3$。滤袋正常使用寿命可达3年以上。达到了阻力低、出口排放低、能耗低等“三低”特点，受到了用户的好评。

**实例4-17：山水集团辽阳千山4000t/d熟料水泥生产线窑尾电改袋用滤料工程实例**

山水集团辽阳千山4000t/d熟料水泥生产线窑尾电改袋项目选用玻纤覆膜滤料，其窑尾滤袋是中材科技膜材料公司为山水集团辽阳千山公司提供材质为玻纤覆膜（FT-806）的滤袋，单位质量750$g/m^2$，规格是直径160×8010；2009年10月投运。滤袋寿命达到3年以上，系统阻力小于1100Pa，排放浓度小于30$mg/Nm^3$。

其技术参数和特点同“冀东水泥丰润项目”的相关介绍。

4.3.5.2　水泥厂窑头袋除尘器或窑头“电改袋”用滤料的工程实例

**实例4-18：华新水泥东川项目2500t/d熟料生产线窑头袋除尘器用滤料的工程实例**

（1）工程概述

华新水泥东川项目日产2500t水泥熟料生产线，其窑头袋除尘器是中材科技膜材料公司为华新水泥股份有限公司提供材质为P84玻纤复合毡（FT-901）

的滤袋，单位质量950g/$m^2$，规格是直径160×6000；2010年11月投运。

（2）滤料选型方案及参数

复合毡覆膜滤料技术参数见表4-37。

**表4-37　复合毡覆膜滤料技术参数表**

| 性能要求 | | FT-902 |
|---|---|---|
| 产品名称 | | 聚酰亚胺（P84）复合针刺毡覆膜 |
| 克重（g/㎡） | | 950 |
| 基布 | | 玻纤基布 |
| 面层纤维 | | 玻璃纤维+P84纤维 |
| 膜材 | | e—PTFE膜 |
| 厚度（mm） | | 3.3±0.2 |
| 化学特性 | 抗酸性能 | 优 |
| | 抗碱性能 | 良 |
| | 耐磨性 | 优 |
| | 抗氧化性 | 优 |
| | 水解稳定性 | 良 |
| 断裂强度（N/50mm） | 经向 | ≥1800 |
| | 纬向 | ≥1800 |
| 透气率 | cm/s（@127Pa） | 2~5 |
| | L/$dm^2$·min（@200Pa） | 19~48 |
| 断裂伸长率 | 经向 | ≤10% |
| | 纬向 | ≤10% |
| 干热收缩率，260℃/90min | 经向 | ≤0.3% |
| | 纬向 | ≤0.3% |
| 破裂强度（MPa） | | ≥3.8 |
| 持续使用温度（℃） | | ≤260 |
| 瞬间使用温度（℃） | | ≤280 |
| 应用特性 | 过滤风速（m/min） | ≤0.9 |
| | 初期阻力（Pa） | <1000 |
| | 阻力增加（Pa/年） | ≤200 |
| | 寿命（年） | 3 |

（3）产品的特点

复合针刺毡覆膜滤料具有以下特点：

复合针刺毡覆膜滤料是将预梳理后的玻璃纤维/P84纤维连续地、均匀地混合并梳理成单纤维，再由铺网机分别在中心基布两面铺叠成一定厚度（或克重）的纤维棉层后喂入针刺机进行针刺成型而得到的复合毡，经过PTFE乳液浸渍处理后表面热压覆合专用e-PTFE膜材。具有阻力和粉尘排放浓度更低的特点。

（4）使用情况介绍

滤袋寿命达到3年以上，系统阻力小于1200Pa，排放浓度小于30mg/Nm$^3$。

**实例4-19：山东济宁中联水泥5000t/d熟料水泥生产线窑头“电改袋”项目用滤料工程实例**

山东济宁中联水泥5000t/d熟料水泥生产线窑头“电改袋”项目，中材科技膜材料公司提供规格$\phi$160×7500芳纶（商品名为Nomex）毡滤袋，2013年7月投运。系统阻力小于1200Pa，排放浓度小于30mg/Nm$^3$。

# 第5章 氮氧化物治理技术方案和工程实例

## 5.1 氮氧化物治理技术概述

水泥窑烟气中 $NO_x$ 的控制是一个非常复杂的问题，其减排设计必须针对不同的窑型、产量、燃料特性等，采取各种不同的技术措施。对于水泥生产的高温煅烧而言，$NO_x$ 的产生除了与燃料中的氮含量有关外，还与助燃空气在高温下的反应有关。另外最重要的一点是，降低 $NO_x$ 的排放必须在保证水泥窑正常生产的前提下进行。

目前，在国外水泥行业中，一般的控制 $NO_x$ 排放的方法是在生产过程中窑尾采用分级燃烧技术，窑头采用控氧燃烧等措施。对环保要求严格的国家，除采用生产控制外，还采取 SNCR、SCR 技术对废气进行还原处理，实现后置控制 $NO_x$ 的排放量。世界著名的水泥公司，如 F. L. Smith，Polysius，KHD 公司等都通过对实际生产线的研究，提出了治理的基本方法，如采用低 $NO_x$ 燃烧器、分级燃烧、废气脱硝、燃料脱氮、改进燃烧方式等。欧美等发达国家因起步较早，目前在水泥窑烟气脱硝 SNCR 和 SCR 技术上拥有一定的技术和应用优势，国外水泥窑脱硝知名企业主要有瑞典的 Petro Miljö、挪威的 Yara、丹麦的 FLOW. VISION、德国的 STEULER 公司、美国的 FUEL TECH，INC、德国的 Polysius、丹麦的 F. L. Smidth 和德国的 ERC 等。截止到 2012 年底，国外大约有 130 套 SNCR 装置在水泥窑脱硝方面进行应用，另有 3 家水泥企业应用了 SCR 装置。

我国在水泥窑 $NO_x$ 治理方面起步较晚，从 2002 年将水泥预分解窑降低 $NO_x$ 的技术研究列为国家“863”计划起，开始深入地进行水泥行业 $NO_x$ 的机理研究和控制技术开发，至今取得了一定的应用，包括低 $NO_x$ 燃烧器、分级燃烧、废气脱硝等技术已得到一定的应用。尤其是近年来，SNCR 技术的开发和应用速度较快，国内约有十几家环保企业从事水泥窑脱硝工程技术研究、工程设计和 SNCR 脱硝系统的设备供应。截止到 2013 年底，国内先后共上了 100 余套 SNCR 脱硝装置（含在建或在调试设备），另有 1 套 SCR 装置在水泥厂进行了工业试验，这都为 SNCR 脱硝技术的高效稳定应用积累了经验和打下了基础。

随着近年来国家节能减排力度的加大，水泥湿法窑及立窑因其能耗高、对环境影响较大，将逐步退出我国水泥市场。按照新颁布的《水泥工业大气污染物排放标准》（GB 4915—2013）的要求，新标准严格水泥工业氮氧化物控制，按照新标准要求，新建企业自2014年3月1日起，现有企业自2015年7月1日起，氮氧化物排放控制执行新标准的排放限值要求：水泥窑及窑尾余热利用系统和采用独立热源的烘干设备的$NO_x$排放限值均为$400mg/Nm^3$。另外，重点地区企业执行大气污染物特别排放限值：水泥窑及窑尾余热利用系统$NO_x$排放限值为$320mg/Nm^3$，采用独立热源的烘干设备的$NO_x$排放限值均为$300mg/Nm^3$。

按照新标准的排放要求，对于现有水泥企业，在环保达标改造期间，面临脱硝改造的水泥窑窑型主要是新型干法预分解窑，其次还有部分生产特种水泥的预热器窑和湿磨干烧窑。对于新建水泥生产线，在工艺设计的同时考虑氮氧化物的减排和控制措施，如采用低$NO_x$燃烧器、分级燃烧、SNCR或SNCR的组合脱硝等技术。

## 5.2　氮氧化物治理技术方案

### 5.2.1　水泥窑$NO_x$的控制和减排措施

根据$NO_x$生成影响因素和相应减排措施的分析，可以得出水泥窑$NO_x$的控制和减排的措施主要有以下几点：

（1）选取合适的原材料和率值、使用矿化剂。在保证熟料质量的情况下尽可能地降低烧成温度，给$NO_x$的控制创造温度条件。

（2）在可能的情况下，使用优质燃料为$NO_x$的控制创造物质条件，在没有选择余地时也要保证适当的煤粉粒径分布来降低$NO_x$的生成量。

（3）优化操作，控制系统的漏风量，降低热耗，可从根本上减少$NO_x$的生成量。

（4）合理使用一次风、二次风和三次风。

（5）使用合适的低氮型燃烧器。

（6）设计合理的分解炉结构和炉容量，保证燃料充分燃烧的同时设计合理的温度场。

（7）采用低氮型分解炉，采用燃料分级技术创造局部强还原气氛，促使窑内的$NO_x$反应转化为$N_2$，采用空气分级技术在炉内形成弱还原气氛，并使炉内温度场均匀而抑制燃料内$NO_x$的生成。

（8）采用选择性非催化还原 SNCR 技术。

（9）采用选择性催化还原 SCR 技术。

（10）有条件的单位可采用富氧燃烧技术、低氧燃烧技术、全氧燃烧技术等技术进行烟气脱硝。

### 5.2.2 水泥窑 $NO_x$ 控制措施效果

因水泥窑内的烧结温度高、过剩空气量大，$NO_x$ 排放会很多。调查统计的初始浓度范围大多在 800～1200mg/Nm$^3$（80%都在 1000mg/Nm$^3$ 以下）。一些新型干法水泥窑采取了低 $NO_x$ 燃烧器，控制分解炉燃烧产生还原性气氛，使 $NO_x$ 部分被还原，排放浓度可降低到 500～800mg/Nm$^3$。

目前开发的 $NO_x$ 控制技术有低 $NO_x$ 燃烧器、分级燃烧、添加矿化剂、工艺优化控制（系统均衡稳定运行）等一次措施，以及选择性非催化还原技术（SNCR）、选择性催化还原技术（SCR）等二次措施。欧洲认为综合使用这些技术措施后（SCR 除外），排放控制水平应达到 200～500mg/Nm$^3$，若使用 SCR 技术，则可进一步控制在 100～200mg/Nm$^3$。

水泥窑 $NO_x$ 控制措施的效果及大致的排放浓度范围详见表 5-1。

**表 5-1 水泥窑 $NO_x$ 控制措施效果**

<table>
<tr><th colspan="2">措施分类</th><th>削减效率（%）</th><th>排放浓度（mg/Nm$^3$）</th></tr>
<tr><td rowspan="4">一次措施</td><td>低 $NO_x$ 燃烧器</td><td>5～30</td><td rowspan="4">500～800</td></tr>
<tr><td>分级燃烧</td><td>10～30</td></tr>
<tr><td>添加矿化剂</td><td>10～15</td></tr>
<tr><td>工艺优化控制</td><td>10～20</td></tr>
<tr><td rowspan="2">二次措施</td><td>SNCR</td><td>40～60</td><td>400～500</td></tr>
<tr><td>SCR</td><td>70～90</td><td>100～200</td></tr>
</table>

### 5.2.3 水泥窑 $NO_x$ 治理总体方案

新的《水泥工业大气污染物排放标准》（GB 4915—2013）对氮氧化物排放限值为 400mg/Nm$^3$，按水泥窑 $NO_x$ 初始浓度范围大多在 800～1000mg/Nm$^3$ 考虑，则要求水泥窑的实际综合脱硝效率在 50%～60%范围才能达标。根据以上水泥窑 $NO_x$ 控制措施效果来看，单纯采用低 $NO_x$ 燃烧器、分级燃烧等一次措施是很难达标的，需要采取 SNCR 技术或其组合技术，各技术的单一采用或组合采用主要是考虑要达到的实际脱硝效率。

SNCR 脱硝效率与喷氨量密切相关，一般 $NH_3$∶NO 为 1 时，效率在50%～

60%，氨逃逸较少。虽然一些SNCR脱硝案例报道的脱硝效率较高，但考虑到氨逃逸的臭味扰民问题，以及上游合成氨生产的高能耗、增加$NH_3$-N排放等问题，不宜追求过高的脱硝效率，一般维持50%左右的脱硝效率是比较合理的。以此SNCR脱硝效率为考虑基准，根据达标要求的脱硝效率，再结合水泥企业的实际情况，综合考虑选择$NO_x$治理方案。具体简述如下：

（1）对于现有水泥企业，建议采取低氮燃烧器、分解炉分级燃烧、工艺优化控制等一次措施和SNCR技术相结合的措施，达到$NO_x$ 400mg/Nm$^3$的限值要求。如果现有水泥企业因场地空间狭小、原工艺和设备改造难度大等原因，不具备工艺改造条件，可以采取单一的SNCR技术，并通过适当加大喷氨量，提高脱硝效率（脱硝效率50%～60%）来实现达标。

（2）对于新建水泥企业，在工艺设计时就应充分考虑采取“低氮燃烧器+分解炉分级燃烧+SNCR”组合降氮技术，将$NO_x$排放控制在400mg/Nm$^3$以下，且充分发挥低氮燃烧器、分解炉分级燃烧的脱硝效率，尽量降低SNCR要求的脱硝效率，以减少还原剂的用量，减少氨排放。

（3）对于重点地区企业，坚持环境保护优先，在这些地区新建水泥企业，按照《关于执行大气污染物特别排放限值的公告》（环境保护部公告2013年第14号）要求，自2014年3月1日起执行特别排放限值320mg/Nm$^3$，要求采取“低氮燃烧器+分解炉分级燃烧+SNCR”组合降氮技术，综合脱硝效率要达到60%～70%，能实现达标排放。如果水泥企业$NO_x$初始浓度高、不具备工艺改造条件，则需要采用SCR技术、SNCR-SCR复合技术等更高效的控制技术。

### 5.2.4　现有水泥企业氮氧化物治理方案

根据以上有关氮氧化物治理技术措施、治理效果和总体方案的介绍，现有水泥企业氮氧化物治理方案和工作介绍如下。

#### 5.2.4.1　做好企业摸底工作，掌握和分析数据资料

对于现有水泥企业，应对本企业的生产工艺、窑系统设备、运行数据和排放数据进行摸底，收集和整理与水泥窑系统烟气$NO_x$生成、控制和排放等相关数据，掌握真实可靠的数据资料，为制订达标方案和后续投运考核做好基础工作。

首先弄清本企业窑系统烟气$NO_x$实际排放的相关情况，在此基础上可核算增加脱硝系统的运行费用。假定采用SNCR脱硝技术，脱硝效率为$\eta$，脱硝还原剂使用25%氨水，还原剂成本价格为1000元/t。为此应在水泥窑系统运行正常工况下，使用符合国家相关标准规定的仪器设备和方法对如下数据进行标定和统计计标工作：

（1）实际测定相关数据

烟囱排放的工况烟气量 $Q_t$（$m^3/h$）、平均温度 $T$（℃）、氧含量 $\varphi_{O_2}$（%）、水蒸气含量 $\varphi_{H_2O}$（%）、氮氧化物平均含量 $y_{NO_x}$（ppm）或 $C_{NO_x}$（$mg/m^3$），测定点平均压力 $P$(Pa)、当地大气压 $B$(Pa)；水泥熟料产量 $G_0$(t/h)、$G$(t/a)，燃料消耗量 $m_{fu}$(t/a)、燃料平均低位热值 $\bar{Q}_{DW}$(kcal/kg)；分解炉至 C5 入口处温度场、氮氧化物含量 $y'_{NO_x}$(ppm)、氧含量 $\varphi'_{O_2}$（%）。

（2）$NO_x$ 排放情况计算

①干基标况下烟囱排气量 $Q_N$($Nm^3/h$)：

$$Q_N = \frac{273.15}{273.15 + T} \cdot \frac{B + P}{101325} \cdot \frac{100 - \varphi_{H_2O}}{100} Q_t \tag{5-1}$$

②单位熟料干基烟气量 $q_0$($Nm^3/kg$)：

$$q_0 = \frac{Q_N}{1000 G_0} \tag{5-2}$$

③实际 $NO_x$ 排放量 $m_{NO_x}$(t/a)：

$$n_{NO_x} = \frac{1}{22.4} \cdot \frac{273.15}{273.15 + T} \cdot \frac{B + P}{101325} Q_t y_{NO_x} \tag{5-3}$$

$$m_{NO_x} = \frac{n_{NO_x} M_{NO_2} G}{1000 G_0} \tag{5-4}$$

④标准氧含量（10%）下的 $NO_x$ 排放干基浓度 $C_{NO_x标}$($mg/Nm^3$)：

$$C_{NO_x标} = \frac{11}{21 - \varphi_{O_2}} \cdot \frac{n_{NO_x} M_{NO_2}}{Q_N} \tag{5-5}$$

⑤单位熟料 $NO_x$ 排放量 $q_{NO_x}$(kg/t)：

$$q_{NO_x} = \frac{n_{NO_x} M_{NO_2}}{1000 G_0} \tag{5-6}$$

（3）脱硝系统增加运行费用计算

①年 $NO_x$ 实际减排量 $m'_{NO_x}$（t/a）：

$$m'_{NO_x} = \eta m_{NO_x} \tag{5-7}$$

②年氨水（25%，质量分数）消耗量 $m_{NH_3}$(t/a)：

$$m_{NH_3} = (1.6 \sim 2.0) \cdot m_{NO_x} \tag{5-8}$$

③年增加电量 $Q_电$（kW·h/a）：

$$Q_电 = (11 \sim 20) \cdot m_{NH_3} \tag{5-9}$$

④年原煤增加量 $m'_{fu}$(t/a)：

$$m'_{fu} = (510 \sim 600) \cdot \frac{m_{NH_3}}{\bar{Q}_{DW}} \tag{5-10}$$

⑤脱硝年运行费用 $F$（元/a）：

$$F = 1000m_{NH_3} + bQ_{电} + cm'_{fu} \tag{5-11}$$

⑥单位熟料增加的费用 $f$（元/t）：

$$f = \frac{F}{1000G} \tag{5-12}$$

5.2.4.2　研究制订脱硝工程目标值

按照新的排放标准《水泥工业大气污染物排放标准》（GB 4915—2013）有关 $NO_x$ 排放限值规定，现有水泥企业水泥窑及窑尾余热利用系统 $NO_x$ 的排放限值为 400mg/Nm$^3$，各水泥厂应对照该标准，确定本企业的工程目标值。为使脱硝改造工程实施后能可靠达标，建议设计目标值比新标准排放限值略低 30～50mg/Nm$^3$。

5.2.4.3　研究确定脱硝方案

按照氮氧化物原始浓度的不同范围确定具体脱硝方案：

（1）对于原始浓度较低（500～600mg/Nm$^3$）的企业，优先推荐采用低氮燃烧脱硝技术。

根据国内外的实践可知，采用低氮燃烧脱硝技术虽然一次投资高，但运行费用低，应优先推荐采用。具体实施方案为：①窑头燃烧器优化（火焰冷却技术、采用低氮燃烧器）、降低一次风比例、降低火焰温度、缩短空气与高温火焰接触时间、采用低氮燃料等；②空气分级燃烧和燃料分级燃烧。即将原在同一水平入炉的三次风分为两股，一股在喂煤点下方，另一股移到进煤点上方，同时入炉煤分出一部分移到三次风下方，使在窑尾烟室及炉子下部因缺氧产生一个强烈的还原区，在这里产生的 CO 将窑内来的部分 $NO_x$ 进行还原。

（2）对于原始浓度较高（600～800mg/Nm$^3$）的企业，推荐采用 SNCR 技术。

为达到新标准排放限值要求，脱硝效率最高要求为 50%，只要单独采用 SNCR 技术就能够实现。即在分解炉及 C5 烟气入口管的有效温区（900～1050℃）喷入雾化氨水（通常浓度 20%～25%），使氨与烟气充分接触，将其中的 $NO_x$ 还原为 $N_2$ 和 $H_2O$。

SNCR 技术为现有水泥企业水泥窑可行脱硝技术，其脱硝效率正常可稳定在 50% 左右，可将原烟气的 $NO_x$ 浓度从 600～800mg/Nm$^3$ 降到 400mg/Nm$^3$ 以下，运行成本主要为氨水费用，电耗、热耗的费用微量增加。氨逃逸一般能控制在≤10mg/Nm$^3$，二次污染较小。

（3）对于原始浓度很高（800～1000mg/Nm$^3$）的企业，分情况实施脱硝技术。

当现有水泥企业有工艺改造条件时，建议采取低氮燃烧器、分解炉分级燃烧、工艺优化控制等一次措施和 SNCR 技术相结合的措施，这样既能解决达标问题又能尽量减少还原剂的用量，减少氨排放。

当水泥企业因场地空间狭小、原工艺和设备改造难度大等，不具备工艺改造条件时，就只能采取单一的SNCR技术，并通过适当加大喷氨量，提高脱硝效率（脱硝效率50%～60%）来实现达标排放。这对SNCR技术要求较高，既要确保高的脱硝效率，又要控制氨逃逸确保氨排放达标。

5.2.4.4 做好工程招标的审核把关工作

对脱硝工程承包企业要严格审核把关，工程承包企业首推国内企业。承包水泥脱硝工程的企业至少要具备以下条件：

（1）具备相关脱硝工程设计、施工、设备制造资质；

（2）具有相关工程设计、施工和管理业绩和能力；

（3）具有水泥工艺设计、化工工艺设计、化工安全工程等相关资格或背景的工程技术人员；

（4）具有相关工程业绩的项目管理人员和施工调试队伍。

尤其要避免脱硝辅助工程重复建设及脱硝装置现场布置存在重大安全隐患。

### 5.2.5 新建水泥企业氮氧化物治理方案

目前，国内水泥行业产能已处于严重过剩阶段，新建水泥熟料生产线已经很少，且规模多在5000t/d及以上，并主要集中在西部地区。新建水泥企业场地相对宽裕，便于工程优化设计。新排放标准GB 4915—2013规定新建水泥生产线$NO_x$排放限值是400mg/Nm$^3$。

为做到达标排放，新建水泥企业要充分重视新生产线的工程设计工作，要求设计单位在工程设计时，注重对新工艺、新技术、新装备的采用，对设计方案和重要参数选型需要结合新标准，并考虑后续标准的再加严，避免短期改造、重复建设、增加投资的现象。严格执行水泥窑$NO_x$的达标排放限值要求，突出重视对水泥窑烧成系统的工艺设计和设备选型的工作，应优先采用先进清洁生产工艺和工艺控制措施，应采用组合降氮技术，选用先进可靠的低$NO_x$燃烧器、低氮分解炉、SNCR脱硝系统等。在系统设计和运行调试环节，要充分挖潜，提高低$NO_x$燃烧器、低氮分解炉的降氮效果，以要求尽量低的SNCR脱硝效率，减少还原剂的用量，减少氨排放。

### 5.2.6 重点地区企业氮氧化物治理方案

重点地区是指根据环境保护工作的要求，在国土开发密度较高，环境承载能力开始减弱，或大气环境容量较小、生态环境脆弱，容易发生严重大气环境污染问题而需要严格控制大气污染物排放的地区。

对于重点地区企业，坚持环境保护优先，在这些地区新建水泥企业，按照《关于执行大气污染物特别排放限值的公告》（环境保护部公告2013年第14号）要求，自标准发布之日起执行特别排放限值320mg/Nm$^3$。从现有可行的脱硝技术分析来看，要实现目标值，靠单一脱硝技术很难实现，即便使用SCR脱硝技术能够实现氮氧化物的达标排放，但其运行费用很高也会使水泥企业很难承受。因此只能使用多种脱硝工艺组合。要求采取“低氮燃烧器+分解炉分级燃烧+SNCR”组合降氮技术，综合脱硝效率要达到60%～70%，能实现达标排放。如果水泥企业$NO_x$初始浓度高、不具备工艺改造条件，则需要采用SCR技术、SNCR-SCR复合技术等更高效的控制技术。

受水泥产品销售半径的制约，必要时在重点地区也会新上水泥生产线。新建水泥企业具体氮氧化物治理方案有两种：

方案一：采取“低氮燃烧器+分解炉分级燃烧+SNCR”组合降氮技术。在目前脱硝技术应用情况下，优先采用该方案。

方案二：采取高效高温除尘+SCR脱硝一体化技术。

考虑到重点地区对粉尘排放要求也高，不设低氮燃烧或分级煅烧，在水泥窑尾设计初期，选用高效高温除尘设备替代一级旋风筒，将粉尘浓度降低到标准限值以下，再使用SCR脱硝技术，将$NO_x$降到标准限值以下。如选用高效LP过滤元件设备，在SCR脱硝催化剂活性温度范围内直接除尘，将烟尘浓度降到20mg/Nm$^3$(一般能降到1mg/Nm$^3$以下)，除尘后的高温烟气通过SCR脱硝设备进行脱硝，可实现水泥窑尾氮氧化物排放小于320mg/Nm$^3$。目前，该方案采取的技术还处于研究开发中，在水泥行业还没有现实成功案例，且投资非常高。

## 5.3　SNCR脱硝工艺设计原则和要求

### 5.3.1　设计合理的脱硝效率

国内外实践证明，在不考虑氨逃逸时，单独使用SNCR脱硝技术，脱硝效率可达50%以上。鉴于多年来国外水泥窑SNCR脱硝效率一般控制在30%～46%，因此，对于氮氧化物初始浓度较高的水泥窑，其脱硝效率可设计在60%左右；设计时增加喷枪数量，喷枪采取多层排布模式，单层喷枪布局应尽量避免在同一水平面；设备运行时尽量控制在50%以内的脱硝效率。

### 5.3.2　设计完善的工艺系统

当前，国内绝大多数水泥企业使用的SNCR脱硝工艺仅包含卸氨、储氨、氨水加注、氨水分配、PLC 控制系统等五大区域。在以上的 SNCR 脱硝工艺系统中，分配单元精细化程度仅占 43%，快速倒氨系统配置率更是不足三成，几乎没有可回收式废氨系统及均压系统，更没有温控系统。不完善的工艺系统虽然设备一次性投资低，但存在自动化程度低、安全等级低、系统运行成本高、二次污染严重等问题。仅二次污染产生的铵盐，就能使脱硝水泥生产线周围 10km 范围内空气颗粒物含量增加 40μg/m$^3$，必将加重“铵盐雨”带来的雾霾现象，无形中又给脱硝水泥企业周边环境带来了新的问题。

为彻底解决以上工艺系统不完善的问题，水泥企业应组织技术人员对 SNCR 脱硝技术方案和系统配置方案进行周密细致的审核，要求新建 SNCR 脱硝项目必须配备完善的脱硝工艺系统，除了包含卸氨、储氨、氨水加注、氨水分配单元外，还必须实现 DCS 自动化控制，同时要求配备可回收式废氨系统、均压系统及温控系统等。

### 5.3.3 使用规范的材质材料

传统 SNCR 脱硝设备主要包含常规化工行业的储氨系统、输氨系统以及脱硝领域特殊的分配控制系统。目前，SNCR 脱硝系统存在材质材料使用不规范的情况：①常规化工氨水系统设备材质以碳钢为主，引入化工技术相对薄弱的水泥行业后，设备材质大幅度增加了不锈钢的使用率，不锈钢使用率一度高达 60% 以上；②喷枪喷嘴材质规格不一，甚至有 316L 材质。

借鉴化工行业经验，建议采用经济可行的 SNCR 脱硝设备，如储存罐、管道等主体材质采用低合金钢；喷枪喷嘴使用耐高温材质，建议选用 310s 不锈钢。

### 5.3.4 规范安全的措施标准

在本标准制修订期间，编制组成员对已实施的部分脱硝水泥生产线进行了现场调研，总体表现出来的安全问题较为突出，最典型的就是氨水的存储方式和过度包装，SNCR 脱硝技术配备的安全措施有限。主要表现在：画蛇添足现象突出，作茧自缚严重，如将氨储存罐等储氨设备布置在密闭室内；企业对危险源标识不明，界区缺乏安全警示；输氨、输气等管道介质种类不详，工艺管道无标识；安全意识不够，防护措施不到位。要求设计单位及水泥脱硝企业必须重视脱硝安全防护工作的建设，安全措施的实施应不低于同等氨化工安全规范的要求。

### 5.3.5 严控还原剂的来源

当前，SNCR 脱硝还原剂主要为液氨、氨水、尿素，也有部分企业使用工业废氨水，如合成氨废氨水、煤化工废氨以及使用未经处理的低温甲醇洗废氨。为减少水泥脱硝产生的二次重金属污染，各脱硝企业应严格控制还原剂的品质，禁止向脱硝氨水中添加任何有毒有害物质，禁止使用未经处理的工业低温甲醇洗废氨、镀锌废氨等。

## 5.4　氮氧化物治理工程实例

### 5.4.1　2500～4500t/d 水泥窑脱硝工程实例

**实例 5-1：广西鱼峰水泥股份有限公司 2500t/d 窑尾烟气脱硝工程**

(1) 工程概述

广西鱼峰水泥股份有限公司 4#新型干法 2500t/d 水泥生产线实施了窑尾烟气脱硝技改项目，原窑尾烟气量为 310000Nm$^3$/h，$NO_x$ 排放浓度为 740mg/Nm$^3$。江苏科行集团公司为该生产线提供 1 套 SNCR 脱硝设备，采用选择性非催化还原的脱硝工艺，脱硝还原剂选用氨水。脱硝后氮氧化物排放浓度 ≤270mg/Nm$^3$（图 5-1）。

图 5-1　广西鱼峰 2500t/d 生产线窑尾烟气脱硝工程现场

（2）脱硝技术方案和工艺介绍

①工艺流程描述

还原剂为氨水的 SNCR 工艺系统由还原剂（氨水）储存系统、高倍流量循环模块（HFD 模块）、稀释计量模块、分配模块、背压模块（PCV 模块）、多层还原剂喷射装置和与之相匹配的控制仪表等组成。SNCR 工艺流程如图 5-2 所示。

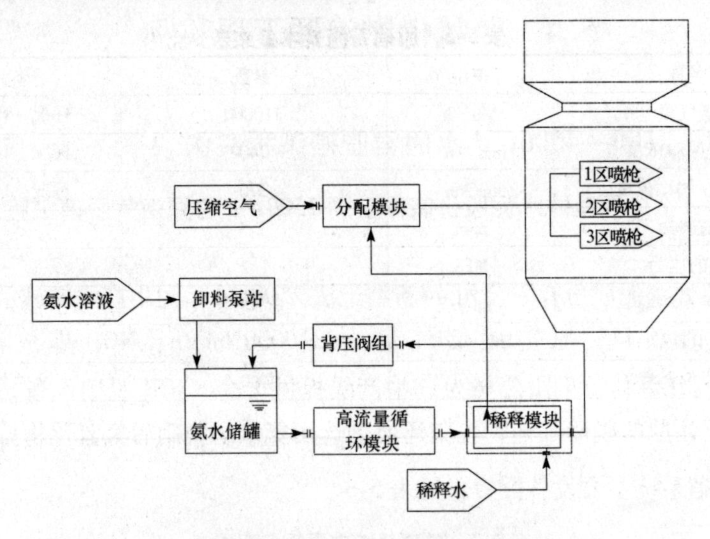


图 5-2　广西鱼峰 2500t/d 生产线窑尾烟气脱硝 SNCR 工艺流程图

本项目还原剂采用氨水（20%，质量分数），氨水采用罐车运送到厂区里并输送到储罐内。

储罐设有液位、温度、压力等显示和信号检测仪表，用于判定和系统报警。储罐采用一用一备设置方式；储罐出口通过软连接连接到高倍流量循环输送计量模块，该模块内设置的离心泵（一用一备）为脱硝系统还原剂提供输送动力，把 20% 的氨水输送到稀释计量模块内并稀释成 5% 的氨水溶液，该模块内设置电动开关阀和温度、压力、流量检测仪表和流量调节阀门，实现自动控制、检测和计量；经过稀释和计量的还原剂被管道输送到分配模块，经过分配模块将还原剂分配到每只喷枪。压缩空气通过主管气源连接到压缩空气储罐，经分配模块调压后通过盘管向每只喷枪供应压缩空气。以上控制通过中控控制界面控制和现场控制柜触摸屏控制实现两地控制。

②工艺布置

氨区布置在窑尾烟囱除尘器旁（离窑尾塔架 20m）。HFD 模块和稀释计量模块安装在氨区内，分配模块因体积较小，布置在窑尾塔架第 5 层平台上。脱硝控制柜就地放置在氨区内。

③氨区的土建结构

氨区采用钢筋混凝土轻质钢结构的结构型式，储罐四周砌1.2m的围堰，围堰上部采用彩钢瓦进行半封闭围挡。

（3）脱硝系统技术参数和系统配置表

①脱硝系统技术参数，见表5-2。

**表5-2　脱硝系统技术参数表**

| 名称 | 单位 | 参数 | 备注 |
|---|---|---|---|
| 烟气量 | $Nm^3/h$ | 310000 | 标况，10% $O_2$ |
| 初始 $NO_x$ 浓度 | $mg/Nm^3$ | 740 | 标况，10% $O_2$ |
| 排放后 $NO_x$ 浓度 | $mg/Nm^3$ | 270 | 标况，10% $O_2$ |
| 氨逃逸 | ppm | 3.5 | — |
| 泵的压力 | MPa | 1.2 | — |
| 稀释水耗量 | kg/h | 1200 | — |
| 电耗 | kW·h/h | 10 | — |
| 还原剂耗量 | kg/h | 400 | 20%氨水 |
| 吨熟料运行成本 | 元/t | 2.8 | — |

②脱硝系统主要设备配置，见表5-3。

**表5-3　脱硝系统主要设备配置表**

| 序号 | 设备（部件）名称 | 规格/型号 |
|---|---|---|
| 1 | 还原剂储罐 | 不锈钢304，$30m^3$，立式 |
| 2 | 还原剂卸料泵 | 不锈钢304，流量 $40m^3/h$，扬程30m，功率5.5kW，使用介质氨水 |
| 3 | 高倍流量循环泵 | 不锈钢304，流量 $2m^3/h$，扬程200m，带温控组件，变频电机防爆、防腐，功率3kW，使用介质氨水 |
| 4 | 稀释水泵 | 不锈钢304，流量 $2m^3/h$，扬程200m，带温控组件，变频电机防爆、防腐，功率3kW，使用介质氨水 |
| 5 | 双流体喷枪 | 进口组件，316 |
| 6 | 喷嘴 | 进口组件，316 |
| 7 | 电动开关阀 | 工作电压：AC 220V，带全开、全关限位开关，具有过力矩保护功能 |
| 8 | 电动调节阀 | 工作电压：AC 380V，带全开、全关限位开关，具有过力矩保护功能 |
| 9 | 磁翻板液位计带液位变送 | 量程：300～3500mm，中心距为3200mm，指示精度：±10mm，不锈钢，压力：0.5MPa；侧装式，连接法兰 DN25 RF，含配对法兰，适用于氨水20%，4～20mA. DC，二线制，防护等级：IP65 |

续表

| 序号 | 设备（部件）名称 | 规格/型号 |
|---|---|---|
| 10 | 一体化温度传感器 | 介质：氨水；测温范围：-20～100℃，插入深度500mm，配套连接法兰 DN32-PN16 PL RF（GB/T9119—2010），保护管材质0Cr18Ni9，外径ϕ12，带温度变送器，信号：4～20mA·DC两线制，防护等级：IP65 |
| 11 | 电磁流量计 | 有效量程：0～2$m^3$/h，不锈钢 RF 法兰 DN32，公称压力4.0MPa；四线制，带4～20mA·DC信号输出及HART协议；响应时间0.3s；介质：20%氨水；温度：60℃；电极材料316L |
| 12 | 压力变送器 | 量程：0～2.5MPa，二线制，4～20mA信号输出，带不锈钢双丝接头、对焊式异径活接头 M20-ϕ14；24V DC；氨用 |
| 13 | 氨泄漏检测仪 | 测量范围：0～100ppm，输出信号：4～20mA |
| 14 | 火警报警器 | YCD-GD-02 |
| 15 | 压缩空气计量表 | 计量精度±3%，LS-LUGB |
| 16 | PLC 控制柜 | S7-300，带DP接口，柜内主要元器件为西门子/施耐德，触摸屏为西门子 |

（4）采用的脱硝技术和产品的特点

本项目采用的是江苏科行公司和国内知名高校联合研发成功的选择性非催化还原技术，目前，此技术是水泥窑烟气脱硝的主流技术，主要特点如下。

①将整个脱硝系统的关键设备，按照工艺要求设计成模块，并在公司生产车间进行模块化生产和装配，既缩短了项目在工程现场的施工工期，又保证了一些关键设备的使用寿命。

②根据现场收集到的水泥窑工艺参数，建立分解炉内温度、浓度、速度等数值模拟平台（CFD），研究并分析此项目最佳的喷射位置。

③针对我国水泥熟料生产线的实际情况，研发了一套水泥窑脱硝用自动控制系统，在满足水泥窑 SNCR 系统自动启动、自动控制、故障自动检测的基础上，还设置了定流量模式和定排放模式等自动化控制程度极高的运行模式。不仅满足我国环保部门的有关要求，还为水泥窑脱硝系统保存各主要参数、历史数据等指标。

④能达到标准规定的排放要求，系统性能稳定，施工工期较短，运行成本低。

（5）脱硝系统运行情况

本脱硝系统自2013年7月份建成投运后，运行良好。

本项目依据实际熟料产量2800t/d，烟气量31万$Nm^3$/h，$NO_x$初始排放浓度平均值约为704mg/$Nm^3$，脱硝后$NO_x$最终排放浓度平均值≤270mg/$Nm^3$，每年减排1095t氮氧化物。

**实例5-2：汉中尧柏水泥有限公司2500t/d窑尾烟气脱硝工程**

（1）工程概述

汉中尧柏水泥有限公司2500t/d熟料水泥生产线实施了窑尾烟气脱硝项目，原窑尾烟气量为380000$Nm^3/h$，$NO_x$排放浓度为700$mg/Nm^3$（10% $O_2$）。西安西矿环保科技有限公司为该生产线提供1套SNCR脱硝设备，采用选择性非催化还原的脱硝工艺，脱硝还原剂选用25%（质量分数）的氨水。脱硝后氮氧化物排放浓度≤280$mg/Nm^3$。

（2）脱硝技术方案和工艺介绍

SNCR工艺流程如图5-3所示。

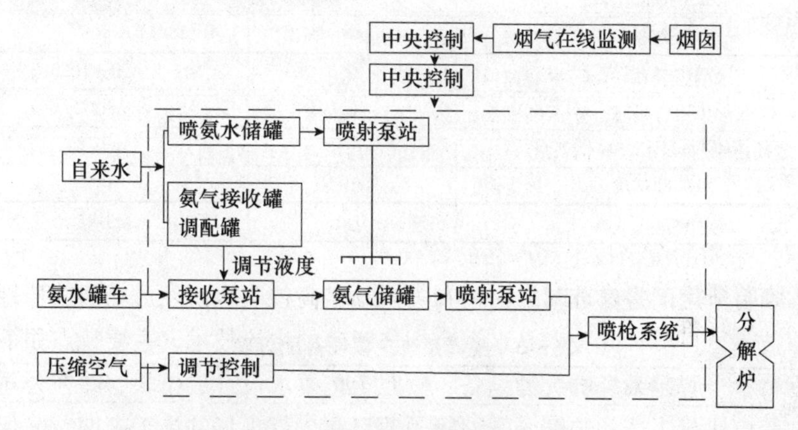


图5-3　汉中尧柏2500t/d熟料水泥生产线窑尾烟气脱硝SNCR工艺流程图

本脱硝项目的施工现场照片如图5-4所示。

图5-4　汉中尧柏2500t/d生产线窑尾烟气脱硝工程施工现场

(3) 脱硝系统技术参数和系统配置表

①脱硝系统技术参数，见表5-4。

**表5-4　脱硝系统技术参数表**

| 名称 | 单位 | 参数 |
|---|---|---|
| 水泥窑规模 | t/d | 2500 |
| 实际生熟料产量 | t/d | 2500 |
| 燃料类型 | — | 煤 |
| 标况烟气量 | $Nm^3/h$ | 380000 |
| 分解炉内 $NO_x$ 浓度 | $mg/Nm^3$ | 700 |
| 脱硝后 $NO_x$ 排放浓度 | $mg/Nm^3$ | ≤280 |
| SNCR 脱氮效率 | % | ≥60 |
| 氨逃逸 | $mg/Nm^3$ | ≤8 |
| 分解炉内温度 | ℃ | 850~1050 |
| 年运行小时 | h | 8000 |
| 脱硝还原剂-氨水25%消耗量 | kg/h | 480.82 |
| $NO_x$ 削减量 | t/a | 1277 |
| 吨熟料运行成本 | 元/t | 3.45 |

②脱硝系统主要设备配置，见表5-5。

**表5-5　脱硝系统主要设备配置表**

| 编号 | 设备材料名称 | 数量 | 备注 |
|---|---|---|---|
| 1 | 还原剂接收与制备设备 | | |
| 1.1 | 氨水接收泵 | 1套 | 化工防腐泵，不锈钢 |
| 1.2 | 阀组 | 1套 | 304 |
| 1.3 | 法兰，管件 | 1套 | 304 |
| 2 | 储存设备 | | |
| 2.1 | 氨水储存罐 | 1台 | 防腐，卧式 |
| 2.2 | 氨水吸收罐 | 1台 | 防腐 |
| 2.3 | 清水罐 | 1台 | 防腐 |
| 2.4 | 排污球阀 | 1套 | 304 |
| 2.5 | 温度变送器 | 1套 | — |
| 2.6 | 液位变送器 | 1套 | PN16 |
| 2.7 | 出口闸阀 | 1套 | 304 |
| 2.8 | 进水球阀 | 1套 | 304 |
| 3 | 还原剂喷射设备 | | |
| 3.1 | 还原剂喷射计量泵 | 1套 | 不锈钢 |

续表

| 编号 | 设备材料名称 | 数量 | 备注 |
|---|---|---|---|
| 3.2 | 阀组 | 1套 | 304 |
| 3.3 | Y型过滤器 | 1套 | PN16 |
| 3.4 | 法兰，管件 | 1套 | 304 |
| 3.5 | 液体压力变送器 | 1套 | PN16 |
| 3.6 | 气体压力变送器 | 1套 | PN16 |
| 3.7 | 电磁流量计 | 1套 | DN25 PN16 |
| 4 | 脱硝喷枪设备 | | |
| 4.1 | 喷枪 | 4支 | 耐热不锈钢喷头 |
| 4.2 | 附件 | 4套 | 配套件 |
| 4.3 | 管路 | 1套 | 满足喷枪使用条件 |
| 4.4 | 喷枪套管 | 4套 | 满足脱硝使用效率数量 |
| 5 | 废液回收设备 | | |
| 5.1 | 自吸泵 | 1套 | 安装在废液池外 |
| 5.2 | 配套阀门 | 1套 | 304 |
| 6 | 电气及自动化设备材料 | | |
| 6.1 | 变频器柜 | 1套 | — |
| 6.2 | PLC组件柜 | 1套 | — |
| 6.3 | 计算机及网络 | 1套 | — |
| 6.4 | 电缆及桥架 | 1套 | — |
| 7 | 环境喷淋设备 | | |
| 7.1 | 环境喷淋装置 | 1套 | 布置于储罐上方 |
| 7.2 | 清水喷淋泵及配套阀组 | 1套 | — |
| 7.3 | 环境氨气浓度监测报警仪 | 1套 | 环境监测 |
| 7.4 | 洗眼器 | 1套 | 安全防护 |
| 7.5 | 喷淋花洒 | 1套 | 安全防护 |
| 7.6 | 废液池 | 1套 | 防水防腐处理 |

（4）采用的脱硝技术和产品的特点

①采用SNCR选择性非催化还原脱硝技术，可以减少氮氧化物排放40%～70%。按不同的脱氮成本可实现氮氧化物排放200～400mg/$Nm^3$的连续控制，满足不同阶段的环保标准的持久性适应需求。

②脱硝集成技术。窑尾分级燃烧和SNCR相结合的脱硝集成技术，可减少氮氧化物排放50%～70%，能够满足高标准的环保要求。可以有效控制运行

成本，既发挥分级燃烧的无运行成本增加优势，同时也发挥SNCR高效脱氮的目标要求。还原剂综合消耗量低，运行成本小。

③自动化程度高。电控系统采集生产线的氮氧化物浓度信号，可根据生产线的负荷情况，自动调整还原剂喷射量大小，可以在无人值守的情况下，维持氮氧化物稳定的排放量。设有完备的DCS系统，随时可以观察到设备运行的各项指标。

④采用安全防护技术。贯彻“预防为主，防消结合”方针，按有关消防设计规程、规范及规定的要求进行脱氮技改工程的消防系统设计。根据新增设施及建筑特点，设置相应的防火措施及必要的灭火设施，以保障人身和设备安全。同时，消防系统的设计力求技术先进、性能可靠、使用方便、经济合理。

（5）脱硝系统运行情况

本项目脱硝系统于2013年2月完工后投入运行，投运后运行情况良好，脱硝后$NO_x$最终排放浓度平均值≤280mg/Nm³。在系统脱硝效率为60%时，每年可减少氮氧化物排放1277t以上，为企业和当地带来了良好的环境效益。

**实例5-3：北京太行前景水泥有限公司3200t/d窑尾烟气脱硝工程**

（1）工程概述

北京太行前景水泥有限公司为北京金隅集团下属的一家大型水泥生产企业，该公司现有一条日产3200t熟料的新型干法水泥生产线，为响应国家及行业氮氧化物减排要求，对新型干法3200t/d水泥生产线实施窑尾烟气脱硝技改项目，江苏科行集团公司为该生产线提供1套SNCR脱硝系统，采用选择性非催化还原的脱硝工艺（SNCR），还原剂选用尿素和氨水。水泥窑原生产工艺参数见表5-6。

**表5-6　水泥窑原生产工艺参数表**

| 主要工艺与生产参数 | 单位 | 参数 | 备注 |
|---|---|---|---|
| 设计熟料产量 | t/d | 3200 | 实际3500 |
| 分解炉型式 | — | TSD | — |
| 燃料类型 | — | 煤 | — |
| 分解炉烟气体积流量（wet，Nm³/h） | Nm³/h | 380000 | 10% $O_2$ |
| 分解炉内烟气温度 | ℃ | >870 | — |
| C1出口含氧量（$O_2$） | Vol-% | 3 | — |
| C1出水率量 | Vol-% | 6 | — |
| 初始设计$NO_x$排放浓度（10% $O_2$，dry） | mg/Nm³ | 650 | — |
| 年运行时间 | h | 8000 | — |

（2）脱硝技术方案和工艺介绍

①工艺流程描述

该项目中 SNCR 主要由尿素制备系统、还原剂输送及储存系统、高倍流量循环模块（HFD 模块）、稀释计量模块、分配模块、喷射系统、控制系统及烟气检测系统等组成。

皮带输送机把尿素颗粒输送到尿素溶解罐里进行溶解，尿素输送泵把尿素溶液或氨水溶液打入还原剂储罐；储罐里的尿素溶液或氨水溶液经高倍流量循环模块（HFD）里的变频泵，输送到稀释计量模块（MM）；启动稀释计量模块里的泵，稀释成 20% ~30% 的尿素溶液或 5% 的氨水溶液；然后把稀释好的尿素溶液或是氨水溶液输送到分配模块里；在压缩空气的作用下，把进入喷枪的尿素和氨水溶液，喷射入分解炉内。该项目 SNCR 尿素/氨水工艺流程如图 5-5 所示，烟气脱硝控制系统操作画面如图 5-6 所示。

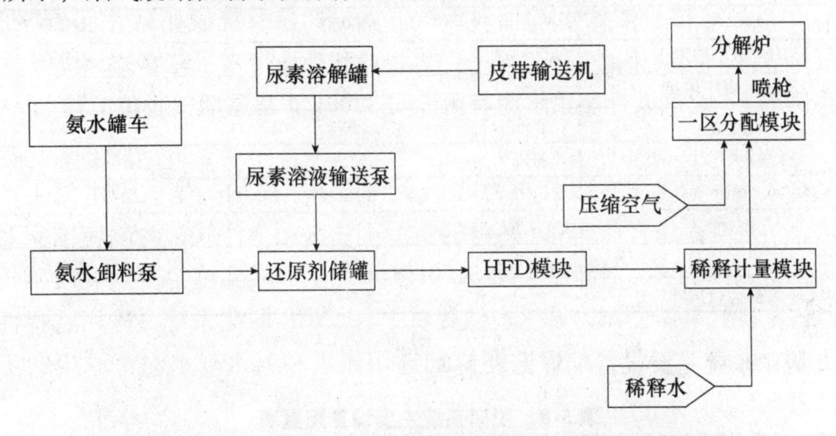


图 5-5　北京太行前景水泥公司 3200t/d 窑尾烟气脱硝 SNCR 尿素/氨水工艺流程图

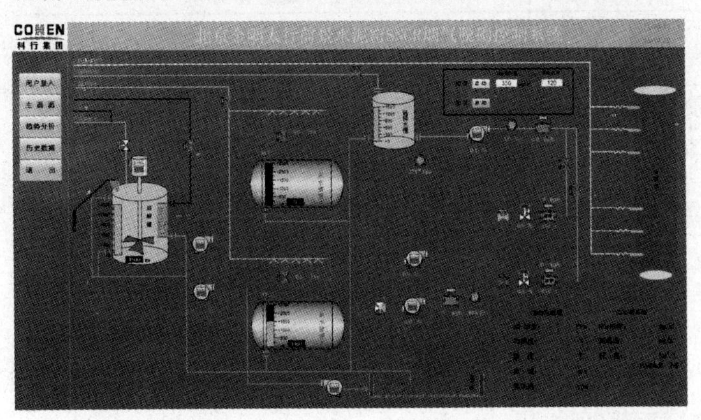


图 5-6　北京太行前景水泥公司 3200t/d 窑尾烟气脱硝控制系统操作画面

②工艺布置

尿素溶液制备和 HFD 模块放置在窑尾塔架下面的房子里，还原剂储罐放置在窑尾塔架旁边，稀释计量模块放置在窑尾塔第二层平台上，分配计量模块放置在窑尾塔第三层和第四层平台上。脱硝控制柜放置在水泥厂窑尾电气室内。

③氨区的土建结构

氨区采用钢筋混凝土轻质钢结构的结构型式，储罐四周砌 1.2m 的围堰，四周开放式。

(3) 脱硝系统技术参数和系统配置表

①脱硝系统技术参数见表 5-7。

**表 5-7 脱硝系统技术参数**

| 名称 | 单位 | 参数 | 备注 |
|---|---|---|---|
| 烟气量 | $Nm^3/h$ | 380000 | 标况，10% $O_2$ |
| 初始 $NO_x$ 浓度 | $mg/Nm^3$ | 650 | 标况，10% $O_2$ |
| 排放后 $NO_x$ 浓度 | $mg/Nm^3$ | 300 | 标况，10% $O_2$ |
| 氨逃逸 | ppm | 3 | — |
| 泵的压力 | MPa | 1.5 | — |
| 溶解水/稀释水耗量 | kg/h | 1186 | — |
| 电耗 | kW·h/h | 12 | — |
| 还原剂耗量 | kg/h | 456 | 18%氨水 |
| 吨熟料运行成本 | 元/t | 2.57 | — |

②脱硝系统主要设备配置见表 5-8。

**表 5-8 脱硝系统主要设备配置表**

| 序号 | 设备（部件）名称 | 规格/型号 | 备注 |
|---|---|---|---|
| 1 | 皮带输送机 | 带速：0.5m/s；输送量：5t/h；角度：45°，提升高度：3830mm；涡轮减速电机功率：0.75kW | — |
| 2 | 尿素溶解罐 | 立式，不锈钢，有效容积 $6m^3$，含不锈钢蒸汽盘管 | — |
| 3 | 尿素搅拌器 | 减速电机：RF67-Y3-15.91-M4，3kW；输出转速：91r/min；搅拌器材质：不锈钢 | — |
| 4 | 尿素溶液输送泵 | 电机功率：7.5kW；流量：$44m^3/h$；扬程：28m | — |
| 5 | 磁翻板液位计带液位变送 | 量程：0～1500mm，压力：0.5MPa；侧装式，4～20mA. DC，二线制，防护等级：IP65 | 尿素溶解罐用 |
| 6 | 氨水卸载泵 | 电机功率：7.5kW；流量：$44m^3/h$；扬程：28m | — |
| 7 | 还原剂储罐 | 卧式，$30m^3$/个，钢衬塑 | — |
| 8 | 磁翻板液位计带液位变送 | 量程：0～2500mm，压力：0.5MPa；侧装式，4～20mA. DC，二线制，防护等级：IP65 | 还原剂储罐用 |

续表

| 序号 | 设备（部件）名称 | 规格/型号 | 备注 |
|---|---|---|---|
| 9 | 氨泄漏检测仪 | 测量：0～100ppm，18～28V·DC，输出信号4～20mA，四线制 | — |
| 10 | 多级离心泵 | 电机功率：4kW；流量：$4m^3/h$；扬程：152m | — |
| 11 | 电磁流量计 | 量程：$0\sim5m^3/h$，四线制，带4～20mA·DC信号输出及HART协议；响应时间0.3s；温度：60℃ | — |
| 12 | 压力变送器 | 量程：0～2.5MPa，二线制，4～20mA信号输出；24V·DC | — |
| 13 | 稀释水多级离心泵 | 型号：25DFCL2-200；电机功率：2.2kW；流量：$2m^3/h$；扬程：150m | — |
| 14 | 双流体喷枪 | 进口组件，316 | — |
| 15 | 喷嘴 | 进口组件，316 | — |
| 16 | 在线检测分析仪（CEMS） | $NO_x$：红外吸收法；测量范围：$0\sim1500mg/Nm^3$<br>$O_2$：电化学法；测量范围：0～25%；<br>流量：威力巴；0～50万$Nm^3/h$；<br>温度0～400℃ | $NO_x$、$O_2$、温度、流量 |
| 17 | 氨逃逸分析仪 | 检测型式激光对射，信号输出4～20mA，0～200ppm（精度0.5） | — |
| 18 | 电动开关阀 | 工作电压：AC 220V，带全开、全关限位开关，具有过力矩保护功能 | — |
| 19 | 电动调节阀 | 工作电压：AC 380V，带全开、全关限位开关，具有过力矩保护功能 | — |
| 20 | PLC控制柜 | S7-300，柜内主要元器件为西门子/施耐德 | — |

（4）采用的脱硝技术和产品的特点

同广西鱼峰项目脱硝系统的相关介绍。

（5）脱硝系统运行情况

本项目脱硝系统2012年底建成投运后，运行效果良好。本项目的现场照片如图5-7、图5-8所示。

图5-7 脱硝项目现场照片（一）

图5-8 脱硝项目现场照片（二）

本项目依据实际熟料产量3500t/d，烟气量38万$Nm^3/h$，$NO_x$初始排放浓度平均值约为 650mg/Nm$^3$，脱硝后 $NO_x$ 最终排放浓度平均值≤300mg/Nm$^3$，每年减排 1000t 氮氧化物。

**实例 5-4：陕西金龙水泥有限公司 3200t/d 窑尾烟气脱硝工程**

（1）工程概述

陕西金龙水泥有限公司 3200t/d 熟料水泥生产线实施了窑尾烟气脱硝项目，生产线实际熟料产量 3300t/d，原窑尾烟气量为 350000Nm$^3$/h，$NO_x$ 排放浓度为 700mg/Nm$^3$（10% $O_2$）。西安西矿环保科技有限公司为该生产线提供 1 套 SNCR 脱硝设备，采用选择性非催化还原的脱硝工艺，脱硝还原剂选用 10% 的尿素溶液。脱硝后氮氧化物排放浓度≤280mg/Nm$^3$。

（2）脱硝技术方案和工艺介绍

本脱硝工程采用尿素作为还原剂，首先使用斗式提升机将尿素颗粒与热水混合制备成质量浓度约 10% 的尿素溶液，储存于尿素溶液罐中，再通过雾化喷射系统直接喷入分解炉合适温度区域（850～950℃），雾化后的氨与 $NO_x$（NO、$NO_2$ 等混合物）进行选择性非催化还原反应，将 $NO_x$ 转化成无污染的 $N_2$ 和 $H_2O$。本项目脱硝系统工艺流程简图如图 5-9 所示。

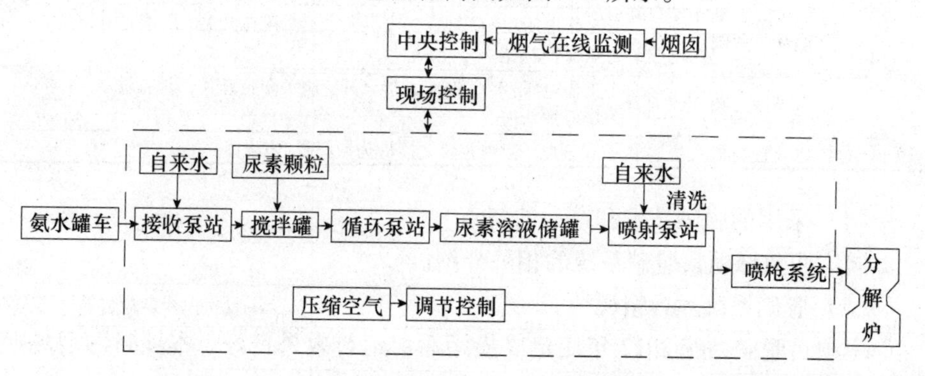


图 5-9　陕西金龙水泥公司 3200t/d 窑尾烟气脱硝工艺流程图

（3）脱硝系统技术参数和系统配置表

①脱硝系统技术参数，见表 5-9。

**表 5-9　脱硝系统技术参数表**

| 名称 | 单位 | 参数 |
|---|---|---|
| 水泥窑规模 | t/d | 3200 |
| 实际生熟料产量 | t/d | 3300 |
| 燃料类型 | — | 煤 |
| 标况烟气量 | Nm$^3$/h | 350000 |

续表

| 名称 | 单位 | 参数 |
|---|---|---|
| 分解炉内 $NO_x$ 浓度 | $mg/Nm^3$ | 700 |
| 脱硝后 $NO_x$ 排放浓度 | $mg/Nm^3$ | ≤280 |
| SNCR 脱氮效率 | % | ≥60 |
| 氨逃逸 | $mg/Nm^3$ | ≤10 |
| 分解炉内温度 | ℃ | 850～1050 |
| 年运行小时 | h | 8000 |
| 脱硝还原剂-氨水25%消耗量 | kg/h | 167.47 |
| $NO_x$ 削减量 | t/a | 1176 |
| 吨熟料运行成本 | 元/t | 3.08 |

②脱硝系统主要设备配置，见表5-10。

**表5-10　系统主要设备配置表**

| 编号 | 部件名称 | 数量 | 备注 |
|---|---|---|---|
| 1 | 还原剂制备与储存系统设备 | | |
| 1.1 | 氨水储存罐 | 1台 | 卧式，防腐 |
| 1.2 | 尿素储罐 | 1台 | 立式，带加热装置 |
| 1.3 | 清/热水储罐 | 1台 | 立式，带加热装置 |
| 1.4 | 制备罐 | 1台 | 立式，带加热装置 |
| 1.5 | 氨接收泵站 | 1台 | — |
| 1.6 | 循环泵站 | 1台 | — |
| 1.7 | 排空泵站 | 1台 | — |
| 1.8 | 斗式提升机 | 1台 | 输送尿素颗粒装置 |
| 1.9 | 排污球阀 | 1套 | 304 |
| 1.10 | 温度变送器 | 1套 | — |
| 1.11 | 液位变送器 | 1套 | — |
| 1.12 | 出口闸阀 | 1套 | 304 |
| 1.13 | 进水球阀 | 1套 | 304 |
| 1.14 | 累计流量计 | 1套 | 防腐 |
| 2 | 还原剂供应系统设备 | | |
| 2.1 | 还原剂喷射泵 | 2台 | 防腐，用1备1 |
| 2.2 | 阀组 | 1套 | 304 |
| 2.3 | 过滤器 | 1套 | — |

续表

| 编号 | 部件名称 | 数量 | 备注 |
| --- | --- | --- | --- |
| 2.4 | 法兰，管件 | 1套 | 304 |
| 2.5 | 液体压力变送器 | 1套 | — |
| 2.6 | 气体压力变送器 | 1套 | — |
| 2.7 | 电磁流量计 | 1套 | — |
| 3 | 喷枪系统设备 | | |
| 3.1 | 喷枪 | 8支 | 耐高温，用6备2 |
| 3.2 | 附件 | 8套 | 配套件 |
| 3.3 | 管路 | 1套 | 满足喷枪使用条件 |
| 3.4 | 喷枪套管 | 6套 | 满足脱硝使用效率数量 |
| 4 | 电气系统设备 | | |
| 4.1 | 现场电气控制 | 1套 | 西门子/ABB等知名品牌 |
| 4.2 | 中控操作站 | 1套 | 研华等国内知名品牌 |
| 5 | 环境喷淋设备 | | |
| 5.1 | 环境喷淋装置 | 1套 | 布置于储罐上方 |
| 5.2 | 环境氨气浓度监测报警仪 | 1台 | 环境监测 |
| 5.3 | 洗眼器 | 1套 | 安全防护 |
| 5.4 | 喷淋花洒 | 1套 | 安全防护 |
| 5.5 | 废液池 | 1个 | 防水防腐处理 |
| 5.6 | 自吸泵 | 1台 | — |

（4）采用的脱硝技术和产品的特点

技术特点同“汉中尧柏2500t/d水泥生产线窑尾烟气脱硝工程”的相关介绍。

本项目采用尿素溶液为还原剂，它具有来源广泛、无毒无害、易于储存等特点，更适合氨水运输较远地区的工程。

（5）脱硝系统运行情况

本项目脱硝系统于2013年9月完工后投入运行，投运后运行情况良好，脱硝后$NO_x$最终排放浓度平均值≤280mg/Nm$^3$。在系统脱硝效率为60%时，每年可减少氮氧化物排放1176t以上，为企业和当地带来了良好的环境效益。

陕西金龙水泥3200t/d窑尾烟气脱硝系统运行现场如图5-10、图5-11所示。

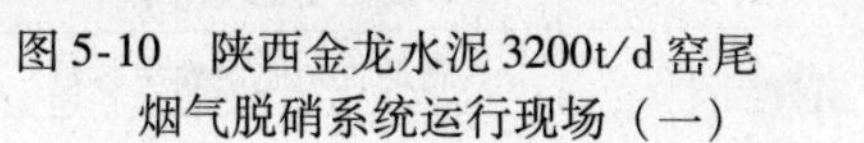

图5-10　陕西金龙水泥3200t/d窑尾烟气脱硝系统运行现场（一）

图5-11　陕西金龙水泥3200t/d窑尾烟气脱硝系统运行现场（二）

**实例5-5：北方水泥集团德全汪清水泥有限公司4000t/d熟料生产线脱硝工程**

（1）工程概述

德全水泥集团汪清水泥有限责任公司拥有一条设计规模为4000t/d新型干法熟料生产线，水泥窑实际熟料产量为4500～6000t/d，窑尾烟气量为3.5～4.2×$10^5$ $Nm^3$/h，预热器出口温度320℃，原烟气中的$NO_x$浓度为1000mg/$Nm^3$。

合肥水泥研究设计院资源与环境科技公司以EPC型式承接了北方水泥德全汪清水泥有限公司脱硝工程，本脱硝工程采用“低氮燃烧+选择性非催化还原法SNCR”工艺路线。脱硝后氮氧化物排放浓度<300mg/$Nm^3$。

（2）脱硝技术方案和工艺介绍

针对生产线工艺和烟气中初始氮氧化物浓度高的特点，脱硝工程方案采用“低氮燃烧技术（LNB）+选择性非催化还原法（SNCR）”方案。该生产线脱硝系统设计参数见表5-11。

**表5-11　德全汪清水泥有限公司熟料生产线脱硝系统设计参数**

| 序号 | 设计参数 | 项目 | 单位 | 数值 |
| --- | --- | --- | --- | --- |
| 1 | 脱硝工程设计基础参数 | 预热器烟气流量（标况） | $Nm^3$/h | 350000～420000 |
| 2 | | 预热器出口温度 | ℃ | 约900 |
| 3 | | 烟气温度（C1筒出口） | ℃ | 320 |
| 4 | | C1出口烟气中$O_2$ | % | 0.5～2 |
| 5 | | C1筒出口静压 | Pa | 约-6000 |
| 6 | | 原始烟气$NO_x$浓度（以$NO_2$计，标况，10%$O_2$） | mg/$Nm^3$ | 1000 |
| 7 | | 窑系统年运转时间 | h | 8000 |

续表

| 序号 | 设计参数 | 项目 | 单位 | 数值 |
|---|---|---|---|---|
| 8 | 脱硝工程指标参数 | 脱硝后烟气 $NO_x$ 浓度（以 $NO_2$ 计，标况，10% $O_2$） | $mg/Nm^3$ | <400 |
| 9 | | 总脱硝效率 | % | >60 |
| 10 | | 低氮燃烧部分脱硝效率 | % | 20 |
| 11 | | SNCR 部分脱硝效率 | % | 50 |
| 12 | | $NH_3$ 逃逸 | ppm | 10 |
| 13 | | 脱硝系统年运转率 | % | >98 |
| 14 | | $NO_x$ 削减量 | t/a | 1552.3 |
| 15 | | 氨耗量（折 100%） | kg/h | <160 |
| 16 | | 氨水耗量（25%） | kg/h | <640 |
| 17 | | 压缩空气耗量 | $Nm^3/h$ | <240 |
| 18 | | 电耗 | kW·h/h | 20 |
| 19 | | 工艺水耗量 | t/h | <0.2 |

①采用低氮燃烧改造技术

本项目低氮燃烧改造采用空气分级燃烧方案，是将原有三次风管上加装一根脱氮风管，将部分三次风引至分解炉合适位置。改造内容包括：三次风管调整和改造、脱硝风管配置、高温闸阀控制系统、支撑和窑尾框架加固。分解炉空气分级燃烧改造示意如图 5-12所示。

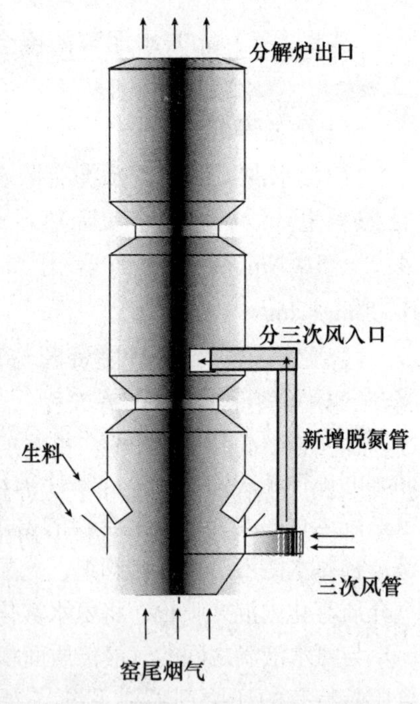

图 5-12　德全汪清公司分解炉空气分级燃烧改造示意图

②采用选择性非催化还原（SNCR）脱硝技术

选择性非催化还原（SNCR）系统采用20% ~25% 氨水（质量分数）作为还原剂，SNCR 工艺流程采用在窑尾设置高位氨水槽的两段式双循环布置（专利号：ZL201320145688.3），SNCR 系统主要设备均按模块化进行设计，主要包括氨水卸载、储存、输送模块；软水输送模块；氨水稀释、混合分配模块；还原剂计量模块；喷氨模块（C1 筒出口 $NO_x$、$NH_3$，烟囱出口 $NH_3$）；集中控制模块。

该项目 SNCR 系统流程示意图如图 5-13 所示。喷氨 SNCR 系统主要由氨水卸载，储存及加压系统，氨水的稀释混合，稀氨水分配调节，氨水雾化系统等组成。通过新增 CEMS 系统在线监测分解炉出口（C1 级筒出口和烟囱出口）$NO_x$

排放值，利用反馈系统自动调节和控制氨水喷射量，并通过氨逃逸在线监测仪表实时监测氨逃逸状况，整个SNCR脱硝系统实现全自动化运行。

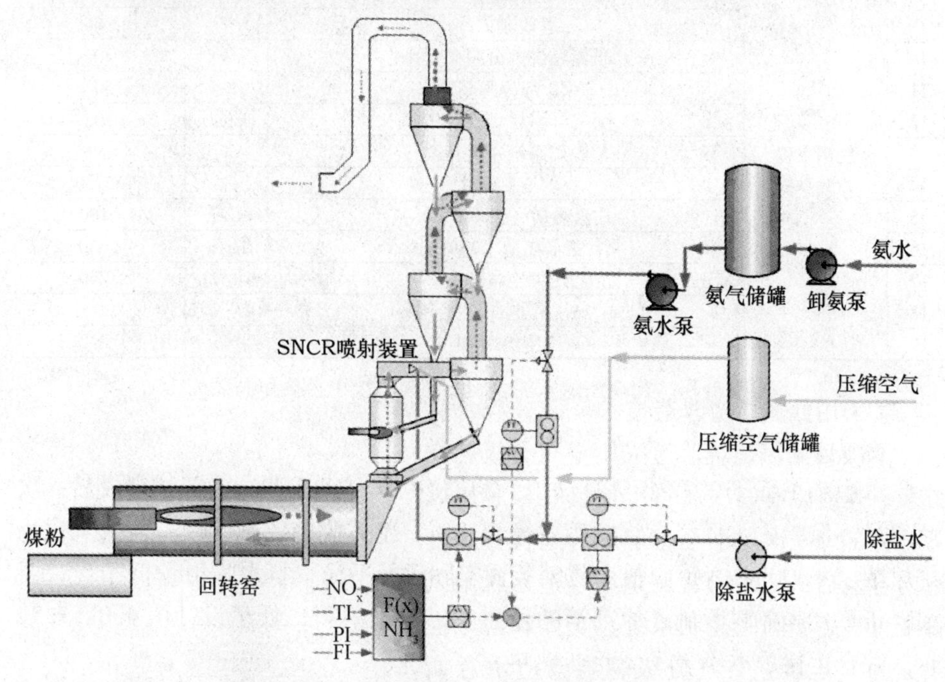


图5-13　德全汪清水泥公司SNCR脱硝系统流程示意图

利用离心泵将氨水槽罐车的氨水直接泵送到氨水储罐，氨水储罐溢出的氨气进入氨气吸收槽，吸收后流入稀释水罐。出氨水储罐的氨水经氨水泵（螺杆泵）组的加压、计量和控制后进入混合器。来自厂区的软水注入稀释水储罐，出稀释水储罐的稀释水经稀释水泵（螺杆泵）组的加压、计量和控制后进入混合器。根据窑系统运行工况，进入混合器的氨水和稀释水调配、混合成合适浓度的稀氨水溶液。稀氨水溶液进入控制阀组，分配到安装在分解炉上的喷枪组。喷雾系统采用空气介质雾化内混式喷枪，将氨水雾化成平均粒径为几十微米的细小液滴，增大烟气$NO_x$与氨水液滴之间的气液传质面积，加快反应速度，提高反应效率。本项目采用合肥院特有的还原剂喷射系统（专利号：ZL201320146604.5），共布置两层喷枪，喷枪围绕分解炉周向均布，每组设置6支喷枪，喷枪采用自动伸缩式设计，可根据工况控制喷射状态，实现喷枪组多种工作组态，以保证更高的脱硝效率。

该SNCR系统中控操作画面如图5-14所示。

（3）采用的脱硝技术和产品的特点

两种喷射角喷枪交错布置，有效降低了还原剂喷射死区；烟气流速高的区域是喷枪交错重叠区域，降低了$NH_3/NO$比的总体方差。

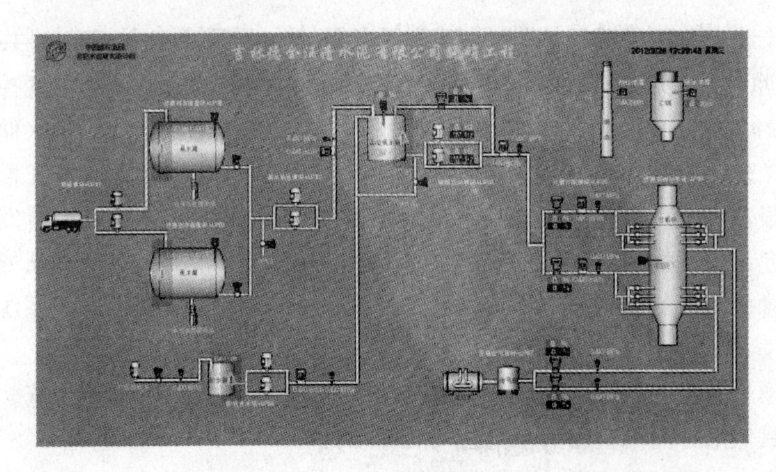

图 5-14　德全汪清水泥公司 SNCR 系统中控操作画面

（4）脱硝系统运行情况

本脱硝工程于 2012 年 7 月动工，2012 年 10 月完成调试，调试完成后一次性通过环保验收，低氮燃烧脱硝效率 >10%，整体脱硝效率 >60%，氮氧化物排放浓度 <300mg/Nm$^3$。整个脱硝装置实际运行平稳，氨水喷射量低于设计要求，折算到吨熟料脱硝还原剂消耗量为 2.97kg/t 熟料，低于设计值 4.0kg/t 熟料，综合运行成本小于 3.2 元/t 熟料。

德全汪清水泥公司 SNCR 系统运行现场如图 5-15 所示。

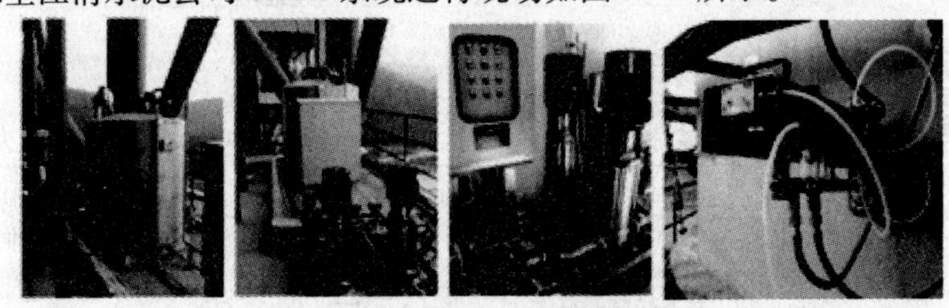

图 5-15　德全汪清水泥公司 SNCR 系统运行现场

**实例 5-6：铜陵上峰水泥股份有限公司 3#线 4500t/d 熟料生产线脱硝工程**

（1）工程概述

合肥水泥研究设计院资源与环境科技公司以 EPC 型式承接了铜陵上峰水泥股份有限公司 3#线 4500t/d 新型干法熟料生产线脱硝工程，本脱硝工程采用选择性非催化还原法（SNCR）工艺路线，脱硝后氮氧化物排放浓度 <300mg/Nm$^3$。

（2）脱硝技术方案和工艺介绍

本工程采用选择性非催化还原（SNCR）系统，还原剂采用 20% ~25% 氨水（质量分数）。根据工艺要求和熟料生产线现状，对还原剂储区做如下配置：生产线 SNCR 脱硝系统还原剂采用的氨水，设置单独储区，一共两座 50m$^3$ 氨水储罐（一用一备）的方案，同时本次 SNCR 工艺系统和电气控制系统预留 2#线 SNCR 脱硝系统接口，方便今后 2#线 SNCR 系统共用氨水储区以及 SNCR 系统的设计和安装。还原剂储区设置围堰、喷淋装置、氨气报警装置、洗眼器等安全措施。氨水罐为专业储罐容器厂家生产检测合格后发到现场，不允许现场加工。同时，在氨水储区设置清水罐，一是用来吸收从氨水罐呼吸阀排放出来的氨气，二是作为系统停机调试时使用，以及 SNCR 系统管道清洗冲洗水。

该项目 SNCR 工艺与“德全汪清水泥有限公司熟料生产线脱硝系统”基本相同，具体内容同德全汪清水泥公司脱硝项目。

该生产线脱硝系统设计参数见表 5-12。

**表 5-12　铜陵上峰水泥股份有限公司熟料生产线脱硝系统设计参数**

| 序号 | 设计参数 | 项目 | 单位 | 数值 | 备注 |
| --- | --- | --- | --- | --- | --- |
| 1 | 脱硝工程设计基础参数 | 预热器烟气流量（标况） | $Nm^3/h$ | 360000 | — |
| 2 | | 预热器出口温度 | ℃ | 约 900 | — |
| 3 | | 烟气温度（C1 筒出口） | ℃ | 320 | — |
| 4 | | C1 出口烟气中 $O_2$ | % | 0.5～2 | — |
| 5 | | C1 筒出口静压 | Pa | 约 -6000 | — |
| 6 | | 原始烟气 $NO_x$ 浓度（以 $NO_2$ 计，标况，10% $O_2$） | $mg/Nm^3$ | 600～800 | — |
| 7 | | 窑系统年运转时间 | h | 8000 | 330 天 |
| 8 | 脱硝工程指标参数 | 脱硝后窑尾烟囱处烟气 $NO_x$ 浓度（以 $NO_2$ 计，标况，10% $O_2$） | $mg/Nm^3$ | <320 | 满足水泥行业最新标准要求 |
| 9 | | 最大总脱硝效率 | % | >60 | — |
| 10 | | $NH_3$ 逃逸 | $mg/Nm^3$ | <10 | — |
| 11 | | 脱硝系统年运转率 | % | 100 | 与窑同步运行检修 |
| 12 | | $NO_x$ 削减量 | t/a | 1382 | — |
| 13 | | 氨耗量（折 100%） | kg/h | <180 | — |
| 14 | | 氨水耗量（25%） | kg/h | <720 | — |
| 15 | | 压缩空气耗量 | $Nm^3/h$ | <200 | — |
| 16 | | 电耗 | kW·h/h | 20 | 装机功率 |
| 17 | | 清水耗量 | t/a | <50 | 反冲洗 |

（3）采用的脱硝技术和产品的特点

该部分同“德全汪清水泥公司脱硝项目”的相关内容介绍。

（4）脱硝系统运行情况

本脱硝工程于2013年9月动工，2013年10月完成调试，调试完成后一次性通过环保验收，整体脱硝效率>60%，氮氧化物排放浓度<300mg/Nm³。目前，整套脱硝装置运行稳定，最低氮氧化物排放<250mg/Nm³，氨水喷射量低于设计要求，折算到吨熟料脱硝还原剂消耗量为3.5kg/t熟料，低于设计值4.2kg/t熟料，综合运行成本小于3.8元/t熟料。铜陵上峰水泥公司SNCR系统运行现场如图5-16所示。

图5-16　铜陵上峰水泥公司SNCR系统运行现场

## 5.4.2　5000t/d水泥窑脱硝工程实例

**实例5-7：福建漳平红狮水泥有限公司2×5000t/d窑尾烟气脱硝工程**

（1）工程概述

漳平红狮水泥有限公司是一家由红狮控股集团投资建设，以生产高强度等级水泥为主的大型民营企业。根据国家政策要求，在2012年下半年对公司拥有的两条新型干法5000t/d水泥生产线实施窑尾烟气脱硝技改项目，江苏科行集团公司为该生产线提供SNCR脱硝系统，采用选择性非催化还原的脱硝工艺（SNCR），还原剂选用氨水/尿素。水泥窑原生产工艺参数见表5-13。

**表5-13　水泥窑原生产工艺参数表**

| 序号 | 参数名称 | 单位 | 1#线参数 | 2#线参数 | 备注 |
|---|---|---|---|---|---|
| 1 | 生产规模 | t/d | 5000 | 4500 | 实际5500t/d |
| 2 | 燃料种类 | — | 主要燃料是煤 | | — |
| 3 | $NO_x$ 排放浓度 | mg/Nm³ | 760 | 780 | — |
| 4 | 烟气量（烟囱） | Nm³/h | 60000 | 60000 | 标况，10% $O_2$ |
| 5 | 烟气温度（烟囱） | ℃ | 130 | 130 | — |
| 6 | 烟气氧量 | % | 10.4 | 9.3 | — |

（2）脱硝技术方案和工艺介绍

①工艺流程描述

该项目中SNCR主要由尿素制备系统、还原剂输送及储存系统、高倍流量循环模块（HFD模块）、稀释计量模块、分配模块、喷射系统、控制系统及烟气检测系统等组成。

用电动葫芦把尿素颗粒输送到尿素溶解罐里，进行溶解，尿素输送泵把尿素溶液或氨水溶液打入还原剂储罐；储罐里的尿素溶液或氨水溶液经高倍流量循环模块（HFD）里的变频泵，分别输送到1#线和2#线的稀释计量模块（MM）；启动稀释计量模块里的泵，稀释成20%～30%的尿素溶液或是5%的氨水溶液；然后把稀释好的尿素溶液或是氨水溶液分别输送到各自的分配模块里；在压缩空气的作用下，把进入喷枪的尿素和氨水溶液，喷射入分解炉内。该项目SNCR脱硝工艺流程如图5-17所示。

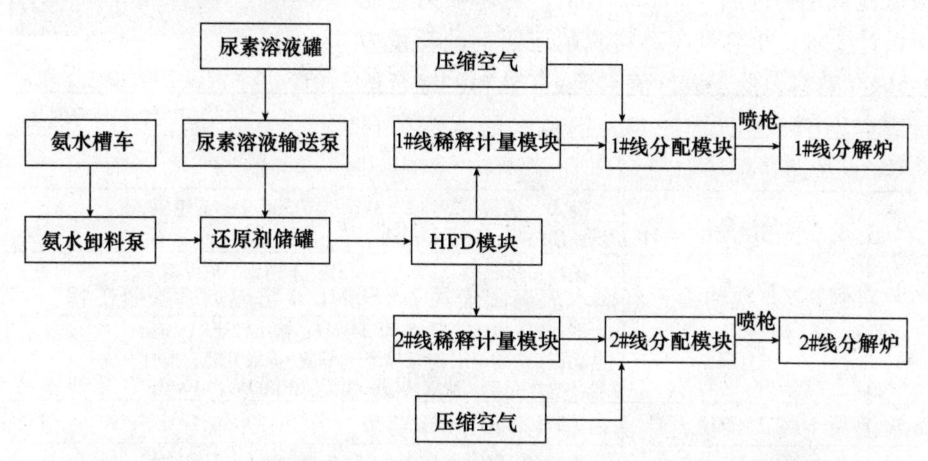


图5-17　福建漳平红狮水泥公司2×5000t/d窑尾烟气SNCR脱硝工艺流程图

②工艺布置

尿素溶液制备系统、HFD模块和稀释计量模块放置在窑尾塔架下面新建的钢结构房子里，还原剂储罐放置在窑尾塔架旁边新建的设备基础上，分配计量模块放置在窑尾塔的平台上。脱硝控制柜放置在氨区内部。

③氨区的土建结构

氨区采用钢筋混凝土轻质钢结构的结构型式，模块和尿素制备系统放置在四周封闭的钢构房子里，储罐四周砌1.2m的围堰，四周敞开式。

（3）脱硝系统技术参数和系统配置表

①脱硝系统技术参数，见表5-14。

表5-14　脱硝系统技术参数表

| 名称 | 单位 | 1#线参数 | 2#线参数 | 备注 |
|---|---|---|---|---|
| 烟气量 | $Nm^3/h$ | 600000 | 600000 | 标况，10% $O_2$ |
| 初始 $NO_x$ 浓度 | $mg/Nm^3$ | 760 | 780 | 标况，10% $O_2$ |
| 排放后 $NO_x$ 浓度 | $mg/Nm^3$ | 310 | 340 | 标况，10% $O_2$ |
| 氨逃逸 | ppm | 1.5 | 1.8 | — |

续表

| 名称 | 单位 | 1#线参数 | 2#线参数 | 备注 |
|---|---|---|---|---|
| 泵的压力 | MPa | 1.5 | 1.5 | — |
| 稀释水耗量 | kg/h | 2400 | 2310 | — |
| 电耗 | kW·h/h | 18 | — | — |
| 还原剂耗量 | kg/h | 800 | 770 | 20%氨水 |
| 吨熟料运行成本 | 元/t | 2.8 | 2.75 | — |

②脱硝系统主要设备配置，见表5-15。

**表5-15　脱硝系统主要设备配置表**

| 序号 | 设备（部件）名称 | 规格/型号 | 备注 |
|---|---|---|---|
| 1 | 尿素溶解罐 | 立式，不锈钢，有效容积18m³，含加热盘管 | — |
| 2 | 输送泵 | 卧式，扬程：29.8m，3kW，16.3m³/h；不锈钢，质保期一年，含一年配件 | — |
| 3 | 输送泵 | 扬程：25m，7.5kW，56m³/h；不锈钢，质保期一年，含一年配件 | — |
| 4 | 搅拌器 | 减速机：RF97-Y7.5-20.14-M4，输出转速71r/min 电动机：7.5kW，绝缘等级F，防护等级IP55，搅拌器：搅拌介质：尿素溶液；温度：0～80℃；不锈钢 | — |
| 5 | 还原剂储罐 | 钢衬塑，100m³，卧式 | — |
| 6 | 高倍流量循环泵 | 不锈钢304，流量2m³/h，扬程200m，带温控组件，变频电机防爆、防腐，功率4kW，使用介质氨水 | — |
| 7 | 稀释水泵 | 不锈钢304，流量2m³/h，扬程200m，带温控组件，变频电机防爆、防腐，功率4kW，使用介质氨水 | — |
| 8 | 双流体喷枪 | 进口组件，316 | — |
| 9 | 喷嘴 | 进口组件，316 | — |
| 10 | 电动开关阀 | 工作电压：AC 220V，带全开、全关限位开关，具有过力矩保护功能 | — |
| 11 | 电动调节阀 | 工作电压：AC 380V，带全开、全关限位开关，具有过力矩保护功能 | — |
| 12 | 磁翻板液位计带液位变送 | 法兰侧装式，法兰中心距2.9m，指示精度：±10mm,不锈钢，压力：0.5MPa；连接法兰DN25 RF，含配对法兰，适用于氨水20%，4～20mA.DC，二线制，防护等级：IP65 | — |
| 13 | 一体化温度传感器 | 介质：氨水；测温范围：-20～100℃，配套连接法兰DN32-PN16 PL RF(GB/T9119—2010)，保护管材质0Cr18Ni9，外径ϕ12，带温度变送器，信号：4～20mA DC两线制，防护等级：IP65 | — |
| 14 | 电磁流量计 | 有效量程：0～2m³/h，不锈钢RF法兰DN32，公称压力4.0MPa；四线制，带4～20mADC信号输出及HART协议；响应时间0.3s；介质：20%氨水；温度：60℃；电极材料316L | — |

续表

| 序号 | 设备（部件）名称 | 规格/型号 | 备注 |
| --- | --- | --- | --- |
| 15 | 压力变送器 | 量程：0~2.5MPa，二线制，4~20mA信号输出，带不锈钢双丝接头、对焊式异径活接头M20-φ14；24V DC；氨水 | — |
| 16 | 氨泄漏检测仪 | 测量范围：0~100ppm，输出信号：4~20mA | — |
| 17 | 在线检测分析仪（CEMS） | $NO_x$：红外吸收法；测量范围：0~1500mg/$Nm^3$，$O_2$：电化学法；测量范围：0~25%；流量：威力巴；0~50万$Nm^3$/h；温度0~400℃ | $NO_x$、$O_2$、温度、流量 |
| 18 | 氨逃逸分析仪 | 检测型式激光对射，信号输出4~20mA，0~200ppm（精度0.5） | — |
| 19 | PLC控制柜 | S7-300，柜内主要元器件为西门子/施耐德 | — |

（4）采用的脱硝技术和产品的特点

同广西鱼峰项目脱硝系统的相关介绍。

（5）脱硝系统运行情况

本脱硝系统2013年初建成投运后，运行效果良好。本项目的现场照片如图5-18、图5-19所示。

图5-18 脱硝项目现场照片（一）

图5-19 脱硝项目现场照片（二）

本项目两条生产线实际熟料产量共11000t/d（两条线），烟气量120万$Nm^3$/h（两条线），$NO_x$初始排放浓度平均值约为770mg/$Nm^3$，脱硝后$NO_x$最终排放浓度平均值≤340mg/$Nm^3$，每年减排约4000t氮氧化物。

**实例5-8：费县沂州水泥有限公司2×5000t/d水泥生产线脱硝工程**

（1）工程概述

2013年5月合肥丰德科技股份有限公司为费县沂州水泥有限公司2×5000t/d水

泥生产线脱硝项目提供FDAI-5000B双系列水泥窑尾专用SNCR脱硝工艺设备设计一台/套，基础土建部分由业主方完成。脱硝还原剂选用18%～25%wt的干净氨水或同等条件下的工业废氨水。氮氧化物原始浓度700～850mg/Nm³，脱硝后氮氧化物排放浓度分别达到280～300mg/Nm³和280～320mg/Nm³。

（2）脱硝技术方案和工艺介绍

①工艺流程描述（图5-20）

项目在两条生产线之间，靠近1#线侧设计还原剂储罐，还原剂储罐为2台80m³的立式罐。卸氨时，2台卸氨泵同时工作将氨水罐车内的氨水倒入储氨罐内。氨水输送泵设计3台（两用一备），脱硝设备正常运行时，1#泵经还原剂分配模块将氨水输送到1#窑分解炉进行脱硝，3#泵将通过管廊将氨水输送到2#窑，3#泵工作压力比1#泵高出0.1～0.12MPa。还原剂分配模块有自动控制和手动控制串级控制，经分配模块分离后，氨水与压缩空气分别进入喷枪的内外通道，经喷嘴雾化后进入分解炉与$NO_x$进行氧化还原反应。

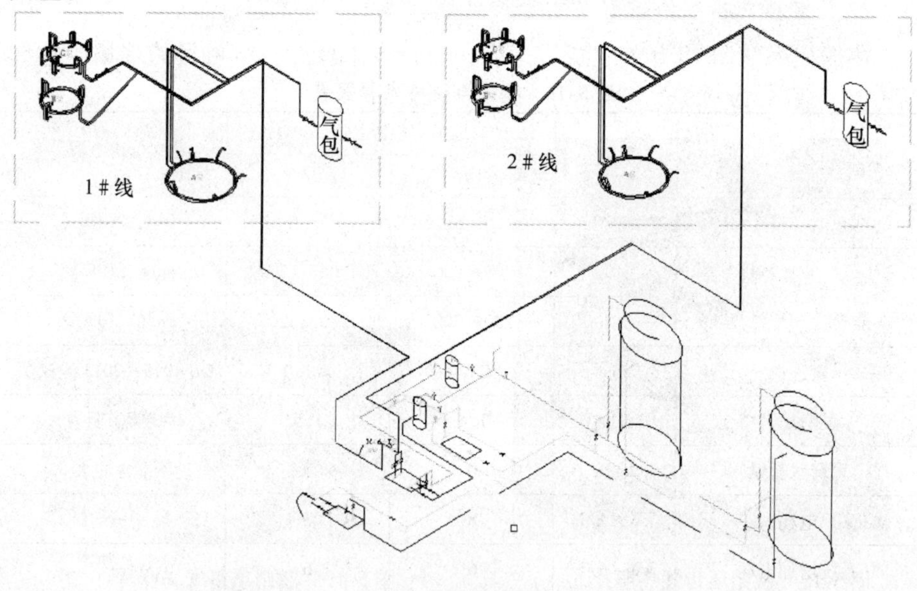


图5-20　FDAI-5000双系列脱硝工艺流程图

②工艺方案设计

a. 公共区域设计

公共区域负责还原剂储存及还原剂输送，本工程采用18%～25%wt的氨水为脱硝还原剂，外购氨水选用不小于20%wt氨水。设计2台立式氨水储罐，2台氨水卸料泵，以及3台氨水加注泵（两用一备）。

b. 独立区域设计

本项目还原剂喷射系统采用压缩空气将还原剂雾化喷入高温烟气中。喷枪为可伸缩式，喷枪外设风冷套管，采用压缩空气作为冷却风。

压缩空气系统设计两台压缩空气缓冲罐，每个缓冲罐体积为 $2m^3$，每条线设计一台，安放在对应分解炉喷射附近。

c. 仪表和控制系统

系统设有 PLC 控制和 DCS 集中控制，工况异常时能满足现场、中空等不同空间对设备进行调试的要求。

d. 其他设计

安全防护部分。在卸氨泵、氨水加注泵、喷射系统附近设有洗眼器，储氨罐围堰旁设有消防水管，设备或管道涂有明显指示色。

土建部分。储氨罐地面低于外围围堰，外围设防氨水泄漏围堰。内置雨水回收池及中水回收泵，将中水回收至中水回收管道。

（3）脱硝系统技术参数和系统配置表

①脱硝系统技术参数，见表 5-16。

**表 5-16　脱硝系统技术参数表**

| 名称 | 单位 | 参数 | | 备注 |
|---|---|---|---|---|
| | | 1# | 2# | |
| 烟气量 | $Nm^3/h$ | 56.8 | 58.6 | 标况，10% $O_2$ |
| 初始 $NO_x$ 浓度 | $mg/Nm^3$ | 700～800 | 700～850 | 标况，10% $O_2$ |
| 排放后 $NO_x$ 浓度 | $mg/Nm^3$ | 280～300 | 280～320 | 标况，10% $O_2$ |
| 氨逃逸 | ppm | ≤1.0 | ≤1.0 | GB 4915—2013 测试法 |
| 泵的压力 | MPa | 1.4 | 1.5 | 2#线管道阻力大 |
| 稀释水耗量 | kg/h | 0 | 0 | 不含冲水 |
| 电耗 | kW·h/h | 8 | 8 | — |
| 系统增加电耗 | kW·h/h | 6 | 6 | — |
| 还原剂耗量 | kg/h | 125.5 | 139.8 | 纯氨计 |
| 压缩空气消耗 | $m^3/h$ | 5.0 | 4.8 | 不含仪表用 |
| 吨熟料运行成本 | 元/t | 1.8～2.2 | 1.8～2.2 | 含设备折旧费 20 年计 |

②脱硝系统主要设备配置，见表 5-17。

**表 5-17　脱硝系统主要设备配置表**

| 序号 | 设备名称 | 规格 | 数量 | 品牌 |
| --- | --- | --- | --- | --- |
| 1 | 氨水储罐 | $80m^3$，304 不锈钢，立式 | 2 | 丰德科技 |
| 2 | 卸氨泵 | 自吸式 $40m^3/h$，不锈钢 | 2 | 大连第二耐腐蚀泵厂 |
| 3 | 喷射泵 | 多级离心式，流量：$2m^3/h$，材质：304 | 4 | 丹麦 |
| 4 | 喷枪 | 双流体，310S，法兰可拆卸，在线维修 | 20 | 丹麦 |
| 5 | 工作机 | 22 英寸，液晶，4 核 | 1 | 戴尔 |
| 6 | 储气罐 | $2m^3$，1.6MPa，碳钢 | 2 | 丰德科技 |
| 7 | 附件 | 支腿，管道，软管、阀门、仪表灯 | 1 | 丰德科技 |
| 8 | 现场操作箱 | 控制柜、现场开关 | 1 | 丰德科技 |
| 9 | 控制系统 | PLC，DCS | 1 | 丰德科技 |
| 10 | 空压机 | $0.5m^3/min$，0.5～0.8MPa | 1 | 业主自备 |
| 11 | $NO_x$ 检测仪 | 激光式，0～1000ppm | 2 | ABB |
| 12 | 氨逃逸表 | 0～100ppm | 1 | 业主自备 |

（4）脱硝技术品的特点

①采用一系列针对性技术

水泥窑尾 SNCR 脱硝技术特殊保护设计涉及氨泄漏的控制、喷枪维护保养、炉壁耐火砖的保护、喷枪及管路防堵塞等，并应用公司专利技术，对围绕上述目的采用了一系列的针对性技术。具体有：

a. 快速倒氨系统的设计与应用，有效控制了单一储氨罐的氨泄漏污染问题；

b. 高温气流冲洗方案的设计，有效解决了喷枪及管路防的结晶堵塞；

c. 喷枪的特殊安装，起到了保护炉壁耐火砖的目的；

d. 分区分层喷枪的布置，实现了喷枪的在线保养。

②利用部分公用设施，节省项目投资

两条线公共部分集中到一起，喷氨泵富裕量均按照 100% 设计，可节约喷射泵的备泵一台；两台氨罐集中在一起，可分别存放不同浓度氨水，使用时直接勾兑，节约还原剂稀释罐。

③脱硝起点低，还原剂利用率高

当地执行现有企业水泥脱硝标准，设备上有低氮燃烧，预脱除一部分氮氧化物，至 SNCR 脱硝时 $NO_x$ 仅在 550～$650mg/Nm^3$ 水平，SNCR 脱硝只需提供设计值 50% 的效率，即可实现氮氧化物达标排放。还原剂有效利用率比常规 SNCR 脱硝设备有效利用率高出 5%～15%。

④实现对废弃物的协同处理

该企业的兄弟公司中有煤化工项目，煤化工废氨水经浓缩后直接输送至水泥窑脱硝，节省运行费用。本系统设计利用煤化工废氨水脱硝，实现协同处理废弃物。

⑤脱硝成本低

项目使用煤化工废氨，价格可比同类干净氨水节约 50% 左右，吨熟料脱硝成本降低 30% 以上，因产品环保成本明显降低，从而大幅有效提升了企业产品的市场竞争优势。

(5) 脱硝系统运行情况

本脱硝系统自 2013 年 5 月建成投运后，运行稳定良好。

本项目依据实际熟料产量 2×6000t/d，烟气量 56 万 $Nm^3/h$，$NO_x$ 初始排放浓度平均值约为 $800mg/Nm^3$，脱硝后 $NO_x$ 最终排放浓度 $280 \sim 320mg/Nm^3$，每年减排 3800～4200t 氮氧化物。

脱硝系统运行现场设备如图 5-21 所示。脱硝系统中控操作画面如图 5-22 所示。

图 5-21　脱硝系统现场设备

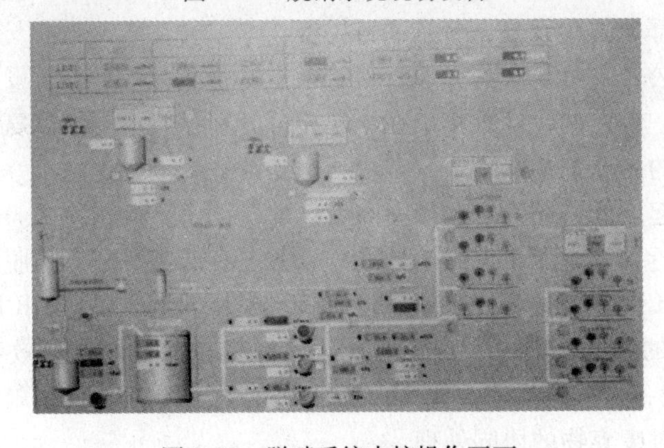

图 5-22　脱硝系统中控操作画面

设备安装调试结束后，由施工方、业主及当地环保部门组成的三方机构对整套设备进行72h +24h 测试，脱硝系统检测结果见表5-18。

表 5-18　脱硝系统检测结果

| 序号 | 项目 | 1#线 | 2#线 | 备注 |
| --- | --- | --- | --- | --- |
| 1 | 烟气量（$Nm^3/h$） | 56.8 | 58.6 | 10% $O_2$，干基 |
| 2 | 脱硝前 $NO_x$ 排放量（$mg/Nm^3$） | 700 ~ 800 | 700 ~ 850 | 10% $O_2$，干基 |
|  | 脱硝后 $NO_x$ 排放量（$mg/Nm^3$） | 280 ~ 300 | 280 ~ 320 | 10% $O_2$，干基 |
| 3 | 氨逃逸（$mg/Nm^3$） | ≤1.0 | ≤1.0 | GB 4915—2013 测试法 |
| 4 | 氨水消耗量 | 125.5 | 139.8 | 以纯氨计 |
| 5 | 压缩空气消耗（$m^3/h$ 不含仪表用） | 5.0 | 4.8 | — |

# 参考文献


[1] 水泥工业大气污染物排放标准编制组．水泥工业大气污染物排放标准，送审稿［D]．编制说明．2013. 3.

[2] 徐宁，陈章水，毛志伟，等．水泥工业环保工程手册［M]．北京：中国建材工业出版社，2008.

[3] 常捷，蔡顺华，等．水泥窑烟气脱硝技术［M]．北京：化学工业出版社，2012.

[4] 陈隆枢，陶晖，等．袋式除尘技术手册［M]．北京：机械工业出版社，2010.

[5] 何宏涛．GMC 高温脉喷立窑袋式收尘器［J]．中国水泥，2006（2）．

[7] 何宏涛，孙世群．篦冷机余风的冷却与多管冷却器的设计选型及应用［J]．新世纪水泥导报，2007（2）．

[8] 何宏涛．水泥厂烘干机袋除尘器的选型及使用［J]．中国水泥，2007（4）．

[9] 何宏涛，孙世群．浅析水泥厂增湿塔的设计及工艺选型［J]．四川水泥，2007（3）．

[10] 马保国．窑尾袋除尘器的选型设计及应用［J]．中国水泥，2007（4）．

[11] 何宏涛，彭毅．水泥厂煤粉制备系统袋除尘器的选型及应用［J]．中国环保产业，2009（2）．

[12] 何宏涛，郑佳佳．浅谈水泥厂立窑袋除尘器的选型及应用［J]．中国环保产业，2010（1）．

[13] 袁文献，陈章水，曹伟，何宏涛．水泥工业大气污染物排放新标准实施对策［J]．江苏建材 2005（2）．

[14] 彭毅，孙欣林．水泥厂主要有害气体及其防治［C]．中国硅酸盐学会环保学术年会论文集，2009.

[15] 苗鹰育，马学军．电除尘器改造常用的几种方式［C]．中国硅酸盐学会环保学术年会论文集，2009.

[16] 陈小明．水泥窑尾 SP 炉电收尘 M EC 达标技术［J]．新世纪水泥导报，2010（5）．

[17] 成庚生，运用 M EC 理念正确改造与使用电收尘器（上）．［J]．中国水泥，2010（12）．

[18] 成庚生，运用 M EC 理念正确改造与使用电收尘器（下）［J]．中国水泥，2011（2）．

[19] 周万亩，高进，孙欣林，曾昌伍．水泥行业在用电除尘器的升级改造［J]．水泥，2012（2）．

[20] 杨如顺，何宏涛，吕忠明，田源．工业烟气空气冷却器的设计和计算．中国硅酸盐学会环保学术年会论文集［M]．北京：中国建材工业出版社，2012.

[21] 杨如顺，吕忠明，田源．浅谈 3000t/d 水泥生产线窑尾收尘系统改造［J]．中国环保产业，2012（7）．

[22] 刘后启，刘启元．电除尘器改造的新理念．中国硅酸盐学会环保学术年会论文集［M]．北京：中国建材工业出版社，2012.

[23] 严永青，周永康．水泥厂窑尾电改袋工程的节能新突破．中国硅酸盐学会环保学术年

会论文集 [M]. 北京：中国建材工业出版社，2012.

[24] 李宇，郭纯. 电除尘器改电-袋除尘器的应用. 中国硅酸盐学会环保学术年会论文集 [M]. 北京：中国建材工业出版社，2012.

[25] 李宇，苏丽娜，章园，李明. 电-袋复合除尘器在窑尾电除尘器改造中的应用. 中国硅酸盐学会环保学术年会论文集 [M]. 北京：中国建材工业出版社，2012.

[26] 郑青，何宏涛. 水泥工业应对排放新标准的技术探讨 [J]. 中国水泥，2013 (6).

[27] 彭毅，光辉，何宏涛. 水泥厂袋式除尘器阻力过高的原因及降阻措施 [J]. 四川水泥，2014 (1).

[28] 周永康，吴振山，曹伟. 水泥工业脱硝工程的热工计算 [J]. 水泥，2013 (06)：51~53.

[29] 吴振山，曹伟. 关于我国水泥工业 SNCR 脱硝工程技术规范的思考 [J]. 水泥，2013 (11)：45~46.

[30] 周永康，吴振山，曹伟. 我国水泥工业脱氮工程经济效益评估 [J]. 水泥，2012 (12).

[31] 周永康，吴振山，曹伟. 水泥工业脱硝工程的前期工作 [J]. 水泥装备技术，2013 (1).

[32] 吴振山，曹伟. 水泥工业氮氧化物排放标准修订势在必行 [C]. 水泥工业脱硝使用技术手册，2013.

[33] 吴振山，鲍倩，石强等. 一种新型均压装置在 SNCR/SCR 脱硝中的应用 [C]. 2013 第八届水泥技术交流会，江苏南京.

[34] 卢伟，邹贞，肖静. 水泥 SNCR 脱硝还原剂的选择 [J]. 水泥，2012 (5).

[35] 姚磊，雷永程，张大伟. 水泥行业氮氧化物排放与减排技术 [C]. 水泥工业脱硝使用技术手册，2013.

[36] 李建明，王兴高. 低氮燃烧+SNCR 联合脱硝技术在新型干法回转窑上的应用 [C]. 水泥工业脱硝使用技术手册，2013.

[37] 周荣，韦彦斐，钟晓雨. 水泥窑炉 SNCR 脱硝工程优化设计的探讨 [J]. 水泥，2013 (6).